森林生态系统碳计量方法与应用

Forest Ecosystem Carbon Accounting：Methodology and Applications

徐明　等著

中国林业出版社

图书在版编目(CIP)数据

森林生态系统碳汇计量方法与应用 / 徐明 等著. —北京:中国林业
出版社, 2016.5

("碳汇中国"系列丛书)

ISBN 978-7-5038-8511-2

Ⅰ.①森…　Ⅱ.①徐…　Ⅲ.①森林 – 二氧化碳 – 计量方法 – 中国
Ⅳ.①S718.51

中国版本图书馆 CIP 数据核字(2016)第 090863 号

中国林业出版社

责任编辑:李　顺　薛瑞琦

出版咨询:(010)83143569

出版:中国林业出版社(100009 北京西城区德内大街刘海胡同 7 号)

网站:http://lycb. forestry. gov. cn

印刷:北京卡乐富印刷有限公司

发行:中国林业出版社

电话:(010)83143500

版次:2017 年 9 月第 1 版

印次:2017 年 9 月第 1 次

开本:787mm × 1092mm　1/16

印张:22

字数:400 千字

定价:80.00 元

本书编委会

主编：徐　明

编委：（按姓氏拼音排序）

赖长宏　李仁强　刘　波　刘丽香

邱　帅　尚　华　王丽丽　徐　明

张丽云　张　文　张小全　赵　芬

赵海凤　赵苗苗

总　序

　　进入 21 世纪，国际社会加快了应对气候变化的全球治理进程。气候变化不仅仅是全球环境问题，也是世界共同关注的社会问题，更是涉及各国发展的重大战略问题。面对全球绿色低碳经济转型的大趋势，各国政府和企业以及全社会都在积极调整战略，以迎接低碳经济的机遇与挑战。我国是世界上最大的发展中国家，也是温室气体排放增速和排放量均居世界第一的国家。长期以来，面对气候变化的重大挑战，作为一个负责任的大国，我国政府积极采取多种措施，有效应对气候变化，在提高能效、降低能耗等方面都取得了明显成效。

　　森林在减缓气候变化中具有特殊功能。采取林业措施，利用绿色碳汇抵销碳排放，已成为应对气候变化国际治理政策的重要内容，受到世界各国的高度关注和普遍认同。自 1997 年《京都议定书》将森林间接减排明确为有效减排途径以来，气候大会通过的"巴厘路线图"、《哥本哈根协议》等成果文件，都突出强调了林业增汇减排的具体措施。特别是在去年底结束的联合国巴黎气候大会上，林业作为单独条款被写入《巴黎协定》，要求 2020 年后各国采取行动，保护和增加森林碳汇，充分彰显了林业在应对气候变化中的重要地位和作用。长期以来，我国政府坚持把发展林业作为应对气候变化的有效手段，通过大规模推进造林绿化、加强森林经营和保护等措施增加森林碳汇。据统计，近年来在全球森林资源锐减的情况下，我国森林面积持续增长，人工林保存面积达 10.4 亿亩，居全球首位，全国森林植被总碳储量达 84.27 亿吨。联合国粮农组织全球森林资源评估认为，中国多年开展的大规模植树造林和天然林资源保护，对扭转亚洲地区森林资源下降趋势起到了重要支持作用，为全球生态安全和应对气候变化做出了积极贡献。

　　国家林业局在加强森林经营和保护、大规模推进造林绿化的同时，从 2003 年开始，相继成立了碳汇办、能源办、气候办等林业应对气候变化管理机构，制定了林业应对气候变化行动计划，开展了碳汇造林试点，建立了全国碳汇计量监测体系，推动林业碳汇减排量进入碳市场交易。同时，广泛宣传普及林业应对气候变化和碳汇知识，促进企业捐资造林自愿减排。为进一步引导企业和个人等各类社会主体参与以积累碳汇、减少碳排放为主的植树造林公益活动。经国务院批准，2010 年，由中国石油天燃气集团公司发起、国家林业局主管，在民政部登记注册成立了首家以增汇减排、应对气候变化为目的的全国性公募基金会——中国绿色碳汇基金会。自成立以来，碳汇基金会在推进植树造林、森林经营、减少毁林以及完善森林生态补偿机制等方面做了许多有益的探索。特别是在推动我国企业捐资造林、树立全民低碳意识方面创造性地开展了大量工作，收到了明显成效。2015 年荣获民政部授予的"全国先进社会组织"称号。

　　增加森林碳汇，应对气候变化，既需要各级政府加大投入力度，也需要全社会的广泛参与。为进一步普及绿色低碳发展和林业应对气候变化的相关知识，近期，碳汇基金会组织编写完成了《碳汇中国》系列丛书，比较系统地介绍了全球应对气候变化治理的制度和政策背景，应对气候变化的国际行动和谈判进程，林业纳入国内外温室气体减排的相关规则和要求，林业碳汇管理的理论与实践等内容。这是一套关于林业碳汇理论、实践、技术、标准及其管理规则的丛书，对于开展碳汇研究、指导实践等具有较高的价值。这套丛书的出版，将会使广大读者特别是林业相关从业人员，加深对应对气候变化相关全球治理制度与政策、林业碳汇基本知识、国内外碳交易等情况的了解，切实增强加快造林绿化、增加森林碳汇的自觉性和紧迫性。同时，也有利于帮助广大公众进一步树立绿色生态理念和低碳生活理念，积极参加造林增汇活动，自觉消除碳足迹，共同保护人类共有的美好家园。

国家林业局局长

二〇一六年二月二日

前　言

森林是陆地生态系统的重要组成部分，在全球生物地球化学循环中起关键作用，尤其是对全球碳循环的影响巨大。根据世界粮农组织统计，2010年全世界平均的森林覆盖率为 22.0%，主要分布在南美、俄罗斯、中非和东南亚，这 4 个地区占全世界森林面积的 60%。中国地域广阔，自然气候条件复杂，植物种类繁多，森林资源丰富，森林类型多样。根据第八次全国森林资源清查结果，我国目前森林面积为 2.08 亿公顷，森林覆盖率 21.63%，森林蓄积量 151.37 亿立方米。其中，人工林面积 0.69 亿公顷，蓄积量 4.83 亿立方米。森林在生长过程中通过光合作用从大气中吸收大量的 CO_2，通过组织生长把大部分碳储存在根、干、枝、叶等生物量中，再通过凋落死亡把大量的碳转移到林地掉落物和土壤碳库中，也有一部分碳通过生物过程转移到土壤动物和微生物生物量中。同时，昆虫和草食动物通过采食把一部分碳存储到自己的身体中，再通过肉食动物把其中的一小部分碳传递到食物链的高端。与森林植物碳相比动物及微生物碳储量很小，尽管其生态功能强大，但在碳计量中通常不单独考虑。

由于大部分森林生长在偏远的山区，对生物量和土壤碳进行长期监测比较困难。因此，目前对大范围森林进行碳计量还存在诸多挑战。本书系统地介绍了森林碳循环过程及其测定和估算方法，并以四川和青海省森林生态系统为案例进行实际应用，用大量野外测量数据对模拟结果进行验证。野外数据采集工作得到了四川省林业厅和青海省林业厅的大力支持，投入调查工作也得到了四川省和青海省各地市、州、县林业局的全力配合。同时也得到了四川省"区域林业碳汇(源)计量体系开发及应用研究"和"青海省生态系统服务价值及生态资产评估"项目的支持。本书的出版得到了中国绿色发展基金会李怒云主任的支持，出版社编辑作了大量的书稿编排和整理工作，在此向上述单位和个人表示诚挚的谢意。

编者著

2017 年 1 月于北京

目　录

第一篇　森林生态系统碳循环

第一章　碳与碳循环

第一节　碳与地球化学循环

大约137亿年前，随着一次高温、富含能量的亚原子粒子的大爆炸，宇宙诞生了。宇宙形成初期的主要物质以粒子和氢元素为主，之后在引力和爆炸形成的高温、高压作用下，氢元素发生核聚变形成其他各类元素。然后大约66亿年前，银河系内发生了一次大爆炸，其碎片和散漫物质经过长时间的凝集，在46亿年前形成了太阳系。作为太阳系一员的地球也就随之在46亿年前诞生了。地球产生以后地球上的各类元素就以地球化学循环的方式进行周转和迁移。地球上的主要元素包括氧、硅、铝、铁、钙、钠、镁，也被称为造岩元素，占地球元素总量的99%以上。地球化学循环是指地球表面和地球内部各种元素在不同物理化学条件下周期性变化的化学过程（袁道先，2001）。它推动着整个地球的进化过程，促成化学元素的产生和发展，包括化学元素的迁移、转化、富集和再生，化合物的合成、分解、变化和再生以及有机物、生物分子和生命的产生。在生物出现之前，地球上的物质循环过程只是简单的地球化学循环，包括无机化学循环和有机化学循环。首先是无机化学循环，它导致地球物质的有机进化；其次是有机化学循环，它为地球生命的出现打下了基础。在原始地球的各种能量如太阳能、地球的凝聚能和热能等的作用下，无机物进化为有机物，低分子有机化合物进化为高分子有机化合物，最后大约在距今38亿年的太古宙初期，产生了具有遗传复制和新陈代谢能力的原始生命，实现了有机生命的无机诞生。

在地球地质时期的初期，放射性热生成率比今天高许多倍，地能是当时地球演化的主要能源。因此在40~19亿年前，地球内部积聚的热量使地球物质熔融，喷溢出大量岩浆、气体和水蒸气，形成了原始的岩石圈、水圈和大气圈。此时，地球上的碳元素主要在大气、海洋及岩石圈之间进行迁移转化和循环周转，因为没有生物作用的参与，主要依靠机械运动、物理运动、化学运动和地质运动来实现循环。早期地球的大气圈缺氧，氧的分压很低，因此当时的大气中并不存在臭氧层，由于没有臭氧层的保护，地球表面受到太阳紫外线的强烈辐射。大气层高处的水分子受到太阳光的强烈照射发生分解，氢的分子量小，易于逃逸到宇宙空间，氧则与甲烷等气体结合成二氧化碳，因此早期地球大气中的碳元素主要以 CO_2、CH_4 等形式存在（齐文同等，2002）。大气中的 CO_2 溶于大气水滴中，通过降水降落到地表，使陆地岩石（碳酸盐）风化，在雨水淋滤、河流搬运下进入海洋，与海水中各种离子合成高分子碳水化合物，经沉积作用沉淀在海底后逐渐形成石灰岩。海底的碳酸盐随板块一起运动，最终冲到大陆地壳下面，实现了碳元素从海底到岩石圈的循环。而进入岩石圈的碳元素又会通过火山喷发、岩石风化等形式重新进入大气圈，构成整个碳循环过程（Tajika 和 Matsui，1990）。

第二节　碳与生命

大约在 30 亿年前，地球环境逐渐稳定，海洋中的无机物开始合成有机小分子（如氨基酸和核苷酸等），再由小分子合成大分子（蛋白质和核酸），生物大分子之间的相互作用最终演化出原始生命（Veizer，1986）。最早形成的原始有机体是异养的细菌，靠海洋中的有机化合物积聚能量为生。当海洋中的异养生物将有机化合物消耗殆尽，海洋的生态平衡遭到破坏时，便产生了自养生物。最早出现的自养生物是具有叶绿素的蓝藻，能进行光合作用把太阳能转化为化学能。生物在海洋中经历了一个漫长的进化过程，从原核细胞进化到真核细胞，以及后来逐渐进化出植物和动物等高级生命形态。在距今 4 亿年前，海洋生物从海洋走上陆地，出现了陆生生物，并逐渐形成生产者、消费者和分解者共同参与的复杂陆地生态系统（浦汉昕，1983）。

生命的起源和演化是宇宙和地球物质运动的特殊形式，世界上一切物质的运动归根结底是元素组成的物质运动。生命的基本构成元素主要有碳、氢、氧、氮、硫和磷等，它们都是宇宙"大爆炸"的产物。在构成生命的众多元素中，碳是生命体的主要组成部分，维系着地球上生命系统的新陈代谢过程，在生命系统中占有极为重要的地位。碳元素具有获得 4 个电子的能力，可形成长链或 6 个碳原子的稳定的环状化合物，又很容易附带有大量易变的分子支链，而支持生命基础的各种蛋白质分子就属于这种链状结构形式（冯子道，1980）。因此，人们形象地把碳称为生命的骨架。地球上的动植物生命都属于碳基生命，碳是生命的基础（Epelbaum et al.，2013）。此外，碳元素也是地球上最重要的环境地球化学元素，在地球演化和生命起源过程中发挥着重要的作用。在生命还没有出现以前，碳的存在形式并不像今天这样丰富，最多见的是碳和氧化合而成的 CO_2。大量的 CO_2 溶解到海水中，便与水中的钙离子化合形成碳酸钙，沉淀在海底形成石灰岩。此后，由于生命逐渐发生和发展，植物通过光合作用吸收了大量的 CO_2，从而形成各种形态的含碳化合物。

第三节　碳与生物地球化学循环

地球生命的出现极大地改变了原有的地球化学循环过程，尤其是碳循环过程。在地球表层生物圈中，生物有机体经由生命活动，从其生存环境的介质中吸取元素及其化合物，通过生物化学作用转化为生命物质，同时排泄部分物质返回环境，并在其死亡之后又被分解成为元素或化合物返回环境介质中的过程称为生物地球化学循环。该过程是在生命作用下，由地球化学循环发展而来的，通过生命活动参与地球化学循环来实现物质循环和能量流动。在生物地球化学循环中，生物的作用占有重要地位。生物以其全部有机体的重量、化学成分、能量和空间分布特性等参与地球化学循环。这种参与不仅堆积了可燃性矿物，也参与了石墨、石灰岩等许多矿物岩石的形成，而且导致现代大气圈的形成。生物生命活动产生游离氧，使还原性大气变为氧化性大气，从而形成相对于地球化学循环更为复杂的生物地球化学循环（Reeburgh，1997）。

碳元素是生命体的主要组成部分，是地球上最重要的物质，所有生命形式都以碳元素为核心。碳元素的生物地球化学循环过程主要是指 CO_2 的循环，从植物的光合作用开始，包括如下的过程：（1）物质生产过程，植物通过光合作用吸收大气中的 CO_2 转化成各种形式的碳水化合物；同时，植物在生长过程中也会通过呼吸作用消耗一部分碳水化合物，这部分碳又以 CO_2 的形式返回大气。（2）物质消费过程，动物消费植物使得植物中的碳转移到动物体内，同时动物通过呼吸作用将体内的碳以 CO_2 的形式返还到环境中去。（3）物质分解过程，植物生产过程和动物消费过程积累的碳通过生物排泄或在死亡后残体被微生物分解，CO_2 重新回到环境中。（4）碳的矿化过程，环境中的碳和一部分有机生物体经过成矿作用后，贮藏在煤、石油、天然气等矿藏和碳酸盐沉积物中。随着工业化进程的加快，人类活动的参与加速了生物地球化学过程，使得生物地球化学循环具有新的特点（Hibbard et al，2002）。主要表现在，被矿化的碳被人类挖掘后作为燃料使用，燃烧后释放出 CO_2 到环境中，返回环境中的 CO_2 又通过生产过程重新被植物利用。除人类活动消耗外，这部分矿化的碳还会通过火山爆发、地震及岩石风化等自然过程返回到环境中。通过物质的生产、消费、分解及矿化等循环过程，碳元素在地球表面不断地运动和变化。此外，地球表层的一些矿物，例如橄榄岩，也能从大气和周边环境中缓慢吸收 CO_2（Kelemen 和 Matter，2008），这部分碳元素就直接进入地球化学循环，而不是生物地球化学循环（图 1-1）。

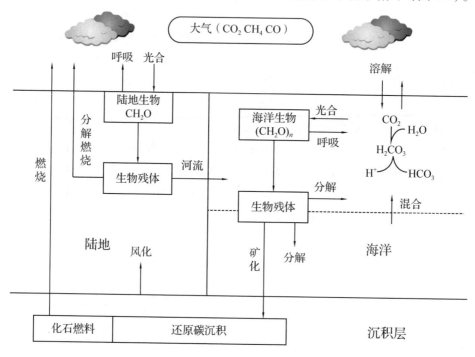

图 1-1 碳元素的生物地球化学循环

第四节 全球碳循环

全球碳循环是指碳元素在地球的各个圈层(大气圈、水圈、生物圈、土壤圈、岩石圈)之间的迁移转化和循环周转的过程，就能量来说，全球碳循环中最重要的是二氧化碳的循环，其次是甲烷和一氧化碳的循环。地球上出现生物之前，碳的循环是简单的地球化学循环，只在大气圈、水圈和岩石圈之间展开。随着生物的出现，生物圈和土壤圈形成，碳循环便在这五个圈层中进行，循环过程也从简单地球化学循环转换为复杂的生物地球化学循环。碳循环是地球上最重要的生物地球化学循环，一方面，它通过植物的光合作用从大气中吸收 CO_2，将大气中的 CO_2 固定为有机质，将太阳能转化成化学能，实现物质能量的转化过程；另一方面，动植物在呼吸作用时又把从大气圈中吸收的碳以 CO_2 或 CH_4（在缺氧情况下）的形式几乎等量地释放到大气中，实现生物圈与大气圈间的动态平衡。

全球主要的碳库包括大气碳库、海洋碳库、陆地生态系统碳库、岩石碳库和化石燃料碳库，碳元素在大气、海洋和陆地等各大碳库之间不断地循环变化。大气中的碳元素主要以 CO_2、CH_4 和 CO 等气体形式存在，虽然含量很低，但是活性确最强；在水中主要以碳酸根和碳酸氢根离子形态存在。海洋中的碳酸根与钙镁等元素结合生成碳酸盐，在海底沉积后形成碳酸盐岩石，进入岩石圈，所以岩石圈中的碳主要存在形式是碳酸盐岩石和沉积物等（Barron et al.，2015）。海洋碳库还应该包括各类有机碳，尤其是生物量碳，尽管其储量比深层海洋储存的无机碳小得多。在陆地生态系统中碳元素则以各种有机物或无机物的形式存在。此外，生物体死亡后，一部分可以共同形成碳酸盐岩石（如海洋生物残体），另一部分则形成化石燃料，储存于地下。岩石圈是地球上最大的碳库，但其与生物圈、水圈和大气圈之间的碳循环量很小，规模仅在 $0.01 \sim 0.1 Pg\ C/a$ 之间，另外其循环周期为地质年代尺度长达数百万年，较为稳定，因此在全球碳循环中通常不作为主要的部分考虑（陶波等，2001）。通常我们指的碳循环主要是指碳元素在大气、海洋、陆地生态系统三个碳库之间的循环变化。

大气碳库的大小约为 750PgC（$1\ Pg = 1 \times 10^{15} g$）左右，主要的组成成分为 CO_2，其次还含有少量的 CH_4 及其他气体。尽管大气碳库在几大碳库中是最小的，但它却是联系海洋与陆地生态系统碳库的纽带和桥梁，大气中的碳含量多少直接影响整个地球系统的物质循环和能量流动过程。由于大气圈直接影响到人类的生活，所以大气碳库也是最早引起人们关注的。工业革命以前，碳在大气、海洋、陆地生态系统三个碳库之间的循环处于平衡状态，大气中 CO_2 的浓度维持在一个较为稳定的状态，大气碳库的大小约为 560 PgC。但是 18 世纪工业革命爆发以后，以蒸汽为动力的工业迅速发展，大量化石燃料燃烧、水泥生产等人类活动将储存在化石燃料和石灰岩碳库中的碳排放到大气中，再加上森林滥砍滥伐使部分储存在土壤和生物量中的有机碳通过微生物分解释放到大气中，最终导致大气中 CO_2 的浓度迅速增长（徐永福，1995）。一方面，CO_2 作为重要的温室气体会影响大气辐射平衡，使气温增加，引起海洋酸化和海平面上升，导致全球气候变化；另一方面，CO_2 浓度增长打破了工业革命前存在于大气、海洋和陆地三个碳库之间的动态平衡关系，引起了海—气、陆—气之间碳通量的变化，直接影响了海洋和陆地的碳循环过程。

海洋碳贮量约为 38000 PgC，约是大气碳库含量的 50 多倍，陆地碳库的 20 倍，在全球碳循环中起着十分重要的作用。碳元素在海洋中的存在形式主要是溶解无机碳（Dissolved Inorganic Carbon，DIC）、溶解有机碳（Dissolved Organic Carbon，DOC）、颗粒有机碳（Particle Organic Carbon，POC）、碳酸盐（Carbonate）等，其中 97% 以上以溶解无机碳的形式存在（李博等，2005）。海洋碳循环的主要过程可以分为界面过程和内部过程两类。界面过程是指存在于海—气界面的 CO_2 交换过程，大气 CO_2 通过这个过程进入或离开海洋，人类活动导致的碳排放中约 30%~50% 通过界面过程被海洋吸收（Chen et al.，2013），但这一吸收能力随着海洋酸化逐渐下降，已经跟不上大气中 CO_2 浓度的增速；内部过程是指碳元素在海洋环流和海洋生态系统作用的驱动下进行的迁移运动。海洋中的碳大部分（97%）经过沉积作用被埋藏在深海里，只有约 1000 Pg 的碳位于表层海水中。表层海水中的碳会通过两种途径被转移到海洋深处：一种是有机残渣和透光层中贝壳类生物形成的碳酸钙，然后沉积到深海中，这个过程称为生物泵；另一种是极地海洋中的底层水在形成过程中将溶解的碳运输到海洋深处，这个过程也称为溶解度泵（宋金明等，2008）。碳元素经过以上两种过程到达海洋深处后，将会在该处储存几百甚至几千年，最终再通过涌升流回到海洋表层处（Mayor 等，2012）。海—气界面的碳迁移过程是海洋碳循环的重要过程（谢树成等，2012），因为不管是生物固碳（生物泵）还是溶解碳（溶解度泵），最终都体现在碳是从海水向大气释放（源），还是大气中的碳向海水中溶解（汇），即通过海—气界面的碳通量来体现。除此之外，深海中的溶解有机质 DOC 以及 CH_4 也参与了循环（Edwards，2011），使得海洋系统碳的生物地球化学过程变得更加复杂。

陆地生态系统碳循环是全球碳循环过程的重要组成部分，碳储量约为 2000 PgC，是最大的生物碳库。其中，活体生物碳储存量为 600~1000 PgC，生物残体等土壤有机质碳储存量约为 1500 PgC。陆地生态系统碳循环的基本过程为：植物通过光合作用吸收大气中的 CO_2，将碳元素固定为有机化合物储存在植物体内。其中的一部分碳元素通过植物的自养呼吸和土壤及枯枝落叶层中有机质的异养呼吸返回大气，这样就形成了大气—陆地植被—土壤—大气整个陆地生态系统的碳循环。陆地碳库是受人类活动影响最大的碳库，它包括植被碳库和土壤碳库，土壤碳库是陆地生态系统中最大的，它是认识地球系统水循环、养分循环和生物多样性变化的基础（Guimaraes et al.，2013）。土壤碳库根据其周转速率又可分为活性、缓性和钝性三部分：活性碳库由土壤微生物及小分子有机物组成，周转速率较快，存留时间小于 1 年；缓性碳库包括植物体内经生物代谢较难以分解的成分，存留时间为几十年；钝性碳库包括化学代谢反应中分解的有机成分，如胡敏酸、富里酸和黑碳等，存留时间一般在几百年至数千年之间（耿元波等，2000）。

第二章　森林与碳循环

第一节　森林起源与生态系统演替

众所周知，森林是陆地生态系统的主体，尽管其面积没有草地生态系统大。什么是"森林"？在我国，森林的传统概念是："独木不能成林"，"双木为林"，"森林"二字就是由多"木"组成的。丁建民曾在《我国的森林》一书中这样记载，从本质来说，森林的概念应该是：以乔木为主体，包括下木、草被、动物、菌类等在内的生物群体，与非生物的地质、地貌、土壤、气象、水文等因素构成一体的自然综合体。俄国林学家 G·F·莫罗佐夫 1903 年提出森林是林木、伴生植物、动物及其与环境的综合体。森林群落学、植物学、植被学称之为森林植物群落，生态学称之为森林生态系统。显然这都是从生态系统的角度来定义和认识森林。至于一片土地上乔木占多大比例才能称得上是森林，目前世界各国还没有统一的标准。根据联合国粮农组织（FAO）规定，郁闭度 0.20（含）以上为郁闭林（一般 0.20～0.69 为中度郁闭，0.70 以上为密郁闭），郁闭度 0.20（不含）以下为疏林。我国在 1990 年之前对森林的定义是森林是一个以树木为主体的生物群落。也是一个以树木为主体的生态系统（中国林业出版社《实用林业词典》第 730 页）。而 2000 年后，《中华人民共和国森林法》把森林的定义修订为森林指的是由乔木、直径 1.5cm 以上的竹子组成且郁闭度 0.20 以上，以及符合森林经营目的的灌木组成且覆盖度 30% 以上的植物群落。包括郁闭度 0.20 以上的乔木林、竹林、和红树林，国家特别规定的灌木林、农田林网以及村旁、路旁、水旁、宅旁林木等。

地球陆地上最早出现的低等植物，是从海洋漂浮到陆地上的藻类。继这些先驱者之后，地衣、苔藓、裸蕨以及其他生物就跟随而来。在这些生物中最主要的是裸蕨（也叫光蕨）。裸蕨是一种没有叶子的植物，它的茎能进行光合作用和呼吸。裸蕨顶部那卵形般的头就是它的繁殖器官，依靠它来繁殖后代。裸蕨从 4 亿 400 万年前出现到距今 4 亿年前，一直是陆地上植物世界的主要统治者。裸蕨植物没有种子，是靠孢子繁殖后代的。大约经过了近亿年的时光，到了距今约 3 亿 5000 万年前，裸蕨植物逐渐从地球陆地上消失了。

裸蕨退出陆地之后，取而代之的是蕨类植物。巨大的蕨类植物群落长满沼泽地带，出现了最早的森林。那时的森林是一个黑暗、寂静的世界，森林中没有鲜艳的花草，没有鸣唱的鸟，也没有奔跑嚎叫的野兽，故被称做"黑暗寂静的森林"。这种森林在地球陆地上存在了一段相当长的时期。随着地球的变迁和气候的变化，蕨类森林逐渐衰亡，其残骸埋在沼泽地里或者沉入水底。由于地下缺乏足够的氧气，来不及分解时树木残骸便形成巨大的堆积物。经过亿万年之后，堆积物就变成厚厚的煤层。现在地底下存在的煤层，主要就是那个时期形成的。

蕨类森林退出地球陆地之后，一种更高级的裸子植物森林就从地球上诞生了。所谓裸子植物，是指这类植物的种子没有覆盖物，种子暴露在空气中。如水杉、铁树、银杏、松类等属于这类植物。裸子植物诞生在距今约 2 亿 5 千万年前后，在后来约 1 亿 3500 万年的岁月里，这类植物形成的森林极为繁茂，几乎统治了整个植物世界。随着地球的变迁和气候的变化，能够延续生活到今天的裸子植物已经不多了。据植物学家调查，现在地球上生存的裸子植物大约有 700 种，它们分布在世界各地，而我国就占有 280 余种，是世界上现存裸子植物最多的国家。

大约在距今 1 亿年前，历经沧桑的裸子植物森林开始走向没落，取而代之是更高一级的被子植物森林。所谓被子植物，是指这类植物的种子被一层皮包裹着，不直接暴露在空气之中。被子植物有一个明显的特点是，它在繁殖过程中产生了特有的生殖器官—花，故植物学家又把它叫做有花植物。被子植物的出现，使森林世界变得更为繁荣复杂了。真可谓万紫千红、鸟语花香，绿色世界同人类的关系更加密切了。

任一森林生态系统都随时间不停地发生变化，森林动态是对此变化过程的总概括。森林动态一词具有非常广泛的含意，一般认为森林动态至少应包括随时间推移，优势树种发生明显改变，引起整个森林组成的变化过程，这就是森林演替。即在一个地段上，一种森林被另一种森林所替代的过程。森林演替是森林内部各组成成分间变化和发展的必然结果。演替存在于所有的森林中，只不过这种代替有时以比较快的速度完成，有时需要很长时间，甚至一代两代人的寿命都觉察不出它的明显变化，但是在一定地段上一种森林被另一种森林所代替的过程永远存在。

森林生态系统并不是一成不变的，随着环境条件的改变，森林生态系统会发生各种各样的演替。引起生态系统演替的原因很多，主要包括外因和内因两个方面。

引起生态系统演替的外因有自然因素和人为因素。海陆变迁、火山喷发、气候演变、雷击火烧、风沙肆虐、山崩海啸、虫、鼠灾害、外来动植物侵入等属于自然因素；砍伐森林、开垦草地、捕捞鱼虾、狩猎动物、撒药施肥等属于人为因素。这些因素或是单一作用或是多个综合作用于生态系统，使生态系统发生不同程度的演替。内因是生态系统内部各组成成分之间的相互作用，它是生态系统演替的主要动因。以内因为动因的演替，称为内因演替。外因是外界加给生态系统的各种因素。以外因为动因的演替称为外因演替。外因演替虽然是由外界因素引起的，但演替过程本身是一个生物学过程，即外因只能通过使生物系统各组成成分及其相互关系发生改变，进而使生态系统发生演替。

按演替开始的不同土地利用类型可以分为原生演替和次生演替。裸地往往指的是裸露的岩石，海退新生的陆地，河流水击的沙滩，火山喷发冷却后的熔岩。如果裸地上没有土壤和植物繁殖体，就称为原生裸地。如果裸地上保留着一定厚度的土壤和植物繁殖体，如撂荒地、森林的过火迹地和采伐地等，则称作次生裸地。在原生裸地上开始的演替称为原生演替，在次生裸地上进行的演替称为次生演替。一般来说，次生演替的基质和环境条件比较好，因为原有群落毁灭后总会留下大量有机质和有生存能力的孢子和种子等。因此次生演替经历的时间比较短，原生演替经历的时间长。

我国东北针阔叶混交林区里山啸之后产生的乱石窟，是由许多大小不等的坚硬石块堆积而成。裸露光秃的石面，既无土壤，也无生物繁殖体，属于原生裸地，在这种裸地上发生的演替可作为原生演替的实例。裸露的岩石上光照强烈，温度变化剧烈，因无土壤而不能储存水分和养料。最初在这种环境中出现的植物是耐瘠薄、抗干旱，并能固着在岩面上的壳状地衣，叶状地衣和矮小的紫萼藓等。岩石着生了这类矮小致密的群落以后，地衣和苔藓既可阻留风雨带来的细土粒，又能通过分泌有机酸类腐蚀岩面，从中溶解出一定的无机盐类。更重要的是紫萼藓的枯萎茎叶又给这薄薄的土壤增添了有机质。随着土层的增厚(1~5mm)，喜光的垂直藓侵入定居下来，成年累月形成厚达4~7cm厚的苔藓层，苔藓层下的土壤也增厚到3~4cm。至此，原来裸露的岩面已被苔藓层所覆盖，生态环境大为改善。

由于先锋植物的繁衍，改变了群落的生态环境。新的生态环境反而不利原有植物的生长，但却为其他物种的侵入和定居创造了条件。以此为动力，演替由苔藓地衣阶段经草本群落阶段、灌木群落阶段，最后进入与环境相适应的乔木群落阶段即演替的顶极群落阶段。此时，生态系统进入顶极稳定状态。但现实世界中由于各类自然和人为干扰因素的存在，加之地球气候系统的波动，真正的顶极群落很少见。

近年来，由于人类对森林生态系统的干扰加剧，原始森林被毁，造成森林生态系统变成其他类型的生态系统，如草地生态系统等等，或者在原来残留的基础上发育成次生林，或者人类造林活动形成人工林。

生态系统演替是短时间尺度上的变化，是在生态系统内部因素的驱动下生态系统类型的演变和替代过程，在相对稳定的地质和气候环境下，生态系统的自然演替主要表现为植被群落的演化，同时将伴随着相应的生物地球化学、水文格局、气候等多种过程的改变。

第二节　森林类型与分布

森林在地球表面的分布具有明显的规律，即地带性分布。纬度地带性（由赤道到两级）：由赤道到两极树种越来越单一，种类不断减少，热带雨林带、热带季雨林带、亚热带常绿阔叶林带、温带落叶阔叶林带、寒带针叶林带；经度地带性（由沿海到内陆）：森林资源由沿海到内陆逐渐减少，经度地带性由水分差异造成，主要表现为森林—草原—荒漠的变化；非地带性：如果是垂直地带分布就类似于纬度地带性的分布，当然，森林资源随海拔升高而减少。在全球尺度上，森林类型主要包括：

热带雨林：主要分布在赤道南北纬5°~10°的地区，在大陆东岸因受暖流影响，其分布可延伸至15°~25°，南美洲亚马逊流域是世界上最广阔的热带雨林区；非洲刚果盆地、几内亚湾、马达加斯加岛亦有分布；亚洲马来群岛、马来半岛、菲律宾岛南部、印度半岛西南部、斯里兰卡等地亦有分布。热带雨林在高温多雨条件下，林层众多，全年常绿，森林资源丰富。

亚热带常绿阔叶林：主要分布在亚热带地区的大陆东岸，我国秦岭淮河以南的广大地区是世界上最大的分布地区；日本和朝鲜南部；美国的佛罗达半岛；墨西哥北部和巴西东南、澳大利亚东南部也有分布。

温带混交林和温带落叶阔叶林：主要分布在亚洲东部，包括中国东北、华北、朝鲜和日本北部、俄罗斯萨哈林岛等地；西欧和东欧受海洋性气候影响的暖湿地区；北美洲五大湖地区以及密西西比河流域向东至大西洋沿岸，阔叶林有显著的季相更替。冬季能耐低温，夏季温凉湿润。

寒温带针叶林：主要分布在北半球环极地区域，包括北美和欧亚大陆北部。在北美，寒温带针叶林分布在从阿拉斯加延伸至纽芬兰地区，在亚欧大陆，主要分布在斯堪的纳维亚半岛（南部除外），经芬兰和西伯利亚（南界在列宁格勒—高尔基城—斯维尔德洛夫斯克一线）至俄罗斯东部（除南部以外）；此外，在中国主要分布在大兴安岭北部。气候主要受极地海洋气团和极地大陆气团的影响，冬季漫长而寒冷，无明显夏季。

中国地域广大，自北而南分属于寒温带、温带、暖温带、亚热带、热带五大气候带。气温由北而南逐渐升高；降水量则由南往北递减。高山、高原、丘陵、盆地等都有大面积分布。这种错综复杂的自然条件，对中国森林的形成和分布起着决定性作用。

在上述气候带及各种不同地形的长期作用下，中国各地区森林的分布差异很大，也具有明显的地带性。从水平地带分布来看，由北到南，有寒温带针叶林，温带针叶林与温带落叶阔叶混交林，暖温带落叶阔叶林，亚热带常绿阔叶林，热带季雨林和雨林。

从垂直分布来看，在纬度越低、气温越高，海拔越高、气温越低的气候规律作用下，上述各水平地带的森林类型，都在纬度较低的水平地带内按垂直带谱出现，而且是纬度越高，在垂直带内出现的下限则越低。例如，东北的小兴安岭和长白山，水平位置都属于温带，典型的地带性森林为温带针叶（以红松为代表）与落叶阔叶混交林。但在本地带山地的上部广泛分布有以落叶松和云杉、冷杉为代表的寒温带针叶林。小兴安岭在长白山以北，纬度较长白山高，落叶松林分布的下限为海拔700m；在长白山下限则为1100m。又如，秦岭山地属于暖温带向亚热带过渡的地带，南坡海拔1200m以下为北亚热带森林和含有亚热带成分的森林。在此以上和北坡的下部，则分布有暖温带落叶阔叶林和暖温带地区广泛分布的油松、华山松、铁杉等温带针叶林。而在秦岭山地的上部也分布有以落叶松、云杉、冷杉为主的寒温带针叶林，直至森林分布的上限。再如，西南高山峡谷地区的高山和台湾山地北部，其水平位置属于亚热带，典型的地带性森林是以常绿阔叶林为特征的亚热带森林。但是，由于纬度低、山体高，因而又分布着属于北方地区各水平地带的森林：下中部为常绿阔叶林和常绿阔叶—落叶阔叶混交林；在海拔2000m 以上为暖温带与温带针叶林；3000m 以上为寒温带针叶林。云南西双版纳、海南岛和台湾山地南部，下部是雨林、季雨林，上部则为其他热带森林和亚热带森林。台湾因山体高，再往上还分布有喜温凉的针叶林和寒温带针叶林。

森林覆盖率，亦称森林覆被率，通常是指森林面积以及四旁树木的覆盖面积与土地总面积之比。指一个国家或地区森林面积占土地面积的百分比，是反映一个国家或地区森林面积占有情况或森林资源丰富程度及实现绿化程度的指标，又是确定森林经营和开发利用方针的重要依据之一。

世界森林面积主要集中在南美、俄罗斯、中非和东南亚。这 4 个地区占有全世界 60% 的森林，其中尤以俄罗斯、巴西、印尼和民主刚果为最，4 国拥有全球 40% 的森林。2010 年全世界平均的森林覆盖率为 22.0%，北美洲为 34%，南美洲和欧洲均为 30% 左右，亚洲为 15%，太平洋地区为 10%，非洲仅 6%。

森林最多的洲是拉丁美洲，占世界森林面积的 24%，其中热带森林占45%。森林覆盖率达到 44%。森林覆盖率最高的国家是南美的苏里南，达到 94.6%；森林覆盖率最低的国家位于中东和北非，仅十万分之一；森林覆盖率增长最快的国家是法国。

按国家来说，世界各国森林覆盖率最高的国家是南美的圭亚那，达到97.5%。森林覆盖率最低的国家是非洲的埃及，仅十万分之一。日本68.5%，韩国 64.3%，挪威 60% 左右，瑞典 54%，巴西 61.9%，加拿大44%，德国 30%，美国 33%，法国 29%，印度 22.9%。

据世界粮农组织报告，在 2000~2010 年期间，全球森林每年净减少量为 520 万公顷，略大于哥斯达黎加的土地面积，相当于每天损失高于140km^2 的森林。与 20 世纪 90 年代相比，目前的年净损失量降低了 37%，相当于同期森林保有量的 0.13%。俄罗斯 2000 年时拥有 8.5 亿公顷森林，2010 年拥有 7.42 亿公顷森林，森林覆盖率降低了 12.7%。与世界其他地区相比，该地区的森林资源消失速度更快。

中国地域广阔，自然气候条件复杂，植物种类繁多，森林资源丰富，森林类型多样，形成具有明显区域特征的五个主要林区：东北内蒙古林区（3778 万公顷）、西南高山林区（3911 万公顷）、东南低山丘陵林区（5358 万公顷）、西北高山林区（479 万公顷）和热带林区（1030 万公顷）。这五大林区的土地面积占国土面积的41.69%，森林面积占全国森林总面积的83.22%，森林蓄积占全国森林总蓄积的92.84%，森林覆盖率为36.35，远高于全国平均水平。

第八次全国森林资源清查结果显示，全国具有森林面积2.08亿公顷，森林覆盖率21.63%，森林蓄积151.37亿立方米。其中人工林面积0.69亿公顷，蓄积4.83亿立方米。

我国森林资源呈现四个主要特点。一是森林总量持续增长。森林面积由2009年的1.95亿公顷增加到2.08亿公顷，净增1223万公顷；森林覆盖率由20.36%提高到21.63%，提高1.27个百分点；森林蓄积由137.21亿立方米增加到151.37亿立方米，净增14.16亿立方米。二是森林质量不断提高。森林每公顷蓄积量增加3.91m^3，达到89.79m^3；每公顷年均生长量提高到4.23m^3。随着森林总量增加和质量提高，森林生态功能进一步增强。全国森林植被总碳储量84.27亿吨，年涵养水源量5807.09亿立方米，年固土量81.91亿吨，年保肥量4.30亿吨，年吸收污染物量0.38亿吨，年滞尘量8.45亿吨。三是天然林稳步增加。天然林面积从原来的11969万公顷增加到12184万公顷，增加了215万公顷；天然林蓄积从原来的114.02亿立方米增加到122.96亿立方米，增加了8.94亿立方米。四是人工林快速发展。人工林面积从原来的6169万公顷增加到6933万公顷，增加了764万公顷；人工林蓄积从原来的19.61亿立方米增加到24.83亿立方米，增加了5.22亿立方米。人工林面积继续居世界首位。

第三节　森林碳循环过程

森林在全球碳循环中扮演重要角色，在调节大气CO_2浓度和维持生命系统等方面具有不可替代的作用。相对于农田、草地、荒漠而言，森林生态系统碳循环具有涉及环节更多、空间规模更大、循环周期更长、影响范围更广泛等特征。与其他植被组成相比，由于树木生活周期较长，形体更大，具有较高的贮存密度，能够长期和大量的影响大气碳库。

森林生态系统的碳循环过程涉及的碳库大致可以分为森林植被碳库、森林土壤碳库和大气碳库。森林植被碳库与大气碳库之间的碳交换通过树木的光合作用和呼吸作用进行。目前，人们对光合作用的研究较为充分和明确，光合作用是绿色植物利用叶绿素等光合色素和某些细菌（如带紫膜的嗜盐古菌)利用其细胞本身,在可见光的照射下,将 CO_2 和水(细菌为硫化氢和水)转化为储存着能量的有机物,并释放出氧气(细菌释放氢气)的生化过程。同时也有将光能转变为有机物中化学能的能量转化过程。植物之所以被称为食物链的生产者,是因为它们能够通过光合作用利用无机物生产有机物并且贮存能量。

呼吸作用,分为自养呼吸和异养呼吸两大类。自养呼吸产生的能量主要用于植物的各类活动,包括组织生长、细胞膜的修复、养分吸收与运输等。其中自养呼吸又可以分为维持呼吸和生长呼吸两大类,可以通过对根、茎和叶等不同器官呼吸强度的测定来了解;异养呼吸是指微生物降解土壤和植物残体有机碳的过程。由于森林植被是个巨大的非均匀系统,每个个体及每个个体的不同器官以不同的速率进行着呼吸作用,以及森林本身的生物学特征(年龄、生长状况等)和环境因子(温度、湿度、光照等)等造成呼吸强度的空间异质性,导致呼吸作用尤其是异养呼吸是森林碳循环过程中较难准确测定和模拟的部分。

森林植被碳库和森林土壤碳库之间的碳交换主要通过根、茎、叶、果实等器官的凋落以及腐殖化进行,而森林土壤碳库和大气碳库之间的碳交换通过森林土壤微生物的呼吸、土壤有机质分解等过程实现。

森林是陆地生态系统的主体,它在维系区域生态环境和全球碳平衡中起着重要的作用。一方面,森林植物通过同化作用,吸收大气中 CO_2,固定在森林生物量中,森林是碳的汇;另一方面,森林中动物、植物和微生物的呼吸以及枯枝落叶的分解氧化等过程,以 CO_2,CO,CH_4 等形式向大气排放碳,森林又是碳的释放源。森林生态系统是陆地生态系统中生产力最高的系统,生物量很高,生物量(干重)中含碳 43%~58%。森林土壤中储存着大量的有机碳,如热带原始森林地上部分生物量中含碳 150 t/hm^2,土壤中含碳 115 t/hm^2(徐德应等,1992)。因此,森林是一个巨大的碳库,是大气 CO_2 的重要调节者之一。

森林碳库包括林产品碳库,森林生物量碳库和森林土壤碳库。森林生物量碳库是指活的动物、植物和微生物体内所固定的碳。森林土壤碳库是指死地被物及土壤中腐屑和有机质中所含的碳。森林植物通过光合作用,将大气 CO_2 固定在生物质中;动物、植物和微生物的呼吸,以及森林火灾等过程,将一部分碳释放回大气;生物死亡后,生物体所含碳转移到土壤,收获生物产品使一部分生物量碳转移到林产品碳库,林产品碳库的一部分碳经过燃烧、分解释放到大气；另一部分碳转移到沉积物、化石碳库。森林土壤贮藏大量有机碳，一部分有机碳经动物、微生物分解又释放到大气中；一部分有机碳通过淋溶和径流进入水系统碳库。森林生态系统的碳循环的主要过程如图 2-1 所示。可见，研究森林生态系统的碳循环机理应从植物的光合作用、有机物的分解及植物和土壤的呼吸作用等几个方面进行探讨。

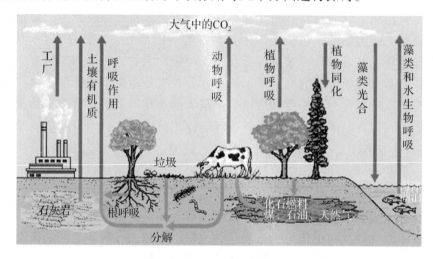

图 2-1　森林生态系统碳循环

第四节　森林碳储量

碳储量、碳贮量或碳蓄积量是描述碳库大小的术语，与研究的空间尺度密切相关。碳密度是面积标准化的碳储量或碳贮量（$Mg \cdot C/hm^2$ 或 $kg \cdot C/m^2$）。森林生态系统的碳库可分为植被、植物残体和土壤 3 部分。

植被碳库即为生物量碳库，表示所有生物体组分的质量，一般指活体植物的质量。与生物量相区别的是植物残体，包括枯枝落叶、倒木、枯立木、树桩和死根，或称死生物量。将生物量和植物残体量转化为碳密度要用到含碳率（carbon content）。土壤碳储量既与空间尺度有关，还受到取样深度的制约，所以常用单位体积原状土壤所含的碳总干重即 SOC 密度（$mg \cdot C/cm^3$ 或 $kg \cdot C/m^3$）表示。国际上常用 1m 作为深度标准，因此单位面积 SOC 储量也称 SOC 密度（$kg \cdot Cs/m^2$）。

陆地生态系统是一个大气、植被与土壤三部分相互作用的复杂系统，各子系统内部及各子系统之间存在着复杂的相互作用和反馈机制。陆地生物圈对大气中 CO_2 浓度年际变化的影响要比海洋更大。同时，它也是全球碳循环中受人类活动影响最大的部分，与人类活动有关的化石燃料燃烧、水泥生产及土地利用变化等都会造成 CO_2 的排放，极大改变了大气中各组成成份的原有状况。当前全球碳循环中最大的不确定性主要来自陆地生态系统。

陆地生态系统碳蓄积主要发生在森林地区，森林生态系统在地圈、生物圈的生物地球化学过程中，起着重要的"缓冲器"和"阀"的功能，约80%的地上碳蓄积和约40%的地下碳蓄积发生在森林生态系统中，余下的部分主要贮存在耕地、湿地、冻原、高山草原及沙漠半沙漠中。从不同气候带来看，碳蓄积主要发生在热带地区，全球50%以上的植被碳和近1/4的土壤有机碳贮存于热带森林和热带草原生态系统中，另外约15%的植被碳和近18%的土壤有机碳贮存在温带森林和草地，剩余部分的陆地碳蓄积则主要发生在北部森林、冻原、湿地、耕地及沙漠和半沙漠地区。

森林生态系统作为陆地生态系统的最大碳库，其碳蓄积量的任何增减都会影响到大气中 CO_2 浓度的变化，调控着全球陆地生态系统碳循环的动态过程。森林生态系统的碳循环与碳积累过程关系到光合作用、呼吸作用以及NPP在树木不同器官间的分配等过程。光合作用的碳固定是绿色植物叶绿体在光的作用下，将 CO_2 和水合成碳水化合物并释放氧气的过程，是植被与大气之间进行碳交换过程的源；光合作用产物分配到森林生态系统各个组分即根、茎、枝、叶及乔木、灌木和草本等的数量和比例以及各个生物组分的动态变化是森林生态系统碳循环研究的关键环节之一。

森林碳储量占全球陆地生态系统碳储量的92.5%（Whittaker and Likens, 1973）。根据 Whittaker 和 Likens（1975）的资料，每年每平方米森林净光合固定的碳量：热带森林为 $450 \sim 600g$，温带森林为 $270 \sim 1125g$，寒温带森林为 $180 \sim 900g$，耕地为 $45 \sim 2000g$，草原为130g。单位面积森林的贮碳量为农田的 $20 \sim 100$ 倍（徐德应、刘世荣，1992）。

森林生态系统类型复杂多样，各种类型的生态系统虽然在碳循环机理过程上具有相似性，但光合产量、呼吸和分解速率以及碳储量却有较大差异。Olson 在 1974 年对世界主要森林生态系统内植物活碳总量、净第一生产量的碳量以及每年碳的归还量进行了归纳（表2-1）。

表 2-1 主要森林生态系统的净初级生产量、碳总量和归还量

主要生态系统	净初级生产量[a]/(Gt·C/a)	活碳总量/(Gt·C)	归还量[b]/(Gt·C/a)
寒带泰加林地	3.33	121.8	0.0275
亚寒带森林，林地	1.93	64.12	0.0301
寒温带，山地针叶林	2.08	68.38	0.0304
寒温带落叶阔叶林为主	2.09	67.88	0.0308
暖温带阔叶林为主	4.05	97.76	0.0414
暖温带湿地	2.97	10.32	0.2878
暖带山地、林地(半干旱)	2.4	24.8	0.0968
暖带湿地(干旱至半干旱)	3.14	12.82	0.2449
热带肥沃湿地(干旱至半干旱)	0.79	2.66	0.2970
热带灌丛、稀树草原	10.52	139.13	0.0756
热带山地林地	4.08	99.62	0.0410
热带低山雨林	11.17	83.86	0.1331
其他热带森林	10.82	216.26	0.0500
总计	59.37	1009.41	1.3864[c]

a. 相当于初级生产量减去绿色植物所有部分(包括束缚在一切活植物体中的碳)的呼吸量。

b. 每年从活碳总量变成死的有机物质的损失量。

c. 归还量共计值不是单个数值相加计算的，因为平均计算出来的合计值是用每个生态系统总量大小加权计算而得。

从表 2-1 中可以看出，森林、林地每年的净初级生产量为 59.37 Gt·C，其中尤以热带森林、林地的生产量为高；各类森林的活碳总量为 1009.41 Gt，森林(包括泰加林、阔叶林、雨林等)的活碳量较高，湿地的活碳量较低；归还量则以湿地和雨林系统较高，寒带泰加林归还量最低。

据统计，我国森林生态系统总碳库为 28.116 Gt，其中土壤碳库为 21.023 Gt，占总量的 74.8%；植被碳库为 6.200 Gt，占总量的 22.0%；凋落物层的碳储量为 0.892 Gt，占总量的 3.2%(周玉荣等，2000)。中国林科院根据中国第七次全国森林资源清查结果得出中国森林植被总碳储量达到了 78.11 亿吨。截止到 2015 年，包括人工林在内，中国拥有 1.95 亿公顷森林、149 亿立方米的活立木蓄积量。森林覆盖率比去年提高了两个多百分点。森林资源不断增长的同时也从大气中吸收了大量二氧化碳，据估算，1980～2005 年间，中国森林累计净吸收二氧化碳 46.8 亿吨。

第五节 森林碳汇、源

森林生态系统的碳贮量是反映生态系统生物生产力或能量转化效率的重要指标（Hessen et al.，2004）。碳循环作为森林生态系统的重要功能过程之一，调节和维持着生态系统的生产力与稳定性。全球气候变化，特别是大气 CO_2 浓度升高，对森林生态系统的发育、结构和功能产生较大影响（Ward et al.，1999）。同时，森林覆盖地球陆地表面的 27%，保存陆地碳贮量的 60%，是陆地生态系统的重要碳库，在减缓大气 CO_2 浓度升高方面扮演着重要角色（Ceulemans et al.，1999）。

联合国气候变化框架公约（UNFCCC）将温室气体"源"定义为任何向大气中释放产生温室气体、气溶胶或其前体的过程、活动或机制。温室气体"汇"为从大气中清除温室气体、气溶胶或其前体的过程、活动或机制（周广胜，2003）。碳循环研究发现，目前已知的碳汇（sink）与已知的碳源（source）不能达到平衡，存在一个很大的碳失汇（missing carbon sink）。

森林碳汇（Forest Carbon Sinks）是指森林植物吸收大气中的 CO_2 并将其固定在植被或土壤中，从而减少该气体在大气中的浓度。森林是陆地生态系统中最大的碳库，在降低大气中温室气体浓度、减缓全球气候变暖中，具有十分重要的独特作用。扩大森林覆盖面积是未来 30~50 年经济可行、成本较低的重要减缓措施。许多国家和国际组织都在积极利用森林碳汇应对气候变化。

碳源是指产生 CO_2 之源。自然界中碳源主要是海洋、土壤、岩石与生物体。另外，工业生产、生活等都会产生 CO_2 等温室气体。它们都是主要的碳排放源。这些碳中的一部分，累积在大气圈中引起温室气体浓度升高，打破了大气圈原有的辐射平衡，导致全球变暖。另一部分则储存在碳汇中。

通俗地说，森林碳汇主要是指森林吸收并储存 CO_2 的多少，或者说是森林吸收并储存 CO_2 的能力。森林面积虽然只占陆地总面积的 1/3，但森林植被区的碳储量几乎占到了陆地碳库总量的一半。所以，森林之所以重要，是因为它与气候变化有着直接的联系。树木通过光合作用吸收了大气中大量的 CO_2，减缓了温室效应。

关于森林在陆地碳汇中所起的作用，至今没有形成一致的观点。北美的实测和模型研究表明，北半球中高纬度森林植被是一个重要的汇，它在减小碳收支不平衡中起着关键作用。然而，根据加拿大、美国、欧洲、俄罗斯和中国的森林清查数据计算结果表明，北半球森林对碳的净吸收量有限，20世纪90年代初期年吸收量为 0.6 ~ 0.7 Pg，其中 80% 以上发生在温带地区，且受林火、弃耕和造林的影响，寒带地区的生长则被火和其他干扰抵消了；与大气碳量变化相比较，森林以外可能存在有其他重要的陆地碳汇。

方精云等利用 1949 ~ 1998 年间 7 次森林资源清查资料，结合森林生物量实测资料，采用改良的生物量换算因子法，推算了中国 50 年来森林碳库和平均碳密度的变化，分析了中国森林植被的 CO_2 源汇功能。结果表明，20世纪 70 年代中期以前，中国森林碳库和碳密度年均减少约 0.024 Pg；之后呈增加趋势，在最近的 20 多年中，森林碳库年平均增加 0.022 Pg。这种增加主要由人工造林增加所致，自 20 世纪 70 年代中期以来，人工造林累计吸收固定 0.45 Pg 的碳。另外，气温上升和 CO_2 浓度施肥效应也可能是促进森林生长增加固碳能力的重要原因。

近百年来，由于工业化程度和人类活动的加剧，大气中以 CO_2 为主体的温室气体大量积聚，导致全球增温现象显著。森林在其生长过程中吸收大气中的 CO_2，形成光合产物并把它保存起来，增加森林的生物量。作为森林生态系统过程中的一个关键环节，森林的碳蓄积能够消减大气中日益增加的 CO_2，在稳定全球气候与减缓温室效应方面发挥重要作用。反之，森林的砍伐、破坏和利用则向大气中释放过去蓄积的碳，这种碳释放又成为大气中 CO_2 的重要排放源。森林生态系统的碳蓄积的量及过程变化，是判断森林生态系统是大气中 CO_2 源或者汇的主要依据。森林生态系统的碳循环与碳蓄积在全球陆地碳循环和气候变化研究中具有重要意义。

我国许多学者在森林生态系统碳循环方面做出了非常有意义的工作，基于中国近 50 年的森林资源清查资料，对中国森林植被地上部分碳库及时空变化进行了大尺度的研究探讨，指出在 20 世纪 80 年代之前，由于人口增加、经济发展引起森林资源大规模的开发利用是造成中国森林生物碳储量大幅度下降的主要原因；此后，由于人工林面积的迅速扩大，森林碳储量又开始回升。据此推算，最近 20 年来，中国森林碳的平均累积量为 0.021 Pg C/a，增汇作用显著。Streets 等(2001)研究指出，中国森林对大气 CO_2 的净吸收已从 1990 年的 0.098 Pg C/a 升高到 2000 年的 0.112 Pg C/a；王效科和冯宗炜(2000)以各林龄级森林类型为统计单元，得出中国森林生态系统的植物碳储量为 3.255 ~ 3.724 Pg，说明我国森林生态系统碳增汇潜力较大。

　　陆地生态系统的碳源与碳汇研究对于全球碳循环研究以及预测未来全球的气候变化有非常重要的意义。尽管陆地生态系统中的碳汇存在的事实及其许多生态影响机制已经为大家所接受，但仍存在许多问题有待解决。例如，与碳循环有关的资源环境问题研究不够全面；对陆地碳汇还缺乏一致性的估算方法和可靠数据；对过去 10～100 年以及未来影响陆地碳汇形成的主控生态机制不确定；陆地生态系统碳汇和碳源的时空变化模式不确定；缺乏对不同生态系统的组成、结构、生物量和生物生产力、养分循环、水循环、能量利用、植物光合与呼吸量、凋落物、土壤呼吸量、土壤碳、氮含量等进行长期定位观测的基础数据；缺乏将生物地球化学过程和物理气候过程紧密耦合的生态系统模型。

第三章　森林碳循环与气候变化

第一节　气候变化与碳汇的关系

气候变化现如今是国际社会共同关注的焦点，未来的气候变化可能会对全球的生态环境、人类的生存、社会和经济发展等产生巨大的影响，因此是全球面临的重大危机和严峻挑战（吕学都，2003）。气候变化是指地球大气物理化学的改变，从而引起地球表面温度、降水等气候格局的变化。影响气候变化的因素有很多，一方面是由于太阳辐射、大气环流、洋流的变化、火山活动以及地表状况等自然因素的作用；另一方面，化石燃料的燃烧、城市化、土地利用方式的改变、森林的大量砍伐等人类活动造成的温室气体的大量排放是不可忽略的因素（陈华和赵士洞，1993）。

2013年9月，政府间气候变化专门委员会（IPCC）在斯德哥尔摩发布了第五次气候变化评估报告第一工作组报告。报告指出，气候系统变暖是毋庸置疑的，并且自1950年以来，已观测到了整个气候系统数十年乃至数千年所未有的很多变化，包括大气和海洋温度升高，冰雪覆盖面积减少，冰川融化，全球平均海平面上升，以及温室气体浓度增加（IPCC AR5，2013）。气候变化主要是由 CO_2 浓度的升高造成的，与工业革命前相比，CO_2 的浓度已经上升了40%，这个增长主要来自于化石燃料燃烧排放，其次是由于土地利用变化的净排放，人类对气候系统的影响是显而易见的。自从2007年的第4次评估报告以来，人类活动影响气候的证据日益增加，人类活动"极其可能"是20世纪中期以来观测到的全球气候变暖的主要原因。由于我们过去、现在和预计未来的 CO_2 排放，即使 CO_2 排放停止了，其影响也将会持续数个世纪。IPCC 不同全球气候模式对中国气候变化的情景预测总趋势一致表现为，中国将持续不断地变暖，降水也将增加，极端气候事件呈增加趋势，而极端高温、干旱和洪涝灾害也将增加。由于大气中 CO_2 浓度上升导致的气候变化，势必对全球生态系统产生巨大的影响。

气候变化会对碳汇造成重大的影响，首先温度升高会使碳汇减弱，甚至使某些碳汇变成碳源。比如高温会使森林火灾变得更频繁，一场森林大火会直接是本是重要碳汇的森林将吸收固定的 CO_2 释放回大气中，从而变成巨大的碳源。进一步来说，碳汇的增多或减少也会产生巨大的影响。碳汇的增加会增加吸收大气中 CO_2 的能力，从而降低大气中 CO_2 的浓度，缓解全球气候变化。然而由碳汇向碳源的转换过程对气候变化则是影响巨大的负作用，加剧了全球气候变暖等。

第二节　气候变化对森林碳汇的影响

森林生态系统作为陆地生态系统的重要组成部分，它具有很高的生物生产力和生物量以及丰富的生物多样性。森林占地球表面的 1/3，其碳储量却占整个陆地植被碳储量的 80% 以上，而且森林每年的碳固定量约占整个陆地生物碳固定量的 2/3（Wen 和 He，2016）。因此，森林对维持全球碳平衡起到了至关重要的作用。由于森林与气候之间存在着密不可分的关系，气候变化对森林生态系统以及森林碳循环都必然产生一定程度的影响。相反，森林生态系统作为全球至关重要的一个大碳库，除了会受到气候变化的影响之外，它对大气中的 CO_2 可以起到调节作用。也就是说森林既可以是碳汇，也可能变成碳源。因此，未来气候变化如何影响森林以及森林碳循环和森林生态系统对气候的反馈作用已经引起了人们极大的关注，并且已经进行了大量的研究（Prentice 和 Fung，1990；Gates，1993；Strzepek，1995；Cox et al.，2000；Pan et al.，2011；严力蛟 et al.，2013；王叶和延晓冬，2016）。

CO_2 对森林生态系统碳循环的影响：由人类活动导致的大气中 CO_2 浓度不断升高及其增温效应是目前人类面临的最严峻的全球性环境问题。CO_2 是植物进行光合作用的底物，大气中 CO_2 浓度增加必然会对植物的光合作用产生影响。CO_2 浓度上升对植物有"施肥"作用。植物在进行光合作用过程中，吸收 CO_2 并将其转化为可利用的有机物并储存能量，大气中 CO_2 浓度的增加有利于光合作用的进行，从而促进植物和生态系统的生长和发育。随着空气中 CO_2 浓度的增加，植物叶片净光合速率增加，蒸腾速率降低，因而可以使叶片的水分利用效率大大增加（Mckenney 和 Rosenberg，1993）。然而，高浓度 CO_2 会导致气孔关闭，使气孔导度下降，CO_2 浓度越高，下降的幅度越大（李永华等，2005）。一般而言，高浓度 CO_2 对植物光合作用的影响表现为短期和长期效应两个方面，短期内高浓度 CO_2 会促进植物的光合作用，而大多数植物对长时间的高浓度 CO_2 却表现出光合适应现象。此外，随着 CO_2 浓度升高，植物光合作用的最适温度会相应增加，这将会影响森林生态系统的空间分布（Kimball，1989）。

温度对森林生态系统碳循环的影响：植物生长都有最适温度，过高或者过低的温度都会影响植物的光合作用，从而降低对 CO_2 的吸收。高温会增加植物蒸腾作用，减少植物体内的水分，也会导致植物叶片气孔关闭，降低光合作用的效率。未来全球温度会持续升高，因此，温度对森林生态系统的影响也不容小觑。温度也是物种分布的主要限制因子之一，高温限制了北方物种向南分布，而低温则限制了热带和亚热带物种向北分布（刘国华和傅伯杰，2001）。气候变暖有利于嗜温性的种子萌发，使其物种的演替更新的速度加快，竞争能力提高，而对于一些嗜冷物种来说无疑是一个打击，温度升高会打破其本身的生长规律，使其生长受到抑制。

森林土壤碳循环是全球碳循环的重要组成部分，全球变暖在短时间内可以促进土壤呼吸产生大量的 CO_2，但增温并不能长期使土壤呼吸持续地增加。如同植物一样，土壤呼吸对长期温度变化也表现出一定的适应和驯化现象，从而降低或缓和陆地生态系统对全球变暖的正反馈效应。土壤微生物是土壤中最活跃的组分之一，气候变暖会使土壤微生物更加活跃，从而提高土壤有机质的分解速率和养分的有效性，最终影响到陆地生态系统的碳平衡（Melillo 等，2002）。

其他因素对森林生态系统碳循环的影响：随着全球气候变化，中国植物物候也发生显著变化。冬季和早春的温度有所升高，这会使植物的花期提前，这有可能导致那些在早春完成生命周期的植物无法完成生命周期而死亡，从而导致森林生态系统的结构和物种组成的改变。

极端气候对森林生态系统碳循环的影响（图 3-1）：气候变化导致极端天气出现的频率变多，越来越多的证据表明极端天气的主因是气候变暖（Peterson 等，2012；Reichstein 等，2013）。暴雨、洪涝、干旱或高温等极端天气的发生及其相关干扰可能会抵消一部分的碳汇，甚至导致碳库的净损失，从而将生态系统储存的 CO_2 释放回大气中。极端气候不仅会对生态系统造成即时的影响，还可能会引起一些滞后的问题，比如树木死亡、火灾或病虫害（Reichstein 等，2013）。极端天气对碳通量和碳库的影响是非线性的，所以极端气候的频率和严重程度即使发生一点点变化都可能会大幅度的减少碳汇，并对气候变暖产生相当大的正反馈作用。

下图表示了一些常见的极端天气对碳平衡以及大气 CO_2 浓度的反馈作用。极端天气会通过影响森林植物的生长情况、光合作用以及呼吸作用，从而改变大气中的 CO_2 的浓度。其中实线箭头表示直接影响，虚线箭头表示间接影响，加号表示正反馈，减号表示负反馈。例如：干旱造成干旱胁迫，降低了植物健康水平、阻碍植物生长，继而降低了植物的光合作用，从而减少了植物对大气 CO_2 的固定。

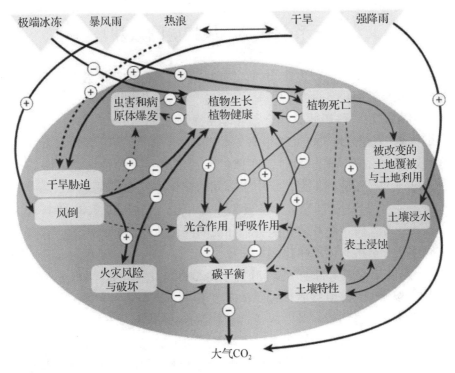

图 3-1　极端气候事件引发的过程和反馈（Reichstein 等，2013）

全球气候变化影响着森林生态系统，然而森林生态系统对气候也产生一定的反馈作用，其反馈作用主要表现在森林植被对于全球气候变化有减缓作用。植被的存在可以使当地的径流量减少，增加了保水能力。因此气候变化对森林的破坏可能导致旱涝灾害，水源缺乏或土地沙化等生态危机。气候变化引起的森林退化或者森林类型的改变对气候的影响主要可以概括为生物地球物理（Biogeophysical）与生物地球化学（Biogeochemical）两个方面。生物地球物理方面，最直接的影响就是，地表反照率（Albedo）的变化：例如森林的退化导致的裸地面积增加使地表反照率明显增大，从而改变了地表能量平衡，使地表成为了一个能量汇，造成了下沉气流的加强与维持，使当地干旱加剧。反过来，干旱又使地表植被、土壤湿度和蒸散减少，形成正反馈，使干旱发展得以长期维持。其次不同地区不同森林类型的反照率不同，气候变化导致的森林类型的改变也会通过反照率反馈到气候系统。在生物地球化学方面，森林吸收 CO_2 的能力强，气候变化导致的森林面积的减少会减少碳汇，增加大气中 CO_2 浓度，从而加剧了气候变暖。

第三节 森林固碳的协同效益

森林固碳除了具有以上重要性，同时还具有相应的协同效益。其具体显现在以下几个方面：

1. 环境效益——吸收其他有害气体和物质

被称为"地球之肺"的森林生态系统固碳的同时，对污染物具有净化和过滤器效应（陶豫萍等，2005），森林生态系统对污染物的截留、吸附与净化是通过污染物在森林生态系统中组分间的转化过程来实现的。

树木对大气 SO_2 的净化作用主要是通过叶片气孔吸收并不断进行着同化转移，其强度受树木叶片的总生物量和硫的同化转移周期所制约，三者的变化及相互关系是揭示树木净化 SO_2 潜力、确定树木的抗污染能力，为治理城市大气 SO_2 污染提供了科学依据（叶镜中，2000）。植物的各个部分对 SO_2 都有一定的吸附作用，但吸收作用最大的是树叶。SO_2 通过气孔进入植物后，除一小部分被运送到枝、叶、根等部位，其余 98% 都以硫酸盐的形式存在于叶中。植物吸收积累硫的能力与植物本身的生物与生态学特性有关，也与植物树冠的形状、高度、叶量、叶面积、气孔开度和植物液汁的 pH 值等有密切的关系。各植物吸附硫含量的顺序为：阔叶落叶林＞落叶灌木＞常绿针叶乔木（陶福禄，冯宗炜，1999）。

同时，森林的滞尘作用表现为：一方面由于森林和树木的枝叶茂密，可以阻挡气流和降低风速，在林缘处随着风速的降低，空气中携带的大粒灰尘降落；另一方面树木叶片有一个较强的蒸腾面，晴天要蒸腾大量水分，使树冠周围和森林表面保持较大湿度，使灰尘较容易降落吸附；树体蒙尘后，经过雨淋洗涤落林地，又恢复滞尘能力，这样灰尘又会重新被吸附（粟志峰等，2008）。污染空气经过森林反复洗涤后，便变成清洁的空气；再一方面树木的花、果、叶、枝等能分泌多种黏性汁液，同时表面粗糙多毛，空气中的粉尘经过林冠，便附着于叶面及枝干的下凹部分，从而起到粘着、阻滞和过滤作用（王德铭等，1993）。

近年来，由于人类活动的加剧，大气环境质量产生了显著变化。同时，森林作为环境污染物质自然净化的场所，在环境污染严重、环境质量日益得到关注的今天，研究森林对空气净化功能显得更为重要。森林通过吸收、吸附、阻滞等形式成为大气污染物归宿，因此，森林的净化空气功能愈发受到关注。与此同时，森林具有涵养水源，改善水质的作用。流域内的森林系统可被认为是清洁水源的保障体系（Moffat A J，2002）。

2. 生态效益——例如防风固沙、减少水土流失、保护生物多样性等效益

森林中植被能够有效地降低风速，减少由于风的作用而引起的风蚀和风化作用，从而维持土壤结构。同时，森林中树木的根系能够减少由于重力作用而引起的侵蚀和温度的剧烈变化引起的冻融侵蚀。因此，森林对于保持土壤主要体现为三个作用：土壤保持、固持土壤营养物质和减淤。森林过度利用以及天然植被的过度破坏，造成土壤裸露，而裸露的地表在水和风等外力的作用下，造成土壤流失。森林的林冠层、凋落物层对于雨水的截留作用以及土壤根系对雨水吸收和过滤作用，能够减少土壤的流失，从而维持土壤稳定。国内外对于土壤的水土保持作用进行了深入的研究，结果表明，森林凭借庞大的树冠、深厚的枯枝落叶层及强壮且成网络的根系截留大气降水，减少或免遭雨滴对土壤表层的直接冲击，有效地固持土体，降低了地表径流对土壤的冲蚀，使土壤流失量大大降低。而且森林的生长发育及其代谢产物不断对土壤产生物理及化学影响，参与土体内部的能量转换，使土壤肥力提高。

森林生态系统是野生动植物重要的栖息环境，森林对生物多样性的保护价值主要体现在其对濒危物种的保护方面。近年，虽然偷猎、毁林等活动得到一定程度抑制，但近年来随着经济的发展各地生物多样性保护又面临新的威胁：经济发展对资源过度开发与自然资源保护和可持续利用之间的矛盾日益突出。随着经济的快速发展，对自然资源的需求不断加大，森林超量砍伐、草原开垦、过度放牧、不合理的围湖造田、沼泽开垦、过度利用土地和水资源，导致生物生存环境破坏，甚至消失，甚至有部分物种已经濒临绝灭。森林在固碳的同时对多生物多样性的保护作用不容忽视（赵海凤，徐明，2016）。

3. 社会经济效益——例如就业、碳交易等经济效益

森林生态系统固碳的协同效益还体现在林业对绿色就业的贡献和碳交易等经济效益方面。林业的绿色就业主要体现在：通过造林再造林、退化生态系统恢复、建立农林复合系统、加强森林可持续管理创造的就业；木材生产和加工以及林产化工、林机制造、森林旅游、森林食品、森林药材、花卉、经济林和竹产品等带动的就业（王刚，2013）。林业产业具有地域广、领域宽、劳动密集的优势，在中国劳动力资源丰裕的条件下，伴随林业产业的快速发展，林业产业吸纳劳动力就业的能力不断增强。而且随着林业产业链条的延伸，林业产业发展带动的相关就业量在不断增加。林地的开发利用、物种资源利用、林业产业开发、林产品市场、木材采伐等都为劳动就业提供了空间（封加平，2002）。在当前中国面临巨大人口就业压力的背景下，林业产业成为了吸纳劳动力就业的重要渠道。

碳交易制度的产生将改变政府为环境主体确定减排任务的强制模式，而由环境主体通过市场价格机制的"晴雨表"做出行为选择。碳交易市场机制的存在，使得企业的减排成本越低对减排积极性就越高，而减排成本较高的厂商，通过碳交易市场则能够既得到所需要的排放指标，完成政府的减排目标。同时又能够通过这种方式实现全社会福利的改进，在市场中自由交易。可见，碳交易将实体经济和金融资本联通起来，将金融资本化为引导实体经济发展的重要力量，并在此过程中创造大量就业机会。

第四节 森林碳汇的特点与风险

在各种碳汇类型当中，森林碳汇是最贴近人类生活且成效显著的一种，因而与其他类型的碳汇相比，森林碳汇具有其独特的优势。主要有以下特点：

（1）同人类的生活关系紧密；（2）固碳效果显著；（3）具有较强的人力可干预性；（4）附加效益显著；（5）可改善其他碳汇载体的固碳能力。

具体来讲，森林碳汇主要具有以下功能和特点：首先，森林碳库巨大，具有稳定乃至降低大气中的温室气体的作用。森林的这种适应与减缓气候变化的功能，是非常重要而不可替代的。其次，森林碳汇具有促进可持续发展的功能。森林固碳有两大明显优势（图3-2）。一是成本低。据测算，如果中国将煤的使用比重降低1个百分点，尽管碳排放量可以减少0.74%，但同时

会造成GDP下降0.64%，居民福利降低0.60%，就业岗位减少470多万个，但森林碳汇不会造成这些损失。二是功能多。森林具有生态功能、经济功能和社会功能。对涵养水源，防风固沙，保护物种，调节温、湿度改善小气候，维护生态平衡具有不可替代的作用，同时还能为人类提供众多的林产品和林副产品，增加社会就业，促进经济发展。森林碳汇的意义十分重大，常常可以兼具适应和减缓气候变化、促进可持续发展这三重功能。再次，森林碳汇具有高风险和难测算等特点。森林固碳能力受造林再造林、森林管理、土地利用变化、森林采伐、气候变化、CO_2浓度、火灾、病虫鼠害和暴风雪灾害等人为因素和自然因素的强烈干扰。森林碳循环过程极其复杂，对森林碳汇进行精确计量十分困难。

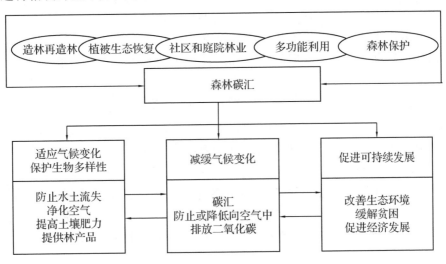

图3-2　森林碳汇的协同效益

第四章 森林碳计量的意义

第一节 森林碳计量与全球碳平衡

2002年，联合国下属的四大机构(国际地圈生物圈计划–IGBP，世界气候研究计划–WCRP，国际生物多样性计划–DIVERSITAS，国际全球环境变化人文因素计划–IHDP)联合成立了全球碳计划(Globle Carbon Plan，GCP)，主要负责全球及区域碳的年度计量，数据的汇总、整理与分析，并组织全球相关科研机构和科学家对碳循环和碳计量中的难点问题进行联合攻关研究。技术上，为满足碳循环和碳计量的需要，许多国家开展了联合监测和联网研究，建立了全球碳通量观测网络(FluxNet)和区域碳通量观测网络。与此同时，还实施了多个区域碳研究计划，主要是在洲际尺度上对碳循环的过程、机理、计量方法以及管理措施进行深入研究，为全球和区域碳减排(Carbon Mitigation)和碳中和(Carbon Neutral)提供科技支撑。

21世纪以后，区域性森林碳循环过程及其对气候变化和人类活动的影响成为国际社会的研究热点，相继启动了若干个与通量观测密切相关的大型国际合作研究计划，如北美碳计划(NACP)、欧洲碳循环联合项目(CarboEurope – IP)、欧洲区域氮研究网络(NitroEurope)、生态系统变化与降水控制实验网络(Precipnet)、全球林冠项目(Global Canopy Program)和生物圈—大气圈稳定性同位素网络(BASIN)等。在欧美和日本等发达国家，相继启动了以长期通量观测为基础的集成研究项目，研究不同国家或区域的碳平衡特征。如2002年日本环境省启动的"面向21世纪碳管理的亚洲陆地生态系统碳收支的综合研究(S1)"，欧盟正在执行的"欧洲碳研究重大项目(CarboEurope – IP)"和"加拿大通量观测研究网络(Fluxnet – Canada)"等，这些研究都采用了专项联网观测的组织管理模式。

森林生态系统碳通量的联网观测和碳循环控制实验的联网研究是全球变化与森林生态系统关系及其区域响应研究的重要发展方向，迄今已经建立了许多区域的碳通量观测网络。此外，国际上许多发达国家的通量观测站，如美国的哈佛森林通量观测站、日本的高山森林通量观测站，都有十几年以上的观测历史。而且，这些长期通量观测站，已经开始重视多学科的交叉和多过程、多途径综合观测的集成研究，提出构建超级通量观测研究站（Supersite）的概念。这些观测数据为模型的改进和验证提供了有力的数据支持，为碳计量方法的改进和创新提供了机遇。

在过去的几十年中，科学家们开发的陆地碳循环动力学模型主要包括 3 种类型：生物地球化学模型（如 CENTURY 模型、TEM 模型、SILVAN 模型和 BIOME – BGC 模型）、全球植被动态模型（如 BIOME4 模型、IBIS 模型、DOLY 模型和 HYBRID 模型）和遥感驱动的陆地碳循环模型（如 CASA 模型、GLO – PEM 模型和 SIB2 模型等）。从 20 世纪 70 年代初模拟分析全球植被潜在生产力分布格局的生态模型（Miami Model）到 90 年代的机理模型和过程模型，随着人们对碳循环复杂性认识的提高，土地覆被变化和碳循环扰动的重要因子被纳入陆地生态系统碳循环模拟。随着长期生态和环境变化信息的积累和联网观测数据的集成，利用数据—模型的融合与同化，以及与遥感技术结合也是陆地碳循环集成研究的重要手段。而生态计量化学结合了生态学和计量化学的基本原理，目前欧美各国已将元素计量化学原理与生态系统碳通量观测相结合，探讨 C∶N∶P 与碳通量之间的关系。生态系统对于环境要素的脉冲效应和激发效应，碳循环和能量交换的耦合和反馈，地上与地下生物量循环过程的耦合关系，环境变化敏感区与脆弱区碳循环的区域响应等也日益成为学术界关注的焦点。这些复杂的态系统过程模型不仅能够定量估算和预测生态系统的功能，同时能够提高对生态系统复杂过程的认识，揭示生态系统的复杂性和规律性。

本世纪初期，大部分附件 I 国家采用 IPCC 第一和第二层次的方法，应用 IPCC 推荐参数或国别参数计算森林碳汇，主要是生物量碳汇。随着《京都议定书》的生效，各国都加大了林业清单编制方法和参数的研究，越来越多的国家采用了 IPCC 第三层次的方法和基于国别的参数（表 4-1），包括采用模型的方法结合卫星遥感技术的应用，如澳大利亚、加拿大等。但是，目前大多数采用了 IPCC 第三层次方法的国家，也只是针对主要碳库（如生物量、土壤有机碳），对其他一些碳库仍沿用 IPCC 第二层次的方法。采用碳循环模型的国家，通常没有连续完整时间序列的森林资源清查体系，导致模型无法与国家森林资源清查融合和验证。依托生态系统模型充分利用各种地面监测数据和发挥遥感技术的优势，建立高效、可靠的碳计量体系是未来林业碳计量的发展趋势，也是目前世界各国的能力目标。

表 4-1　UNFCCC 主要附件 I 国家林业碳计量方法和参数①

国家	一直为有林地		其他地类转化为有林地		有林地转为其他地类	
	方法	参数	方法	参数	方法	参数
澳大利亚	T1, T2, T3, CS	CS, M	T3	M	T3	M
奥地利	T1, T3	CS			T1, T3	CS
北俄罗斯	T1	D, CS				
加拿大	T3, CS	CS			T3	CS
克罗地亚	T1	D				
捷克	T1, T2, CS	D, CS	T1, T2	D, CS	T1, T2	D, CS
爱沙尼亚	T1	D, CS				
芬兰	T2, T3	D, CS				
法国	T2, CR, CS	CS	T2, CR, CS	CS	T2, CS	CS
希腊	T1, T2, CS	D, CS				
爱尔兰	T1, T3	D, CS	T1, T3	D, CS	T2	CS
意大利			T1, T2	D, CS		
日本	T1, T3	D, CS	T1, T2, T3	D, CS	T2	D, CS
拉脱维亚	T2	CS	T2	CS		
列支敦士登	T2	CS			T2	CS
立陶宛	T1	D, CS				
荷兰	CS	CS	T2	CS	CS	CS
新西兰	T2	CS			T1	D
挪威	T3	CS				
葡萄牙	T2, CS	D, CS	T2	D, CS	T2	D, CS
罗马尼亚	T1, T2	D, CS				
俄罗斯	T2	CS				
斯洛伐克	T2	CS	CS	CS	T2	CS
斯洛文尼亚	T2	D, CS				
瑞典	T1, T3	CS			T3	CS
瑞士	T1, T2	D, CS	T2	CS	T2	CS
乌克兰	T1, T2	D, CS	T2	CS		
英国和北爱尔兰			T3, CS	CS	T3, CS	CS
美国	T3	CS				

① 1. T1、T2 和 T3 分别表示 IPCC 第一层次、第二层次和第三层次的方法；CS 表示国别方法或参数；D 表示 IPCC 缺省参数；M 表示模型模拟获得参数；CR 表示欧盟清单计划的方法。

　　20 世纪 90 年代以来，全球气候变化对陆地植被结构与功能的影响在国内引起了广泛关注，国内科学家就陆地生态系统碳循环加大了研究力度，在我国生态系统生产力动态特征，植被/土壤碳储量与通量的空间格局和过程机制解释，陆地碳循环模型模拟等方面都取得了较大进展。尤其是最近 10 年来，在中国科学院重大项目"中国陆地和近海生态系统碳收支"和国家 973 计划"中国陆地生态系统碳循环及驱动机制"等研究项目的带动下，我国碳循环研究取得了重大进展，2010 年以来相继启动的国家 973 计划"典型流域陆地生态系统－大气碳氮气体交换关键过程、规律与调控原理"、"我国主要人工林生态系统结构、功能与调控研究"、"天然森林和草地土壤固碳功能与固碳潜力研究"、"中国陆地生态系统碳－氮－水通量的相互作用关系及其环境影响机制"、"'全球不同区域陆地生态系统碳汇(源)演变驱动机制与优化计算研究'和'中国陆地生态系统碳汇(源)特征及其全球意义'"等研究，这些研究都与森林生态系统碳通量观测、碳循环过程的环境响应有关，都围绕陆地生态系统的碳循环和碳通量开展了大量而富有成果的研究。

　　近 10 年来，我国陆续建立了有关碳循环研究的实验平台，中国生态系统研究网络(CERN)、中国陆地生态系统通量观测研究网络(ChinaFLUX)、中国陆地样带研究(东北样带、南北森林样带、北方草地样带等)、环境控制实验(增温和降雨交互实验、氮沉降)等已获取了大量与碳循环研究有关的数据。基于 ChinaFLUX 的陆地生态系统碳通量连续观测，初步量化了我国典型陆地生态系统碳汇/源状况。在区域代表性的森林和草地生态系统通量观测、多因子碳氮水耦合过程控制实验、样带调查和专题普查的多源数据资源的基础上分析了生态系统碳氮水循环过程与环境要素的相互作用，并就我国主要陆地生态系统对气候变化的响应有了初步认识。此外，我国先后从国外引进和改良了多个陆地生态系统碳循环模型，如 CEVSA、GLO－PEM、BEPS、EALCO 等模型，比较研究了 SIB2、BIOME－BGC、BIOME3 等陆地碳循环模式对中国陆地碳收支的模拟能力，同时也以不同生态系统类型为对象，自主开发了基于单株的中国森林碳收支模型(FORCHN)和基于生物物理过程的中国农田碳收支模型(Agro－C)，并将 AVIM 模型发展为 AVIM－C 模型。

　　2004 年，我国向联合国气候变化框架公约递交了 1994 年的温室气体排放清单，林业温室气体清单主要是根据 IPCC－1996 年的方法，基于森林资源清查统计的各省市自治区的蓄积和平均生长率，结合国家水平的平均参数转化成生物质碳储量的变化，由于缺乏相关参数，未对土壤有机碳、枯落物和枯死木进行计量。同时土地利用变化也只是基于全国尺度的有林地转化为非林地的统计数据进行了粗略估算，没有考虑其他地类之间的转化导致的碳汇/源变化。我国第二次国家温室气体排放清单的计算年份为 2005 年，除相关参数有所更新外，仍是沿用第一次清单的方法。目前各省、市、自治区正在开展的林业温室气体清单，也是采用国家清单相同的方法和参数。

政府间气候变化专门委员会是世界气象组织（World Meteorological Organization，WMO）和联合国环境规划署（United Nations Environment Programme，UNEP）于 1988 年共同建立的一个政府间机构，通过其在国家温室气体清单方法方面的工作，为 UNFCCC 提供支持。至今，IPCC 已经相继发布了多期国家温室气体清单编制指南，与之相关的林业部门的清单方法学也在不断改进和完善。

1994 年，IPCC 编制了《IPCC 1995 国家温室气体清单指南》，经过进一步修订，于 1997 年发布了《IPCC 1996 国家温室气体清单修订指南》，其中，土地利用变化和林业（Landuse、Landuse Change and Forest，LULUCF）的温室气体清单指南（以下简称 IPCC - 1996 - LUCF）在各缔约方的温室气体清单编制过程中得到广泛应用。IPCC - 1996 - LUCF 主要考虑四类人类活动引起的温室气体排放，即（IPCC，1997）：

（1）森林和其他木质生物量碳储量的变化（5A）：包括森林和散生木，不包括未受人为干扰的森林；

（2）森林和草地转化（5B）：森林和草地转化为其他地类（主要考虑农地），包括转化过程中生物量碳储量变化和生物量燃烧引起的非 CO_2 排放；

（3）放弃地（农地和牧地）植被的自然恢复引起的生物量碳储量变化（5C）；

（4）土壤碳变化（5D）：土地利用和土地管理引起的矿质土壤碳储量变化、有机土壤转化为农地或人工林引起的 CO_2 排放和农业土壤施用石灰引起的 CO_2 排放；

（5）其他（5E）：其他非 CO_2 温室气体排放。

IPCC - 1996 - LUCF 分类混乱，部分基于碳库变化（5A 和 5D），部分基于引起土地利用变化的活动（如 5B 和 5C）。提供的方法缺乏灵活性，没有提供可供各国（根据其数据和能力的不同）选择的备选方法。土地利用变化包含的内容不完整，如缺少通过造林或再造林活动将非林地转化为有林地的计量，缺少对森林、草地、农地、湿地等土地利用类型之间相互转化引起的温室气体源汇变化的计量。对土地利用类型缺乏统一明确的定义，使各国的清单缺乏可比性。此外，IPCC - 1996 - LUCF 无法满足《京都议定书》有关 LU-LUCF 条款的计量要求。

此后，IPCC 编制了《2000 IPCC 国家温室气体清单优良做法指南和不确定性管理》（以下简称 IPCC - GPG - 2000），该指南涉及能源、工业过程、农业和城市废弃物四个部门（IPCC，2000）。考虑到当时正在编写土地利用、土地利用变化和林业（LULUCF）特别报告，且有关土地利用、土地利用变化和林业（LULUCF）的谈判还没有结果，为使未来的相关指南能考虑到相关谈判结果，IPCC - GPG - 2000 不涉及 LULUCF。

第七次缔约方会议（COP7）就 LULUCF 议题达成一致意见，并应其第11/CP.7 号决议中的要求，IPCC 于 2003 年专门编制出版了《IPCC 土地利用、土地利用变化和林业优良做法指南》（IPCC，2003）（以下简称 IPCC - GPG -LULUCF）。与 IPCC - 1996 - LUCF 相比，IPCC - GPG - LULUCF 提高各缔约方编制的国家温室气体清单完整性、透明性、一致性、可比性，并降低不确定性，有了实质性的改进和提高，包括：

（1）土地利用分类的一致性。将土地利用划分为六大类，并对各类土地利用给出了明确的定义，在此基础上考虑各地类内及其相互转化引起的温室气体源汇变化，使 LUCF 清单的结构更清晰，温室气体源汇更透明。

（2）与《京都议定书》的关联性：其第四章专门针对《京都议定书》关于造林、再造林和毁林（Afforest Reforest Deforestation）的 3.3 条款，关于森林管理、植被恢复、农地管理和牧地管理的 3.4 条款、第 6 和 12 款有关 LULUCF 项目的温室气体源汇计量提供了方法学指南，使各有关缔约方有关《京都议定书》LULUCF 活动的计量有方法可依。

（3）计量方法的灵活性：提出了由简单到复杂三个层次的计量方法，使各缔约方根据其本国的活动水平和排放/清除因子或参数的可获得性，选择适合的方法。具有高质量详细数据的缔约方可选择较高层次的方法，使不确定性得以降低。而数据缺乏甚至没有数据的缔约方也可根据国际上统计或估计的活动水平数据和缺省的排放/清除因子或参数，完成 LULUCF 温室气体排放清单。

（4）完整性：针对每一地类及其转化，分别计量碳储量变化和非 CO_2 温室气体排放。对于碳储量及其变化的计量，定义了五大碳库(地上生物量、地下生物量、凋落物、粗木质残体和土壤碳)，分别不同的碳库进行计量，并分别提出了三个层次的计量方法。

(5)交叉问题：论证和提出了不确定性评估、关键排放源分析、时间序列的一致性处理和核查的方法以及质量保证和质量控制程序，以保证清单的一致性和可靠性。

(6)更新和提供了大量的缺省参数或排放/清除因子，对于缺少参数的发展中国家非常必要。

(7)在附件中提供了可为缔约方选用的木质林产品碳储量变化的计量方法学。

为使采用 IPCC – GPG – LULUCF 与过去采用 IPCC – 1996 – LUCF 编制的清单具有可比性，IPCC – GPG – LULUCF 保证了新的指南中的各种土地利用和林业活动类别能通过归类纳入 IPCC – 1996 – LUCF 的报告格式中。但是，由于在清单编制和报告时，农业部门是一个独立的清单部门，而在上述 LU-LUCF 的清单编制和报告中又涉及农地、草地及其与其他地类的转换，因此两个部门在清单编制和报告时容易出现重复或遗漏，也容易使清单编制人员混淆。如农地非 CO_2 排放在农业部门编制和报告，而 CO_2 在 LULUCF 部门编制和报告；其他地类转化为农地引起的非 CO_2 和 CO_2 排放均在 LULUCF 部门编制和报告；热带稀树草原燃烧引起的非 CO_2 排放在农业部门编制和报告，而其他地区草地燃烧则属 LULUCF 等。

为避免上述问题，应 UNFCCC 附属科学技术咨询机构第 17 届会议要求，IPCC 编写了《2006 IPCC 国家温室气体清单指南》。《2006 IPCC 国家温室气体清单指南》中的第四卷(农业、林业和其他土地利用，以下简称 IPCC – 2006 – AFOLU)，将 IPCC – GPG – 2000 中的第四章(农业)和 IPCC – GPG – LULUCF 进行整合，使整个土地利用变化和林业成为一个有机的整体。同时在以下几方面得到提高(IPCC，2006)：

(1)将过去的人类活动引起的温室气体源排放和汇清除明确定义为发生于被管理土地上的温室气体源排放和汇清除，即只有在受到人为干扰的土地上发生的温室气体源排放或汇清除才纳入国家清单的计量中。

(2)在对待火烧引起的温室气体排放方面，过去根据火烧的原因来识别是否纳入温室气体清单的计量，即不考虑自然火烧，但有时是很难区分发生的火烧是人为的还是自然因素引起的。IPCC – 2006 – AFOLU 则根据火烧所发生的土地类别来区分，即只有发生在被管理或受人为干扰的土地上的火烧将纳入清单计量，而不论火烧是人为的还是自然的。发生于未受人为干扰的土地的火烧不纳入清单计量，除非这种火烧最终导致土地利用发生变化。

（3）过去属选择性计量的居住地和被管理湿地的 CO_2 源排放和汇清除，在 IPCC－2006－AFOLU 给出了计量方法学指南。

（4）木质林产品碳计量方法学得到进一步改进，并纳入正式的方法学中，而不是作为附件。

（5）增加了湿地土地利用变化引起的 CO_2 排放的计量方法，并将 CH_4 排放的计量方法作为附件提供，作为今后进一步完善方法学的基础。

经过 IPCC 和各国专家十余年的努力，LUCF 部门的清单方法学得到不断改进和完善。其中 2006 年制定的《2006 年 IPCC 国家温室气体清单指南》，对《国家温室气体清单优良作法指南和不确定性管理》（GPG2000）和 GPG－LULUCF 的主要成果并进行了适当修改，成为指导各个国家编制国家温室气体清单的指导文件（图 4-1）。

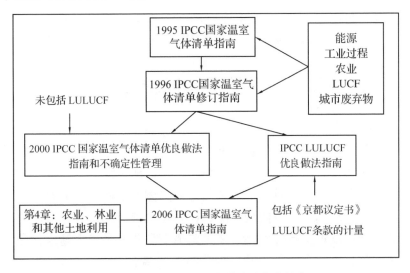

图 4-1 IPCC 国家温室气体清单指南的发展

针对每个地类及其地类之间转化的复杂性，再考虑到各国的基础数据历史积累差异很大，IPCC 指南提出了由简单到复杂三个层次的计量方法。这三个层次计量方法的具体内容为：

第一层次（Tier1）：采用 IPCC－1996－LUCF 的基本方法及其提供的或 IPCC－GPG－LULUCF、IPCC－2006 更新的排放/清除因子和参数的默认值，

LUCF 的 5 种人类活动水平数据来自国际或国家级的估计或统计数据。第一层次法的特点是不需要核算国家或地区的具体碳排放强度数据，用国际上的平均排放系数代替，该方法简单、计算起来也容易，但结果误差可能很大。该方法只是对温室气体排放进行初步概算，目前大部分国家都很少采用。

第二层次（Tier2）：与第一层次相同，但采用具有较高分辨率的本国活动数据和排放/清除因子或参数；由于考虑了本国或本地区的具体情况，第二层次法的估算精度有所提高。但由于不同部门和不同过程的温室气体排放（吸收）因子繁杂，且变异较大，再加上各国的数据积累和相关研究水平参差不齐，因此该方法估算的温室气体排放结果在精度上也存在很大变异。

第三层次（Tier3）：采用专门的国家碳计量体系或模型工具，活动数据基于高分辨率的数据，包括地理信息系统、遥感技术和地面生态过程模型的应用。该方法不仅充分利用了现有监测数据，同时发挥遥感技术的优势和生态过程模型的普适性，计算结果精度高、内容更完备、空间上更具可比性。因此，该方法也是 IPCC 推荐的最佳方法，是未来国际上温室气体和碳计量的发展方向。目前，大部分发达国家都在向这个方法努力。但是，该方法涉及的数据庞大，对模型的整合技术要求高，同时也需要超大的计算能力。

第二节　碳计量未来的发展方向

计量信息是计量体系的基础和前提，监测是信息获取的有效手段和方法。综合国际上计量信息的发展趋势，在林业碳计量上，计量信息综合化，信息采集空间化发展趋势十分明显。为了使得监测信息更好地适应林业碳计量的需要，很多发达国家对传统计量信息监测体系都做了较大改进，一是监测对象从传统林地林木资源监测逐渐转向生态系统监测；二是监测内容逐渐增加，监测指标设置更趋合理化；三是监测信息获取手段逐渐现代化、空间化。如美国和日本联合发射卫星，对森林生态系统实行"三位一体"遥感监测和空间定位监测。空间明晰的过程模型克服了传统统计模型的不足，不仅能够提供碳汇/源的空间格局，同时服务于生态系统的管理和空间优化。

1. 计量方法由低层次向高层次发展

从近几年国际社会国家温室气体清单报告情况分析，林业碳计量明显表现出计量方法由简单向复杂的发展趋势。主要表现为 IPCC 第一层次方法学（Tier1）使用国家（地区）明显减少，第三层次方法学（Tier3）使用国家（地区）

不断增加。

2004 年，50 个国家温室气体清单报告中使用第一层次方法学国家 30 个，第三层次方法学 5 个，而 2007 年使用第一层次方法学国家（地区）减少到 15 个，第三层次方法学增加到 10 个，使用监测数据与生态过程模型模拟结合的只有 1 个。这种现象一方面表明了方法学高层次化的发展趋势；同时也说明 IPCC 推荐的基于生态过程模型的方法愈来愈多地受到重视。

2. 科学研究结果愈来愈多的应用于碳计量

自《IPCC 国家温室气体清单指南》（1996 年）发布至今，世界各国科技工作者围绕林业碳计量开展了大量研究，这些研究成果愈来愈多地广泛应用于林业碳计量体系，如加拿大 CBF－3 模型，美国、澳大利亚等都依据大量科研成果开发了自己的碳计量体系，但由于没有大量、长期监测数据，精度不高。现代林业碳计量由早期的以生物量为主转向与森林经营、支持国家气候变化谈判需要相结合；由单纯的森林碳计量转向与森林生态系统水循环、N 循环等更多与生态安全、生态文明建设需求相结合。与此同时，碳计量的组织实施也向多部门联动发展，林业碳计量的组织实施由早期某些部门独立承担向牵头部门统一组织、多部门有效联动发展。

3. 计量方法多样，计量结果可比性差

从世界气象组织和联合国环境规划署于 1988 年建立政府间气候变化专门委员会至今，相继发布了国家温室气体清单指南（Guidelines for National Greenhouse Gas Inventories）1996 版、2003 版和 2006 版等 3 个版本。IPCC 指南作为国际方法，明显具有框架性、推荐性特点，存在体系过于宏观、方法不具体、约束不严密的缺陷。无论是少数发达国家，还是众多发展中国家，虽然在报告国家温室气体清单时都参照了 IPCC 统一的框架指南，但由于各国国情差异、目标与目的偏向不同，使用的包括计量模型和参数在内的具体方法差异很大。显然林业碳计量方法的过于分散，造成了计量结果的可比性相当差、可行性也大打折扣。方法分散、可比性差是目前国际社会在应对气候变化国家温室气体清单报告急需解决的首要问题。虽然目前计量方法很多，但缺乏集成体系和集成方法，造成计量结果无法统一。

4. 成过熟林计量结果偏大，中幼龄林计量结果偏低

从 IPCC 推荐的参数分析，目前国际上采用较低层次方法学（使用 IPCC 缺省参数）对成过熟林的计量结果比较偏高，对幼、中龄林计量结果偏低，其主要原因是早年建立的生物量方程多以成过熟龄林样本（木）作为样本，

样本代表性差、区域布局严重不合理。发达国家一般以成过熟林为主，而许多发展中国家的森林多是幼中龄林，尤其是中国，人工林面积总量达到6200万公顷，占全球人工林总量的份额超过2/3(73%)。使用IPCC较低层次的方法和缺省参数导致发达国家碳计量结果偏高、我国碳计量结果偏小。包括"三北防护林"、"长江中上游防护林"以及近年来的"天然林保护工程"、"退耕还林工程"等在内，中国自20世纪80年代开始进行的林业重点生态工程建设在固定碳汇、减缓全球气候变化中的作用很可能被严重低估。

5. 计量结果不确定性高，计量精度参差不齐

目前，国际上普遍存在林业碳计量精度低、不确定性高的问题。从最近几年发达国家的温室气体清单报告来看，计量误差最低也有25%左右。我国第一次国家温室气体清单报告，其计量误差在50%左右。在林业碳计量领域，无论发达国家，还是发展中国家，都在尝试提高碳计量精度。碳计量不确定性高、精度提升空间大是国际社会的普遍共识，这正是碳计量领域急需解决的关键核心问题。

6. 监测体系不健全，计量体系不统一

自20世纪70年代科学家提出全球气候变暖的研究警示，在此之后，世界各国科学家对此进行了长达半个世纪的研究，这些研究不仅积累了大量的研究经验，而且也取得了丰硕的成果，为国际社会林业碳计量技术的提高起到了很好的推动作用，尤其是生态系统碳循环。但从国际上看，林业碳计量体系明显存在基础信息整体性差、系统性弱、缺漏项多的缺陷。主要表现在：一是基于生态系统过程的监测，缺乏完备、连续的监测体系和监测过程；二是在关注森林生物量碳储量的同时，对森林土地类型转化的研究明显偏少，森林与其他土地类型相互转化的碳计量十分困难；三是森林生态系统自身生物量计量缺漏项也明显，传统森林资源监测主要注重林木蓄积，而对林下灌草、枯落物、森林土壤的监测极其薄弱，导致在进行林业碳计量时，要么缺乏基础信息，要么信息量太少，不能达到碳计量的要求。

7. 数据共享机制不健全，计量信息浪费严重

林业碳计量系统复杂、体系庞大；计量内容多，而且相互交织、互为因果，因此，林业碳计量不仅需要林业基础信息，而且也需要其他学科、其他部门相互配合、相互支持。在科学研究机构、林业部门与其他涉及土地资源的政府管理部门(如国土、农业等)存在条块分割的现象。一方面造成林业碳计量的关键基础信息不能有效整合，形成信息孤岛；另一方面，包括科学

研究机构、其他土地资源管理部门掌握的数据信息得不到有效利用，也不能有效发挥科学研究数据的价值。

第三节　森林碳计量与气候政策

根据 UNFCCC 第 4(a) 条规定，所有缔约方均有义务采用缔约方会议（COP）同意的可比的方法学，定期编制、更新和公布人为活动引起的、《蒙特利尔进程》未予管制的所有温室气体源排放和汇清除清单，即国家温室气体清单，并尽可能降低不确定性。第 12.1(a) 条进一步强调，各缔约方应定期通过 UNFCCC 秘书处向 COP 递交其国家温室气体清单。定期编制和更新温室气体清单是非附件 I 国家（即发展中国家）最主要的义务之一。

2011 年底在德班召开的气候变化大会决议要求，非附件一缔约方应每两年提交一次两年期气候变化国家信息通报的更新报告（涵盖提交日前 4 年的信息），第一次更新报告应于 2014 年 12 月以前提交（涵盖提交日前至少 4 年的信息）。更新报告须按可测定、可报告和可核实（"三可"原则）的要求，接受国际磋商和分析。国家温室气体清单是国家信息通报的主要内容。林业温室气体清单又是国家温室气体清单的重要组成部分，其他还包括工业、能源、农业、城市废弃物。因此，建立符合国际"三可"原则的林业碳计量体系，是我国未来履行国际义务的迫切需求，也是 REDD + 对确定森林参考水平、建立和完善科学、透明的国家森林监测、报告和核实清单体系的迫切要求。

中国是国际社会的重要力量，只有积极参与国际气候谈判和规则的制订，才能为国家发展赢得更好的国际环境。过去和正在进行的许多国际气候变化谈判和相关国际规则都与森林及其碳计量密切相关。因此，只有建立比较精确的林业碳计量体系，准确掌握森林碳储量、碳汇/源及其时空分布，才能为我国参与气候变化林业有关议题的谈判提供科学依据。

全球气候变化是人类面临的巨大威胁，是人类社会必须共同面对的严峻问题，已逐渐成为各国政治外交、经济发展、生态建设和环境保护等领域聚焦的热点。为减缓全球气候变化，保护人类生存环境，联合国大会于 1992 年通过了《联合国气候变化框架公约》（UNFCCC），规定各缔约国（Conference Of the Parties，COP）应采取措施限制温室气体排放。为实现 UNFCCC 制定的目标，各缔约方达成了一系列相关政治协定，其中几个最重要的政治协定包括《京都议定书》、"波恩政治协议"、"马拉喀什协定"、"巴厘岛行动计划"等。缔约国就《京都议定书》第一承诺期（2008～2012年）缓解和解决气候变化问题中与林业有关的问题达成了一致意见。减少发展中国家毁林和森林退化碳排放（Reducing Greenhouse Gas Emissions From Deforestationand Forest Degradation Indeveloping Country Plus，REDD＋）是《巴厘岛行动计划》的重要行动之一，也是落实《巴厘岛行动计划》国际谈判的焦点问题之一。根据2010年达成的坎昆协议，REDD＋包括在发展中国家实施的以减少毁林和森林退化的碳排放、保护和增强森林碳储存以及可持续森林经营管理为目标的活动。同时要求拟参与的发展中国家制定REDD＋的国家战略或行动计划，确定国家森林参考排放水平或森林参考水平，建立和完善科学、透明的国家森林监测、报告和核实体系，以监测和报告相关活动。2012年多哈气候变化大会决定启动一项工作计划，讨论制定基于效果的资金机制。

2015《联合国气候变化框架公约》近200个缔约方一致同意通过《巴黎协定》，协定将为2020年后全球应对气候变化行动作出安排。协定共29条，包括目标、减缓、适应、损失损害、资金、技术、能力建设、透明度、全球盘点等内容。

《巴黎协定》（2015）指出，各方将加强对气候变化威胁的全球应对，把全球平均气温较工业化前水平升高控制在2℃之内，并为把升温控制在1.5℃之内而努力。全球将尽快实现温室气体排放达峰，本世纪下半叶实现温室气体净零排放。根据协定，各方将以"自主贡献"的方式参与全球应对气候变化行动。发达国家将继续带头减排，并加强对发展中国家的资金、技术和能力建设支持，帮助后者减缓和适应气候变化。从2023年开始，每5年将对全球行动总体进展进行一次盘点，以帮助各国提高力度、加强国际合作，实现全球应对气候变化长期目标。

气候变化问题的确是科学问题，它具有强技术性。但从更深和更广的层面上看，气候变化问题早已超越科学范畴，逐步演变为重大的国际经济和政治问题。第一，从气候变化问题的产生来看，国际政治和军事博弈，比如军备竞赛和军事准备及战争会造成大量化石能源的消耗，从而加剧了气候变暖的程度。第二，从气候变化的影响来看，海平面上升、极端气候事件的增加、冰川融化、海洋酸化等加剧资源短缺，增加冲突的可能性，对国家安全和国际安全产生重要影响。有的小岛国面临被海水淹没的现实威胁。联合国安理会已举行过两次关于气候与安全的辩论。第三，从气候变化的应对来看，目前的国际气候谈判实际上是在讨论各国减排责任和排放空间的分配，直接涉及资源和资源背后的权利的再分配。这既涉及国际道义问题，更是国际政治的本质内容。

2015 年联合国可持续发展峰会通过的《2030 年发展议程》和巴黎气候峰会通过的巴黎气候协议，将共同锁定未来 15 年全球发展议程的基本内容和格局。更重要的是，随着中共十八届五中全会提出的绿色发展理念，中国国内的发展议程从此将与全球发展议程实现完全对接。在全球气候治理的国际合作中，中国将展现新的角色定位，在未来 15 年内实现从追随者向引领者的转变。正如习近平主席所指出的，巴黎协议不是终点，而是新的起点。这将不仅是应对气候变化的新起点，更将是探索人类可持续发展路径和治理模式的新起点。

森林碳循环是生态系统功能的主要体现，是生态系统其他过程与功能的基础，目前对碳循环的复杂性认识不足，知识有限，有助于全面认识和评价森林生态系统的整体服务功能。通过过程模型模拟，阐明生态系统各个过程之间的相互作用关系，以及生态系统碳循环与气候变化之间的相互关系。在应对气候变暖的对策中，森林以其特殊功能将发挥不可替代的重大作用。作为陆地生态系统中最重要的森林生态系统，其被认为具有很大的固碳潜力，陆地生态系统 57% 的碳都储存在森林中，全球森林对碳的吸收和存储占全球每年大气和地表碳流动量的 90%，因此，研究森林生态系统碳库的收支状况与动态变化是预测未来气候变化趋势的关键所在。在全球气候变化背景下，研究森林生态系统的碳循环过程和控制机理，评价森林生态系统对温室气体的吸收或排放能力，分析森林碳汇/源的时空分布特征，是预测未来的气候变化趋势和评价森林生态系统碳循环对全球变化的响应与适应特征的基础。而森林生态系统碳库的变化动态主要取决于生态系统呼吸与光合作用对气候变化与大气 CO_2 浓度升高的敏感性、适应速度与适应程度的相对大小，且极端气候对森林生态系统的影响则进一步加大了其复杂性。同时，相对于同化过程(植物的光合作用)而言，人们对分解过程(土壤呼吸，树干呼吸，枯落物分解等)的理解和认识还不够深入，尤其是土壤呼吸，土壤过程是生态系统研究中了解最少的领域，也是地球系统科学未解之谜。

继"争取到 2020 年森林面积比 2005 年增加 4000 万公顷，森林蓄积量比 2005 年增加 13 亿立方米"，这一我国政府在应对国际气候变化中的庄严承诺之后，2015 年 6 月，中国又如期正式向联合国提交二氧化碳排放 2030 年左右达到峰值并争取尽早达峰、单位国内生产总值二氧化碳排放比 2005 年下降 60%~65%，森林蓄积量比 2005 年增加 45 亿立方米左右的"国家自主决定贡献"。我国林业从 20 世纪 80 年代初"全民义务植树"开始，经历了 30 多年的发展，林业资源已经成为十分重要的土地资源，利用宜林荒山荒地植树造林增加林业碳汇"红利"的空间十分有限。同时我国现阶段森林资源质量较差，单位面积蓄积量只有世界平均水平的 78%，活立木单位面积单位碳汇量不到世界平均水平的 2/3。这充分说明森林可持续经营必然成为森林面积增加、森林蓄积增长（"双增目标"）的战略选择。无论是宜林荒山造林的树种选择和栽培管理，还是现有低质、低效林的改造，科学分析、因地制宜地找准措施和方向。显然林业碳计量体系建设是现代森林可持续经营战略的基础。

第四节　森林碳计量与生态系统管理

以生态模型模拟、遥感反演和数据同化技术为主要手段，基于碳通量观测数据、控制实验数据和遥感数据，发展多学科、多过程、多尺度的综合联网观测，开展区域、洲际乃至全球尺度碳循环及其对全球变化和人类活动响应的系统性、集成性研究成为森林生态系统科学研究的重要发展方向。探讨建立基于卫星遥感技术的碳估算方法与技术体系，发展新一代多尺度、多源数据融合的森林生态系统碳循环模型，服务于我国和区域的森林生态系统碳汇/源估算和时空格局分析，是森林生态系统碳循环集成研究的重要手段，也是目前该领域的国际研究前沿。模型数据融合（Model - data Fusion）是充分利用各种观测数据信息、综合分析包含大量动态参数和非线性响应过程，同时用于提升模型关键参数的反演精度。它是通过数学方法利用各种观测信息调整模型的参数或状态变量，使模拟结果与观测数据之间达到一种最佳匹配关系，从而更准确地认识和预测系统状态及变化。

森林是陆地生态系统的主体，其生态系统服务功能远大于其经济效益。我国是世界上生态环境脆弱的国家之一，生态环境建设得到政府和社会的普遍关注。随着经济社会发展，人民生活水平的提高，在生态安全威胁持续存在条件下，社会对生态环境质量提升的期望日益提高，生态系统服务功能转变和提升变得迫切。森林碳汇作为国家应对气候变化总体战略的重要组成部分，在凸显林业对国家战略地位与作用的同时，也给林业发展带来了前所未有的机遇与挑战。因此，迫切需要开发林业碳计量体系，科学、客观、定量评估森林生态系统整体服务功能，为森林整体服务功能的提升提供科技依据。

十八大要求优化国土空间开发格局。我国林地、湿地和荒漠化土地总面积约占国土面积的63%，是生态文明建设的重要空间载体，在优化国土生态空间中扮演主要角色。明确林地、湿地和需要保护与治理的沙化土地等生态用地，划定生态安全红线，明确生态空间的功能定位、目标任务和管理措施，同时根据国家主体功能区战略，编制重点生态功能区生态保护与建设规划，逐步形成适应各类主体功能区要求的生态空间格局，完善森林增长和国土绿化空间规划，最终形成科学、系统的国土生态空间规划体系，增加生态系统服务功能，为建设生态文明奠定坚实的基础。

过去三十多年来，我国先后实施了多项重大生态林业建设工程，取得了举世瞩目的成就。《我国国民经济和社会发展十二五规划纲要》(2011)提出，要继续实施重点生态工程，构筑国家生态安全屏障，要按照"谁开发谁保护、谁受益谁补偿"的原则，加快建立生态补偿机制。加大对重点生态功能区的均衡性转移支付力度，研究设立国家生态补偿专项资金。鼓励、引导和探索实施下游地区对上游地区、开发地区对保护地区、生态受益地区对生态保护地区的生态补偿。建立林业碳计量体系，将碳计量引入生态补偿，掌握区域森林及林业相关活动的碳汇/源历史、现状、时空格局和未来趋势，不仅能够提供生态转移支付科学依据，还可以为我国重大生态建设项目的规划、实施、成效评估、过程监督、措施与方法的改进提供科学支撑。

党的十七大第一次将"生态文明"写入了党的报告，十八大再次强调把生态文明建设放在突出地位，把生态文明建设摆在与经济建设、政治建设、文化建设和社会建设并列的位置，充分表明了我们党对"生态文明"和"环境建设"的重视程度。建设生态文明是发展中国特色社会主义的战略选择，是推动经济社会科学发展的必由之路，是顺应人民群众新期待的迫切需要。大力推进生态文明建设，实现人与自然和谐发展，已成为中华民族伟大复兴的基本支撑和根本保障。

"森林兴则文明兴，森林衰则文明衰"。党中央、国务院多次强调，要把发展林业作为建设生态文明的首要任务。"中共中央国务院关于加快林业发展的决定(2003年6月25日)"明确指出，森林是陆地生态系统的主体，林业是一项重要的公益事业和基础产业，承担着生态建设和林产品供给的重要任务。因此，林业是国家可持续发展战略的重要内容，是对生态文明建设内涵的丰富，是国家经济发展方式转变的着力抓手。森林碳汇问题既是当前"生态文明"建设的难点问题，又是保护环境的热点问题。建立林业碳汇/源计量体系，制定合理的发展规划，有利于我国林业实现可持续发展；有利于我国林业与国际接轨；有利于我国生态文明建设，完善各类生态环境政策；有利于我国正确处理二氧化碳减排与经济发展的关系。

第五节　碳贸易与碳市场

林业是国家应对气候变化总体战略的重要组成部分，兼具减缓和适应气候变化的双重功能。森林是最大的"储碳库"和最经济的"吸碳器"。森林碳汇是现代林业形势下的一种新型林产品。因此，加强林业碳计量体系建设，支撑林业碳汇项目发展，不仅是实现国家节能减排，促进产业转型升级的重要途径，而且也是现代林业新型产业发展的内在要求。

《我国国民经济和社会发展十二五规划纲要》提出，要综合运用调整产业结构和能源结构、节约能源和提高能效、增加森林碳汇等多种手段，大幅度降低能源消耗强度和二氧化碳排放强度，有效控制温室气体排放；建立完善温室气体排放统计核算制度，逐步建立碳排放交易市场；推进低碳试点示范。2011 年 8 月，国务院发布的"十二五"节能减排综合性工作方案中，要求开展碳排放交易试点，建立自愿减排机制，推进碳排放权交易市场建设。2011 年 11 月，国家发改委发布《关于开展碳排放权交易试点工作的通知》，批准北京、天津、上海等 7 省市开展碳排放权交易试点工作。2012 年 6 月，国家发改委正式发布《温室气体自愿交易管理暂行办法》。

为降低温室气体排放强度，完善温室气体排放统计核算制度，对温室气体汇/源进行准确核算是基础和前提。国家已要求各省市自治区编制省级温室气体排放清单，这项工作今后将形成常态化机制。建立科学的林业碳计量体系，是林业温室气体清单核算的基础，是国内碳交易体系建设的需要。在众多的碳汇项目实践中广西碳汇项目于 2005 年 11 月 25 日，成为全球第一个被批准的清洁发展机制再造林业碳汇项目方法学也成为国内第一个清洁发展机制林业碳汇项目。

2015 年 6 月，中国如期正式向联合国提交"国家自主决定贡献"：CO_2 排放 2030 年左右达到峰值并争取尽早达峰、单位国内生产总值 CO_2 排放比

2005 年下降 60%～65%，非化石能源占一次能源消费比重达到 20% 左右，森林蓄积量比 2005 年增加 45 亿立方米左右。同时，中方还将气候变化的行动列入"十三五"发展规划中。此外，在 2015 年底召开的巴黎气候大会上，习近平主席向国际社会承诺中国在 2017 年启动全国碳排放交易市场。由于目前我国大部分森林处于中幼龄林阶段，生长较快，所以森林碳汇在未来碳交易市场中将占据重要地位。统一规范森林碳计量方法将是未来森林碳汇交易面临的首要问题。

参考文献

方精云. 北半球中高纬度的森林碳库可能远小于目前的估算[J]. 植物生态学报, 2000 (05): 635 – 638.

方精云. 1981～2000 年中国陆地植被碳汇的估算[J]. 中国科学: 地球科学, 2007.

方精云, 柯金虎, 唐志尧, 陈安平. 生物生产力的"4P"概念、估算及其相互关系[J]. 植物生态学报, 2001, 25(4): 414 – 419.

方精云, 朴世龙, 赵淑清. CO_2 失汇与北半球中高纬度陆地生态系统的碳汇[J]. 植物生态学报, 2001(05): 594 – 602.

方精云, 刘国华, 许嵩龄. 中国陆地生态系统的碳库. //王庚晨, 温玉璞主编. 温室气体浓度和排放监测及相关过程. 北京: 中国环境科学出版社, 1996

耿国彪. 保护发展森林资源 积极建设美丽中国——第八次全国森林资源清查结果公布[J]. 绿色中国, 2014(05): 8 – 11.

IPCC, IPCC 1995 国家温室气体清单指南[S], 1994

IPCC, 2000 IPCC 国家温室气体清单优良做法指南和不确定性管理[S], 2000

IPCC, 2006 IPCC 国家温室气体清单指南[S], 2006

贾治帮, 积极发挥森林在应对气候变化中的重大作用, 求是, 2008

联合国大会, 《联合国气候变化框架公约》(UNFCCC)[S], 1992

联合国气候变化框架公约参加国三次会议, 京都议定书, 1997

联合国发展峰会, 《2030 年发展议程》[S], 2015

罗红艳, 李吉跃, 刘增. 绿化树种对大气 SO2 的净化作用[J]. 北京林业大学学报, 2000, 22(1): 45 – 50.

2015 巴黎气候大会, 《巴黎协定》, 2015

粟志峰, 不同绿地类型在城市中的滞尘作用研究, 干旱环境监测, 2002

陶福禄, 冯宗炜. 植物对酸沉降的净化缓冲作用研究综述[J]. 农村生态环境, 1999, 15 (2): 46 – 49.

陶玉萍. 森林过滤器对污染物的过滤作用及其水化学特征[J]. 中国科学院成都生物研究所, 2005.

王德铭. 水污染防治问题的分析研究[J]. 水科学进展, 1993.

王绍强, 刘纪远, 于贵瑞. 中国陆地土壤有机碳蓄积量估算误差分析[J]. 应用生态学报, 2003, 14(5): 797 – 802.

王绍强, 周成虎, 李克让, 朱松丽, 黄方红. 中国土壤有机碳库及空间分布特征分析[J]. 地理学报, 2000, 55(5).

王效科, 冯宗炜. 中国森林生态系统中植物固定大气碳的潜力[J]. 生态学杂志, 2000(04): 72 – 74.

王兴昌, 王传宽. 森林生态系统碳循环的基本概念和野外测定方法评述[J]. 生态学报, 2015(13): 4241 – 4256.

王叶, 延晓冬. 全球气候变化对中国森林生态系统的影响[J]. 大气科学, 2006, 30.5(2006): 1009 – 1018.

新华网 http://www.xinhuanet.com/

徐德应, 刘世荣. 温室效应、全球变暖与林业[J]. 世界林业研究, 1992(01): 25 – 32.

徐德应. 中国大规模造林减少大气碳积累的潜力及其成本效益分析[J]. 林业科学, 1996(06): 491 – 499.

严力蛟, 等. 气候变暖对森林生态系统的影响[J]. 热带地理. 2013, 33(5): 621 – 627.

杨金艳, 王传宽. 东北东部森林生态系统土壤碳贮量和碳通量[J]. 生态学报, 2005, 25(11): 2875 – 2882.

叶镜中. 城市林业的生态作用于规划原则[J]. 南京林业大学学报(自然科学版), 2000.

袁嘉祖, 范晓明. 中国森林碳汇功能的成本效益分析[J]. 河北林果研究, 1997.

张全智, 王传宽. 6 种温带森林碳密度与碳分配[J]. 中国科学: 生命科学, 2010, 40(7): 621 – 631.

周广胜. 全球碳循环[M]. 北京: 气象出版社, 2003.

周玉荣, 于振良, 赵士洞. 我国主要森林生态系统碳贮量和碳平衡[J]. 植物生态学报, 2000, 24(5): 518 – 522.

Ceulemans R, Janssens I A, Jach M E. Effects of CO2 enrichment on trees and forests: lessons to be learned in view of future ecosystem studies[J]. Annals of Botany, 1999, 84: 577 – 590.

Cox P M, Betts R A, Jones C D, et al. Acceleration of global warming due to carbon-cycle feedbacks in a coupled climate model[J]. Nature, 2000, 408(6809): 184 – 187.

FAO(世界粮农组织)2010 年世界森林资源评估主报告.

Hessen D O, Gren G I, Anerson T R, et al. Carbon sequestration in ecosystems: the role of stoichiometry[J]. Ecology, 2004, 85(5): 1179 – 1192.

Moffat A J, KvaalenH, SolbergS, et al. Temporal trends in throughfall and soil water chemistry at three Norwegian forests, 1986 ~ 1997 [J]. Forest Ecology and Management, 2002, 168: 15 – 28.

Olson J S. 1983. Carbon in live vegetation of major world ecosystems[J]. Report ORNT – 5862

（Oak Ridge, Tenn）Oak Ridge National Laboratory

Pan Y, Birdsey R A, Fang J et al. A large and persistent carbon sink in the world's forests[J]. Science, 2011, 333: 988 – 993.

Streets, D. G. , et al. . Climate change – Recent reductions inChina's greenhouse gas emissions [J]. Science, 2001. 294(5548): p. 1835 – +.

Thomas S C, Martin AR. Carbon content of tree tissues: a synthesis[J]. Forests, 2012, 3 (2): 332 – 352.

Ward J K. Strain B R. Elevated CO2 studies: past, present and future[J]. Tree Physiology, 1999, 19: 211 – 220.

Wen, D. and He. N. Forest carbon storage along the north – south transect of eastern China: Spatial patterns, allocation, and influencing factors[J]. Ecological Indicators. 2016. 61, pp. 960 – 967.

Whittaker, R. H. and G. E. Likens, 1975. The biosphere and man. In: Lieth H, Whittaker, R. H(eds). Primary Productivity of the Biosphere[J]. New York: Springer Verlag. 305 – 328

Whittaker, R. H. and G. E. Likens, CARBON IN BIOTA[J]. Brookhaven Symposia in Biology, 1973(24): p. 281 – 302.

第二篇 森林碳计量方法

  随着气候变化的形势越来越严峻，在后《京都议定书》时代，各个国家的减排计划中大多都包含了森林碳汇的内容。通过清洁发展机制(UNFCCC，1997)有减排义务的工业化国家可以在发展中国家实施土地利用变化和林业碳汇项目，用项目产生的源排放减少和汇清除的增加来实现其所承诺的减限排目标。随着近期巴黎气候协议达成的共识，未来各国将会采取更严格的碳排放控制措施和政策，全球碳贸易市场预期会迎来新一轮的繁荣，森林碳汇未来也将发挥更大的作用。我国森林覆盖广阔，发展以碳汇为目的的森林经营，对减缓气候变化乃至我国的经济发展具有积极的意义。森林作为陆地生态系统的主体和最经济的"吸碳器"，进行森林碳计量的方法研究也受到了广泛的重视。

  森林生态系统的碳库包括生物量碳库、凋落物碳库以及土壤碳库，针对不同的部分用相应的方法进行估算(Fahey et al.，2010)。除此之外，还有一些小并且难以测定的碳库，例如动物和挥发有机质碳库，在研究中通常忽略。森林生物量主要包括植物各器官(枝、干、叶和根)，其中地上生物量(AGB)占有很大的比重，是森林生态系统中最具有动态的碳库，因此森林 AGB 的动态是森林碳库研究的热点区域(Lin et al.，2012)。森林地下生物量由于估算比较困难，常通过与 AGB 的比值进行换算(Cairns et al.，1997)，但也有不少生物量方程能够直接估算根系生物量(曾立雄等，2008)。

土壤有机碳库是森林生态系统最为重要的碳库之一，也是陆地生态系统容量最大但是周转周期最慢的一个碳库。土壤有机碳库的组分主要有：腐殖质、微生物、代谢产物以及未完全分解的动植物残体。土壤有机质影响着土壤肥力以及生态系统的生产力和稳定性，土壤碳循环也是土壤氮、磷、硫循环的驱动因子。但是土壤碳库呈现出很高的空间变异性，很难预测土壤碳库大小的变化规律，尤其在土地利用方式发生改变时(Davidson et al.，2006；徐耀粘和江明喜，2015)。Guo 和 Gifford(2002)认为土壤碳库变化的大小和方向依赖于地上植被、土壤性质和气候。

相比于生物量碳库和土壤碳库，森林凋落物碳库比较小，在成熟林中，粗木质残体以及凋落碳库占总碳库的 10% ~ 20% (Chatur-vedi et al.，2011)。森林凋落物碳库在植被碳库和土壤碳库之间起纽带作用，促进森林植被 – 凋落物 – 土壤 系统的养分循环(杨晓菲等，2011)。森林凋落物通过微生物分解以有机物的形式归还土壤中，森林凋落物分解速度的快慢，直接影响着森林生态系统碳循环的速率，进而影响二氧化碳的净吸收量。

森林碳汇计量是评价森林碳汇生态效益大小的基础工作，在此基础上可以开展森林碳汇管理和经济评价，为全面开展以碳汇为目的的森林经营打好基础。在森林碳汇计量的方法的研究上，国内外的很多专家已经针对各个碳库提出了许多方法。此外，还有一些方法和手段可以估算全碳库和碳通量，比如生态过程模型法以及涡度相关法。不过后者主要是针对样地尺度上通量的测定，一般多用于对其他方法的验证。基于碳计量方法的交叉性和复杂性，本篇根据不同的碳库类型对森林碳计量的方法进行了总结。

第五章 森林生物量碳估算方法

森林植被碳储量占全球植被的近80%。由于非持久性土地利用，人类已经极大地改变了陆地生态系统的碳素循环（Houghton et al., 2009；Pan et al., 2011）。尤其是大面积原始森林的滥砍滥伐，使森林生态系统遭到严重的破坏，导致碳由陆地生物圈向大气大量释放。从1850~1990年间，森林生态系统向大气释放了108PgC，占陆地生态系统植物碳库的20%（Houghton，1995；Lal，1999）。也更加剧了诸如大气CO_2浓度升高和由此引起的全球气候变化等一系列严峻的全球性生态环境问题。发展森林碳汇项目对于减缓气候变化具有重要意义。森林生态系统的复杂性也迫切需要计量方法的研究。目前，针对不同的计量目的，对森林植物碳库的估算有多种方法。比如皆伐法，生物量模型法，平均样地法，蓄积扩展因子法，空间插值法，遥感估算法以及生态模型法（Wulder et al., 2012；续珊珊，2014）。皆伐法将样木伐倒称重，是最准确的估算，成本极高，不能直接用于大区域。但该方法是其他方法的基础。生物量模型法根据树木的胸径或者树高，对单棵树进行估算，在国家尺度上可以结合森林连续清查体系进行区域的计量。该方法也是样地法，过程模型等方法的基础。除了根据单株树估算生物量之外，基于森林蓄积量，采用蓄积扩展因子法也可以估算出区域的碳储量。平均样地法根据森林碳密度和森林面积估算区域总生物量。这些方法主要用于估算区域尺度的总量，对森林面积一般采用统计抽样的方法估算，也具有一定的误差，并且难以实现森林碳密度的空间特征。随着森林经营的需要，实现森林资源的空间化能够提供更加有效的信息。我国的森林二类调查提供了详细的林班属性，实现了森林资源的全覆盖调查。为碳计量工作提供了坚实的基础。结合一类调查和二类调查，基于生物量模型或者蓄积扩展因子可以估算出生物量碳密度的空间分布。此外，利用空间插值的方法可以将样地尺度的碳插值到空间，得到碳密度的空间分布，进而估算出碳储量。遥感，雷达数据也为森林碳计量提供了新的手段，结合地面调查数据，可以估算出森林生物量的储量和多时期的变化。生态模型的发展比较迅速，比如生长收获模型，过程模型，以及遥感模型都可以用于生物量的估算。这些方法的主要特点如下：

第一节 样地生物量碳估算

一、皆伐法

是将样地内的所有林木伐倒后测定其枝、干、根、叶、果等的生物量，全部相加得到林分的乔木生物量。李意德等（1992）曾采用皆伐法对尖峰岭热带山地雨林的生物量进行了研究。该方法皆伐法的精度高，但是工作量繁重，在实际操作中难度较大，很少被采用。但由于能够取得可靠的数据，常被用来作为是检验其他间接测定方法的标准。在林下灌草小样方的生物量测定中常用此法。谢亭亭等（2013）采用皆伐法对南岭小红栲-荷木次生群落（24 年）的生物量进行实测。

二、单株生物量模型法

选择不同径阶的树木皆伐后，建立生物量与胸径，或者生物量与胸径和树高的关系，利用该回归关系推算出样地的生物量，结合连续清查的结果，估算出生物量的净增长（Brown et al.，1989；冯宗炜等，1999；胡砚秋等，2015）。在众多的生物量模型中，异速生长模型是生物量模型中应用最广的经验模型。Huxley（1932）最初提出树木相对生长的概念。通过对树木样本资料的统计分析，归纳出异速生长关系，最后将异速生长规律通过数学模型来表达（王天博等，2012）。Kittredge（1944）拟合了生物量与胸径的关系。之后的研究中引入了树高，木材比重，材积等因素对模型进行改进（唐守正等，2000；Milena，2005；Basuki et al.，2009；）。Weiskittel 等（2015）发现大部分的生物量方程仅是建立在个别区域的样地，地区或者树种的局限性很大。随着研究区域的扩展，很多研究通过整合大量文献资料，建立适用范围更大的广义异速生长方程（Brown 1997；Wirth et al.，2004；Lutz and Christoph，2006）。从生物量到碳储量的转换可以根据森林不同部位的含碳率直接计算得到。含碳率在不同的林分及树种中具有差异性，比如，四川省 13 个主要针叶树种的含碳率为 0.51~0.55（唐宵等，2007）；东北林区森林总含碳率为 0.44（于颖等，2012）；滇西北四个建群种的含碳率为 0.487~0.515（王金亮等，2012）；华北主要森林类型建群种含碳率为 0.475~0.516（马钦彦等，

2002）。该方法的精度取决于单株生物量模型的精度，而其又受到树种、样本大小、径级范围、空间分布、林分状况和立地条件等的影响。尽管大部分区域生物量方程的拟合精度都比较高（$R^2 > 0.9$），但把区域生物量方程应用于具体样地时，仍有可能产生较大的偏差。

三、标准木法

主要是根据样地每木调查的数据计算出全部树木的平均胸径、树高值或其他测树因子的平均值，然后选出样地中等于或接近这个平均值的数株树木作为标准木，将标准木伐倒后求出生物量，再乘以该样地内单位面积的树木株树，从而获得单位面积上的林木生物量（Brown，1984；Zhang et al.，2012）。赵敏和周广胜（2004）发现利用标准木法推算的树干生物量和皆伐法相比，误差不超过5%，而枝条和叶的生物量误差比较大，分别可达到15%和20%。该方法是较为粗略的方法，根据不同测树因子选取的标准木也会不同，因而估算出的林分生物量也会有所差异。辛颖等（2015）采用平均标准木法获得大兴安岭火烧迹地林分各组分生物量，分析不同恢复方式下林分各组分碳储量的分配特征。

四、蓄积扩展因子法

是以森林蓄积量数据为基础的估算方法。通过抽样计算不同树种的生物量与蓄积的比值，即生物量扩展因子（BEF，biomass expansion factor，可以定义为林分总生物量与干材蓄积或干材生物量的比）乘以该森林类型的总蓄积量求出生物量，再根据不同类型森林的含碳率计算森林的碳储量（Turner et al.，1995；Brown et al.，1999；García et al.，2010；Zhang et al.，2013）。随着研究的深入，生态学家们对生物量扩展因子的认识经历了2个阶段：（1）生物量与蓄积量之比为常数（Brown et al.，1982）；（2）生物量与蓄积量的连续函数变化（Fang et al.，1998）。有研究表明，对于某一特定的森林类型而言，生物量转化与扩张因子在不同龄组间有明显差异（Lehtonen et al.，2007；Guo et al.，2013），BEF随胸径的增加而减少，它随着材积的变化而变化，只有当材积达到很大的程度时，该值才是常数（Fang et al.，2001）。BEF值随林分年龄、胸径、树高变化而变化，呈一定的函数关系。平均胸径从7.5～57.5cm的山毛榉（Fagus sylvatica）的生物量转化与扩展因子BEF从0.32减少到0.20；平均胸径7.5～32.5cm栎类（Quercus ilex）的BEF从0.49

减少到0.33。Brown等（1999）利用蓄积、木材密度以及干材扩展因子（VEF）将蓄积转换为干材生物量，再利用生物量扩展因子将干材生物量扩展到总生物量。BEF与林分生物量呈幂指数关系（$R^2 = 0.76$，分段函数，干材碳密度大于190tC/ha时，BEF为常数1.74）。Milena（2005）研究表明BEF与树干生物量呈双曲线，即随树干生物量的增长，BEF值有下降的趋势；胸径60~105cm，平均BEF = 1.6 ± 0.2。José de Jesús（2009）使用Weibull三参数函数能较好地拟合生物量因子（BEF）随胸径变化的分布规律，树干和总地上生物量因子随林分平均胸径的增加逐渐下降，树冠的生物量因子逐渐上升，但枝生物量因子（BEF）偏离程度不超过1%、树干及总地上生物量因子偏离程度不超过0.5%，表明生物量转换因子是比较稳定。方精云等根据中国758个林分的生物量与蓄积，提出了BEF与林分蓄积之间是呈倒数的非线性关系，当林分蓄积达到一定程度时，趋于常数（Fang et al.，1998）。并利用森林清查数据结合BEF方法，分析了五个亚洲国家30年来的森林碳储量的动态变化特征（Fang et al.，2014）。Guo等（2010）对比了平均密度法、扩展因子常数法和扩展方程法，发现扩展因子法估算的生物量最低，其次是平均密度法，而扩展因子常数法估算的森林生物量最大。Li等（2015）利用倒数形式的扩展方程，估算了中国1997~2008年的森林碳储量。

因而，研究者通过建立扩展因子与不同林分蓄积的关系，使得该方法更加准确（Sanquetta et al.，2011）。从理论上讲该方法可以应用于从单株到区域尺度的蓄积量扩展，但所用的扩展因子或扩展方程必须是在同一尺度上建立的。所以扩展因子法通常用在样地尺度的生物量碳估算，尤其是固定的森林资源清查样地。利用平均样地法、蓄积扩展法可以较为粗略的估算现有的碳储量，比较适合大区域较低精度的估算碳储量和碳汇/源动态。但是在时间尺度上，更多地依赖于现有的观测资料的观测间隔，且难以实现空间上的碳储量分布和碳汇/源强度模拟。

第二节　区域森林生物量碳估算

一、基于地统计学的空间插值法

该方法一般用于较大区域生物量碳的空间插值，较为常用的是将国家森林连续清查体系的森林样地插值到区域上。比如克里金插值、kNN（k-nearest – neighbours）方法、反距离插值（IDW）、偏最小二乘法（Partial Least Squares）、回归克里金、一般克里金法（Guibal，1973；Gunnarsson et al.，1998；Tuominen et al.，2003；Palmer et al.，2009）。Destan 等（2013）结合空间插值和多因素决策分析法（multi – criteria decision analysis）用于森林生物量碳的空间估算。闫海忠等（2011）等针对云南香格里拉三坝乡黄背栎林生物量，选取了地形、海拔、坡度、坡向和土壤 K 值等生态因子进行了空间协同克里金插值分析。基于遥感和森林清查以及气候数据等，结合随机森林法估算（Zhang et al.，2014）。Shaban（2011）对德国西南部地区的瓦尔德基希森林的蓄积量及其基底面积进行估算，同时比较了 K 近邻（UNN）、支持向量机回归（SVR）、随机森林（RF）和人工神经网络（ANN）等 4 种方法的估算结果，结果表明使用 RBF（径向基神经网络）估算的蓄积量结果精度更高。孙雪莲等（2015）在 ENVI 下提取 9 个植被指数作为备选自变量，建立研究区思茅松人工林随机森林回归遥感估测模型。

二、遥感估算法

随着遥感技术的发展，在各种尺度上，多源遥感数据已经作为一种替代手段来进行定量化森林地上生物量/碳储量（Wulder et al.，2012；Vashum&Jayakumar，2012）。然而在景观异质性较强的地区，森林地上生物量/碳储量的估测存在着复杂的难以解决的问题（Baccini et al.，2012；Song et al.，2013；Thurner et al.，2014）。当前国内外学者采用的遥感数据主要包括：光学遥感数据（TM）、合成孔径雷达卫星数据（SAR）和激光雷达数据（LiDAR）。

国内外对用光学遥感数据进行地上生物量反演进行了大量的研究。Curran 等（1992）发现，TM 数据的红光、近红光波段与叶生物量较为敏感。Hame 等（1997）基于森林样地数据构建了 TM3 与 TM4 波段数据及它们的组合与森林蓄积量的关系，并将该经验模型应用到 NOAA/AVHRR 数据的 AVHRR1 和 AVHRR2 两个波段，对芬兰北部地区的森林碳储量进行了估算。Lu（2005）分析了 TM 数据的纹理特征，研究结果表明，影像的纹理特征可以提高成熟林的生物量估测精度，并且成熟林的光谱信号与蓄积量的相关性比幼林林更强。Shaban（2011）在德国西南部地区的瓦尔德基希森林，使用激光雷达及 TM 遥感数据作为数据源对研究区域的森林蓄积量和基底面积进行估算。在国内，邢素丽等（2004）研究了利用 LANDSAT ETM + 数据估测落叶松林生物量的方法，建立了其与 LANDSAT ETM＋数据的回归模型通过敏感性分析。许讳敏(2012)以福建闽侯白沙林场为研究区，提取 QuickBird 的诸多估测信息，对网络结构参数进行分析，构建 BP 人工神经网络并进行评价，结果表明设置不同参数的 BP 神经网络的预测值差异明显，但总体精度较好，高达88.5%。张超(2013)采用 TM 影像，以地形因子、遥感因子以及样地环境因子为自变量建立偏最小二乘的森林蓄积量估测模型，比较其与主成分分析模型、多元逐步回归模型的精度。光学遥感较为直观敏感，但是由于光学遥感的物理特征使其有局限性，如波长范围有限，不能够穿透树冠，并且会和树叶发生相互作用等，影响反演效果，其主要获取森林植被的光谱信息。

合成孔径雷达以其能够全天候、全天时、不受天气影响成像的特点，在估测森林生物量及蓄积量方面有巨大的优势。Letoan 等(1992)基于多波段(L 以及 P—波段)多极化(VH/HH/VV 极化)的 AIRSAR 进行了森林生物量估测研究。Imhoft(1995)利用 MIMICS 模型和代表了热带和亚热带阔叶林森林冠层生物学统计数据，对生物量水平相同而结构显著不同的森林的雷达回波强度进行了研究，更加深入地分析了林分结构对生物量估测的影响。Castel 等(2001)通过模型校正由于地形起伏引起的角度影响，通过对地形的校正，可以得到与平地上近似的结果但是此模型对于当地入射角小于10°和大于80°的地形条件不适用在用 SAR 估测森林生物量时，经常遇到的一个问题是地形对 SAR 信号的影响，地形对 SAR 信号的影响及其纠正是一个非常复杂的问题(1998)。Peter 等(2007)分析了 LiDAR、SAR、InSAR 3 种传感器系统预测森林生物量的精度问题以及 LiDAR 与 SAR/InSAR 结合是否能产生更精确的结果。Wulder 等(2007)利用波形数据与 ETM 进行了大区域的森林制图研究。梁志锋(2013)以 ALOSPALSARL 波段为数据源，选取了区分森林/非森林最好的数据组合，即 HV 极化后向散射系数和干涉相关性对黑龙江逊克县进行分类，用迭代的 MAP 分类方法替代了传统的最大似然法，分类的总体精度为86%，kappa 系数为0.8。SAR 对森林冠层有一定的穿透性，波长越长穿透性越强，不同波段反映了不同冠层深度的信息，不同的传感器反映了森林不同层面的信息，但 SAR 信号很大程度依赖于地形和电磁波波长。航空极化干涉 SAR 可以获取到精确的三维结构信息，然而由于技术原因，我国目前还未能实现真正意义的广泛应用。

激光雷达(Light Detection and Ranging, LiDAR)，是一个发射激光束的主动测距技术，具有高效的测量三维结构信息的能力，尤其在估测林木高度和空间结构方面具有独特的优势。Bortolot 等（2005）在单木识别的基础上估测了森林生物量，对样地内识别树高的25%、50%、75%分位数与生物量进行回归分析，用回归方程来估测区域的生物量。Thomas 等（2006）使用不同采样密度 LiDAR 点云数据估测了加拿大安大略省北方混交林生物量结果表明，高采样密度和低采样密度的分位数模型与平均地上生物量之间的相关性都很好。Ross（2007）结合 VHF - RaDAR 体散射对 LiDAR 改进很少，LiDAR 系统对于森林生物量的估计已经达到相当高的精度。Anderson 等（2008）将 LiDAR 与高光谱数据结合进行区域制图。通过光学数据与 SAR 数据融合处理。马利群（2011）分析比较了大光斑和小光斑激光雷达在估算树高、郁闭度、生物量和蓄积量等森林参数的差异。刘峰（2013）以黑龙江长白山地区长白落叶松为研究对象，利用机载雷达点云数据识别单木并获取单木的胸径、树高等单木参数，从而基于此参数估算单木生物量。激光雷达能获取高精度的森林垂直结构信息，在森林结构参数提取和森林资源管理中起到了重要的作用。但目前星载 LiDAR 只有美国宇航局（NASA）的 ICESAT - GLAS，它主要研究高纬度地区冰雪和植被，而且对地球上森林植被的观测的重访频率需要增加。目前广泛使用的激光雷达仍然是机载激光雷达，其最为高效亦最为昂贵，因此与被动光学遥感主动 SAR 遥感相比，激光雷达数据在时空分布上不具备优势。

三、基于生长收获模型法

空间插值法和基于遥感数据的估算，虽然能够提供空间分布，但是大部分遥感数据的精度难以分辨到树种，在估算的精度上偏低。目前森林碳计量主要基于生长收获模型，此类模型能够很好的利用森林清查资料，根据不同树种的年龄生长曲线，或者建立回归关系计算胸径的生长，进而计算各部分的生物量，再通过扩展因子推算地下生物量，把生物量乘以系数再转换成碳，一般不包括土壤碳库。该生长模型中涉及的指标可能会涉及单株胸径、断面积、树高、冠高、冠幅，以及由这些因子所组合成的林木相对大小等指标，以及立地条件，包括样地的海拔、坡度、坡向、纬度、立地指数等。由于建立模型的目的不同，构造模型的数学方法也不同。Avery 和 Burkhart（1983）、唐守正（1993）根据模型的层次将林分生长和收获模型分为以林分总体特征指标为基础的全林分模型、以林木级为基本模拟单元的径级模型和以个体树木生长信息为基础的单木模型 3 类。目前，林分生长和收获模型正逐步由林分水平模型向径级水平模型、单木水平模型转变（杜纪山，1999）。

（一）全林分模型

全林分模型主要是以林分总体特征指标变量为基础，如立地指数、林分密度等作自变量。DFSIM（1981）通常将林分生长量或收获量表示成树种、林龄、立地条件和密度等的函数。根据是否将林分密度作为自变量，可将模型分为与密度无关和与密度有关 2 类。传统的林分收获表属于与密度无关的模型。可变密度收获表及一致性生长和收获模型都是以林分密度为自变量，属于与密度有关的模型。Buckman（1962）发表了美国第一个根据林分密度直接预估林分生长量的方程，然后对生长量方程积分而求出相应的林分收获量的可变密度收获预估模型系统。Cluter（1963）将生长量模型与收获量模型之间的一致性形式化，并指出两者间的互换条件，从而基本上完善了这类收获预估模型系统。Sullivan 和 Clutter（1972）在前人研究的基础上，进一步研究了生长量与收获量之间的一致性，并推导出两者间的互换条件，完善了相容性林分生长收获预测模型系统。依据林分生长和收获模型的相容性，唐守正（1991）建立了全林整体相容性模型，进一步完善了全林分模型相容性的研究。陈永芳（2001）根据可变密度模型预测林分的生长量和收获量，并分别建立了未干扰林分和干扰林分的生长与收获预估模型；Fang 等（2001）利用非线性模型方法构建林分优势高、林分断面积和林分蓄积非线性混合模型，并通过联立估计方法估计这 3 个模型的参数，估计效果得到提高；李永慈和唐守正（2006）用非线性度量误差联立方程组对广西大青山马尾松（*Pinus massoniana*）全林整体模型进行估计，得出非线性度量误差联立方程组方法明显优于最小二乘法，没有明显的系统偏差；刘平 等（2010）利用 Compertz，Mitscherlish 和 Logistic 方程拟合油松人工林林分高生长过程，并将立地指数和林分密度指数引入 Korf 理论生长方程中拟合油松人工林林分断面积生长过程等。随着计算机技术的发展，近些年来混合模型技术引入了林分生长模型。李春明和唐守正（2010）也利用非线性混合模型方法建立了落叶松和云冷杉林分断面积模型，结果表明，采用考虑样地效应的混合模型的模拟精度优于传统回归模型方法，同时也解决了方差异质性问题。

全林分模型比较规范和简略，涉及的模拟因子较少，基本能满足森林经营活动的要求。其主要应用于林分调查数据，对计算机要求不高，但反映的单木信息少，也不能确定主伐时活立木的大小，并且该类模型没有疏伐干扰模型，因而在林业上的应用受到限制（徐步强等，2011；蒋林等，2012）。

（二）径级分布模型

径阶分布模型是以概率论为基础而建立的林分结构模型。其依据是林分中立木的胸径等测树因子的分布规律随着林分的生长而呈现有规律的变化（邱水文，1991；Lima et al.，2015）。在林分生长收获预测的方法中，径阶分布模型又可分为现实林分和未来林分的生长收获预测（孟宪宇，1994）。

目前，国内外已有很多学者采用各种树种各种概率分布方法研究了直径分布模型，通常采用的概率密度函数有正态分布（Sukwong et al.，1971）、贝塔分布（Zöhrer，1969）、伽马分布（Nanang，1998）、威布尔分布（Maltamo，1997）以及对数正态分布等。威布尔分布因参数的生物学意义比较明显，具有灵活性较强、参数比较容易求解和预估等众多优点而在国内外的相关研究中得到了广泛应用。然而，三参数威布尔分布在异龄林生长收获与经营决策中有很少应用，在同龄林的生长收获模型上的应用比较多见（惠淑荣和吕永霞，2003；王秀云，2004）。Hafley 和 Schreuder（1999）通过研究认为 Johnson's SB 分布优于贝塔分布。而 Zhang 等（2003）研究结果发现 Johnson's SB 分布稍微优于威布尔分布。亢新刚等（2003）应用威布尔分布与负指数分布分别描述长白山金钩龄林场过伐林区的针阔混交林。Karczmarski（2005）发现威布尔函数对天然云杉林的直径分布的拟合效果很好。结果表明两个分布函数均可较好的描述其林分的直径分布特征。闫妍（2009）应用负指数分布对帽儿山地区天然次生林结构拟合，表明对于小径阶较多的林分，应用负指数分布可以更好描述其直径结构特征。张雄清和雷渊才（2009）运用 Weibull 分布、Normal 分布、Lognormal 分布和 Gamma 分布 4 种概率密度函数研究了北京栎树林分的直 径分布规律，发现 Gamma 分布的拟合效果最好。Després 等（2014）利用两参数和三参数的 Weibull 分布均能很好的模拟温带落叶阔叶林的径级分布。

（三）单木模型

单木模型是以模拟个体树木生长信息为基础的林分生长模型，可以模拟同龄林、异龄林、混交林及不同经营措施下林分未来的发展情况。其一般从林木竞争机制出发，用竞争指标揭示或控制单株树木在林分中所处的环境与位置。自 Newham（1964）首次研究单木模型以来，经过 40 多年的发展，单木模型的研究工作已取得了很大的进展。目前，国内外学者已经在该类模型上做了大量的研究（林成来等，2000；Kokkila，2006）。从该类模型主要有：FVS（Crookston and Dixon，2005），CACTOS，ORGANON，TreeGross，For-

CaMF(Healey et al., 2014), BWINpro(Nagel and Schmidt, 2003), FPS, SILVA 等。

1. FVS 模型

FVS(Forest Vegetation Simulator)是一个与距离无关的,单株的森林生长模型,广泛应用于美国森林管理决策中(Wykoff et al., 1982; Crookston and Dixon, 2005)。在空间上以模拟整个林分为基本单元,但是可以模拟的林分数量不受限制。时间上以 5~10 年为单位,可以模拟几百年。该模型主要包括七个模块(刘平,2007; 段劼,2010): ①胸径-树高模块,模拟起测胸径以下的小树的胸径生长量; ②树冠率模块,主要是用来模拟树冠率的周期变化,以及计算更新的幼苗的初始树冠率; ③冠幅模块,主要用来计算树冠竞争因子; ④胸径生长模块; ⑤树高生长模块; ⑥枯损率模块; ⑦材积模型。目前,我国正对一些地区阔叶树种的 FVS 系统进行应用研究,如张瑜(2014)建立了秦岭地区栓皮栎天然次生林的 FVS 形式模型。

2. CACTOS 模型(California Conifer Timber Output Simulator)

该模型是由美国北加利福尼亚木材工业委员会设计的,是一个单株的非空间特性的森林生长模型,可用于模拟北加利福尼亚 11 个树种组成的针阔混交林的生长与死亡,步长为 5 年。运行时所需的输入数据包括树种,胸径、树高、树冠率、地位指数等,其中还添加了一个可以模拟降雨量对树木生长影响的参数。该模型代码是免费的,并且其生长动态的参数都是可编辑的(Wensel et al., 1985; Battles et al., 2008)。

该模型的输入包含四个文件。①所要模拟林分的基本信息; ②进界木文件,用于输入林分的进界木,提供伐木信息; ③树种种组文件,即根据不同的目的定义的树种分类文件; ④验证文件,用于调整生长模拟。输出部分包括四个文件: ①生物量文件,随着模拟的进行会自动更新; ②用户所选择的输出表; ③输出最近使用的林分的描述信息; ④保存最近使用的验证文件。

3. ORGANON(Oregon growth analysis and projection)

该模型是一个基于单株的,与距离无关的模拟森林生长与死亡的模型(Hann et al., 1997; Gould and Marshall, 2010)。该模型最初用于美国俄勒冈州西南部的森林生长模拟。其中 80% 的林分为道格拉斯冷杉,巨冷杉,白冷杉,美国黄松,兰伯氏松,脆柏的混合针叶树种。模型可以模拟 20~120 年(NWO),15~120 年(SWO)以及 10~80(SMC)的同龄林和异龄林的动态变化。该模型需要一系列的树木的信息作为输入数据。可以输入需要模拟的时间，步长为 5 年。并且可以用于间伐，施肥，修剪的管理，对于每种管理方式，都是通过单株树的模拟实现。模型的每一步都提供林分尺度的统计，并输出收获表。

4. TreeGrOSS(Tree Growth Open Source Software)

TreeGrOSS 模型是在 BWinPro(Nagel et al.，2002)模型的基础上发展而来(Nagel，2003；Bolte et al.，2010)。是一个与距离无关的单株模型。其经验模型是基于德国北部，大概 3500 个样地的生长和收获的实验数据。根据单株树的竞争因子，基于最大胸径和树高模拟树木的潜在生长(表 5-1)。竞争因子分为与距离有关和无关两类 (Rouvinen and Kuuluvainen，1997)。由于其样地中的树木并没有定位，在该模型中只利用了与距离无关的竞争因子。基于 Weibull 函数，在样地的信息不全的情况下，TreeGrOSS 模型还提供了一个树木胸径产生器(Nagel and Biging，1995)。为了将模型用于森林清查资料，该模型包含一个扩展模块，用于读取和写入清查资料。并根据样地资料对模型和扩展模型模拟结果进行了验证。另外，在间伐的方式中，也可以根据胸径大小选择不同高斯分布的概率进行间伐。

表 5-1　TreeGrOSS 中主要经验公式

单株树各部分	计算公式	说明
树冠基部面积	$cb = h \cdot \left(1 - e^{-abs\left(p_0 + p_1 \cdot \frac{h}{b} + p_2 \cdot d + p_2 \cdot \ln(H_{100}) \right)} \right)$	h 为树高(m)，d 为胸径(cm)，H100 为该立地条件下最高的 100 株树的平均树高(m)
树冠宽度	$cw = (p_0 + p_1 \cdot d) \cdot \left(1 - e^{-\left(\frac{d}{p_3} \right)^{p_4}} \right)$	d 为胸径(cm)
树木位置参数	$b = p_0 + p_1 \cdot D_g + \varepsilon$	D_g 为断面积平均胸径(cm)
树冠表面积	$km = \frac{\pi \cdot kr}{6 \cdot kl^2} \cdot \left((4 \cdot kl^2 + kl^2)^{\frac{3}{2}} - kr^3 \right)$	kl 为冠长(m)，kr 为冠半径(m)，其最大值是冠长的 66%
树高	$h = a_0 + a_1 \cdot d + a_2 \cdot d^2$ $h - 1.3 = \dfrac{d^2}{a_0 + a_1 \cdot d + a_2 \cdot d^2}$	d 为胸径(cm)

第六章 土壤碳估算

第一节 森林土壤碳分类

土壤碳通常分成土壤有机碳（SOC）和土壤无机碳（以碳酸盐为主）两种类型。因为在全球碳循环过程中土壤碳酸盐相比较于生物量碳很稳定，在生态系统碳循环研究中通常很少考虑无机碳。土壤有机碳是指存在于土壤中的所有有机物质，包括土壤中新鲜有机质未分解的生物残体、土壤微生物、微生物代谢产物和腐殖质。它占土壤碳库的主体且周转时间长，是影响碳平衡的关键环节，因此，长期以来成为土壤碳库研究的重点。而土壤无机碳只占很小的组分，在土壤有机碳库及碳平衡研究中常常被忽略。

第二节 森林土壤碳的分布特征

地球主要分为大气、海洋、岩石层和陆地生态系统这四个碳库，最大碳库是地壳岩石层，其储存量可达 6.5×10^6 PgC 左右；第二大碳库是海洋，其储量可达 4×10^4 PgC 左右；大气碳储量为 829 PgC；第三大碳库是陆地（包括土壤与植被），储量为 1950~3050PgC，其中 46% 碳储量分布在森林，23% 分布在热带与温带草原，其余则储存在耕地、湿地、苔原、高山草甸及沙漠半沙漠中（IPCC，2013；王迪生，2010）。陆地生态系统中最大的碳库是土壤碳库，包括有机碳和无机碳库。土壤碳的库容巨大，占陆地生态系统碳储量的 78% 左右（IPCC，2013），在全球碳循环过程中起着极其重要的作用（IPCC，2013）。随着全球气候和生态环境的变化，目前土壤碳库及其变化规律受到科学界的广泛关注，是陆地生态系统碳循环研究和全球变化研究的重点和热点之一。在全球碳循环研究中，土壤有机碳因更新速度快备受关注。相对土壤有机碳而言，土壤无机碳的研究相对较少。

作为第三大碳库主体的森林生态系统，其土壤碳库为陆地生态系统中最大的碳库，碳储量为 383 PgC，占森林生态系统总碳储量的 44%，约占全球陆地土壤碳储量的 16%~26%（Pan et al.，2011，IPCC，2013）。最新研究结果表明，全球土壤碳储量空间分布按纬度带划分，全球森林土壤碳储量大约45.6%分布在高纬度北方森林区，14.8%分布在中纬度温带森林区，39.6%分布在低纬度的热带、亚热带地区，其中高纬度区森林土壤碳储量最大（Pan et al.，2011）。至于森林土壤碳储量占森林总碳量的比重，则表现为森林土壤碳储量在高纬度北方森林 占 64% 左右，在中纬度温带森林占 48% 左右，在低纬度热带森林中占 32% 左右，呈现出随着纬度的增大而增大的变化特征（Pan et al.，2011）。森林土壤碳库的这种纬度地带性分布是土壤生态系统在气候、植被和土壤等各个要素之间相互作用、相互制约的结果。

　　与土壤碳储量相比，全球森林土壤碳密度也呈现类似的变化规律：高纬度北方森林土壤碳密度最大，为 153.7 Mg C · ha^{-1}，中低纬度的温带和热带森林土壤密度较小，分别为 73.9 和 77.6 Mg C · ha^{-1}（Pan et al.，2011）。就碳密度变化影响而言，气候状况、水热条件、土壤养分、生物多样性以及土地利用与覆盖变化等因素都是碳密度空间格局形成和变化的驱动因子，但土壤碳密度的这种纬度地带性分布规律应该主要与气候和植被等地带性因素的影响有关。就植被因子而言，森林土壤有机质的主要来源是森林枯落物，森林土壤碳密度通常与林地表面凋落物累积量成正比，而凋落物累积量主要取决于凋落物生成量与分解速度，二者同时又受温度和水分等气候因子的影响（Houhgton，1995；陈遐林，2003）。所以说，在某一特定区域，气候状况、土壤养分、土地利用与覆盖变化等驱动因子往往通过直接或间接的形式提高植被净初级生产力或者抑制植物呼吸与分解作用来提高土壤碳密度（吕超等，2004）。

　　我国森林土壤有机碳密度在空间分布上具有一定的规律性。王绍强等（2000）发现东部季风区随纬度增大而逐渐递增的趋势，在北方地区则表现出随纬度减小而逐渐减少的现象，同时在中西部地区土壤碳密度差别较大，西部地区则表现出随纬度减小而递增的特点。解宪丽等（2004）也发现中国森林土壤有机碳密度随纬度降低而降低的规律。

　　在垂直分布上，森林土壤有机碳密度基本随剖面深度增加而减小，并且不同森林类型其分布规律一致（Jobbágy and Jackson，2000；Wang et al. 2004；Yang et al. 2007）。Wang et al.（2004）发现中森林土壤碳密度从 4.11 到 1.75kg · m^{-2}在 1m 内变化，并且在不同的森林类型内随深度增加而减小。土壤有机碳的垂直变化特点主要取决于土壤种类、植被 类型和成土过程等因素的影响。

第三节　森林土壤碳调查方法

　　森林土壤调查方法一般结合森林清查样地，取样方法根据不同情况主要分两类：(1)土钻法。在固定样地按 S 型使用土钻取土。一般在在固定样地四角点(4 个点)、样地边界中心点(4 点)、及样地中心点(1 个点)，共计 9 个取样点。按照 0~10cm、10~20cm、20~40cm、40~60cm、60~80cm 和 80~100cm 分六层进行取样。当土壤浅于 100cm 时，按照实际土壤深度取样。用精度为 1g 的电子天平称量每一层的土壤重量并记录。每一层混合后的土壤样品采用四分法取样。采用精度为 0.1g 的电子天平称量每层 1kg 左右样品放入布袋中，带回用于有机碳含量测定。取 20g 左右样品放入塑料袋中带回用于测定土壤含水量。(2)剖面法。剖面法是传统土壤调查方法，一般采用土壤实际发生层划分。土壤剖面是指从地面向下挖掘所裸露的一段垂直切面，这段垂直切面的深度一般在 2m 以内。土壤剖面是从地表到母质的垂直断面。不同类型的土壤，具有不同形态的土壤剖面。在土壤形成过程中，由于物质的迁移和转化，土壤分化成一系列组成、性质和形态各不相同的层次，即发生层。发生层的顺序及变化情况，反映了土壤的形成过程及土壤性质，主要包括表土层、心土层、底土层(还包括潜育层)。土壤剖面可以表示土壤的外部特征，包括土壤的若干发生层次、颜色、质地、结构、新生体等，同时也可以用这些形态特征辨别土壤发生层次。在野外样地一般采用阶梯法挖取 1m 深的土壤剖面，并用精度为 1g 的电子天平称量每一层的土壤重量，将称量结果记录在调查表中。每一层混合后的土壤样品采用四分法取样。采用精度为 0.1g 的电子天平称量每层 1kg 左右样品放入布袋中，带回用于有机碳含量测定。取 20g 左右样品放入塑料袋中，带回用于测定土壤含水量。

　　土壤有机碳含量测定方法主要包括重铬酸钾氧化法和碳氮分析仪法，目前多采用碳氮分析仪测定土壤有机碳的含碳率，并根据野外样方土壤各层土重和土壤含碳率计算得到森林样地中 1m 深样地土壤碳密度。土壤无机碳测定方法包括采用容量滴定法和气量法(碳酸钙分析仪)，目前多采用气量法测定。

第四节　森林土壤碳估算方法

土壤是连接大气圈、岩石圈、水圈以及生物圈的桥梁，是陆地生态系统中最大的有机碳储库。据测算，全球 1m 深度的土壤中有机碳储量介于 1500~2400 PgC 之间（IPCC，2013），是地球上植被碳库（450~650Pg）的 3 倍多，是大气碳库的 2 倍左右（IPCC，2013）。在未来气候变暖的情况下，温度的增加导致更高的土壤呼吸，可能引起更多的土壤碳排放（Davidson and Janssens，2006），引起大气中 CO_2 浓度的升高，进而改变整个生态系统结构和功能的改变，最后造成气候显著变化。可见，土壤有机碳的巨大储量影响着碳在大气圈和土壤圈之间的转化。

虽然目前国内外已有很多土壤有机碳储量的估算，例如，已有研究表明全球土壤有机碳储量在 700~2946 PgC 之间（赵溪竹，2010；IPCC，2013；O'Rourke et al.，2015），中国土壤有机碳储量在 69.1~185.7 PgC 之间（Yang et al. 2007），但还存在很大不确定性。这可能是不同估算结果之间所用估算方法的差异，有的是在样地尺度上，有的是在区域尺度上等。目前，对森林土壤碳储量和估算仍是全球有机碳循环的研究热点之一。已有土壤碳储量的估算方法主要有：

（1）土壤类型法。根据不同土壤类型采样数据获取分类单元的土壤碳储量，再根据土壤类型图计算区域上的土壤碳。Bohn（1982）估算全球碳储量为 2200 Pg；Eswaran（1993）根据修正后 FAO 土壤图估算出全球土壤碳 1576 Pg；Batjes（1996）将世界土壤图划分为 259200 个基本网格单元，按每个土壤单元土壤理化性质及砾石含量等数据，计算出网格单元的平均碳密度，最后根据各单元面积汇总计算全球 1 米有机碳贮量为 1462~1548 Pg。

（2）生命带研究法。植被类型、生态系统类型和生命地带法是按植被、生命地带或生态系统类型的土壤有机碳密度与该类型分布面积计算土壤有机碳蓄积量。用碳密度乘以各个森林植被类型或生命带所对应的土地面积并累加，可得全球土壤有机碳总量。使用该方法能较为容易地了解不同植被、生态系统和生命地带类型的土壤有机碳库蓄积总量，而且各类型还可以包含多种土壤类型，分布范围更加广泛，更能反映气候因素、植被分布对土壤有机碳蓄积的影响。Post（1990）根据 2696 个土壤剖面，根据 Holdridge 生命带分类系统，基于地理分布、植被以及气候因子对土壤碳密度进行细分，从而对区域土壤碳进行推算，全球土壤碳库为 1395 Pg。然而，在大区域应用时，对植被类型的分类和细化难以精确，加上人为因素的影响，以及土地利用方式的变化，为该方法带来更多的不确定因素。

（3）土壤碳经验模型法。由于森林土壤有机碳受到多种因素的影响，也可以建立土壤碳密度与其周围环境，气候变量，土壤属性，地形地貌等因素的回归关系（Burke，1989；黄从德，2009）。另外，根据土壤属性的空间自相关性可以利用回归结合克里金插值的方法估算土壤碳密度，从而提高模拟精度（Delhomme，1978；Ahmed and De Marsily，1987；Hengl et al.，2007）。

（4）土壤碳过程模型法。一般考虑土壤结构，温度，含水量，以及植被覆盖状况（用于周转凋落计算），根据土壤分解者的分解速率和产物，将土壤分成不同的部分，模拟整个碳流转的过程，通过计算土壤呼吸来模拟土壤碳的循环状况。该类模型考虑土壤分解过程，计算土壤或凋落物层的有机碳分解与周转速率。具有代表性模型：RothC（Jenkinson et al.，1987；Coleman and Jenkinson，1999），SOMM（Chertov and Komarov，1997），Yasso（Karjalainen et al.，2002；Liskiet al.，2003），CENTURY（Parton et al.，1987，1992，1994），ROMUL（Chertov et al.，2001；Komarov et al.，2003）等。

① ROTHC（Rothamsted Carbon Model）模型

ROTHC 模型（Coleman and Jenkinson，1999）用于模拟非浸水土壤表层有机碳的周转，碳周转过程中考虑土壤类型、温度、水分含量以及植被覆盖的影响。模型时间尺度是月。输入数据是月降雨，蒸发皿蒸发量（Open pan evaporation），空气温度，粘粒含量，易分解/难分解，土壤覆被，植物残留，施肥，土壤深度。计算总土壤有机碳（t C/ha）、微生物碳、年到世纪尺度上的 C14（用于计算土壤年龄）。土壤有机碳分为 4 个活动库和一个小的惰性有机碳库。四个活动库分别是可分解植物残体（Decomposable Plant Material，DPM），难分解植物残体（Resistant Plant Material，RPM），微生物量（Microbial Biomass，BIO）以及腐殖质有机碳（Humified Organic Matter，HUM）。

进入土壤的植物碳按照一定的比例分别进入可分解碳和难分解碳。农田 DPM/RPM 一般为 1.44，未利用的草地以及萨王纳草原为 0.67，落叶林和热带林为 0.25。

对于活动碳库的分解，假如 Q_0 为最初的碳库，则经过 t 个月之后变为 $Q(t)$：

$$Q(t) = Q_0 \cdot (1 - e^{-abckt}) \qquad (1.1)$$

其中 a、b、c 分别是对温度，湿度，土壤覆盖速率的修正参数；k 是该碳库的固定分解速率；t 为 $i/12$，i 是月份(因为 k 是以年为单位的)。K 值的设定为：

DPM：10；RPM：0.3；BIO：0.66；HUM：0.02；

温度的修正系数为：$a = \dfrac{47.9}{1 + e^{\frac{106}{T + 18.3}}}$　　　　　　　(1.2)

土壤上层水分亏损(TSMD)修正系数 b，最大 TSMD =

$$\dfrac{-(20 + 1.3 \cdot clay - 0.01 \cdot clay^2)}{23} \cdot h$$

(h 为土壤深度，23 为表层总深度，单位 cm)

对某一层土壤，从第一个月开始计算，随着蒸发累加，逐渐超过降水达到最大。之后降水增加，土壤湿度又会增加。该模型在澳大利亚(Skjemstad et al.，2004)、欧洲(Falloon et al.，2002)、日本(Yokozawa et al.，2010)、巴西(Cerri et al.，2003)及西班牙(Nieto et al.，2010)等国家得到了广泛应用。

② SOMM(soil organic matter model)

SOMM 模型(Chertov and Komarov，1997)，用于模拟土壤有机质的矿化、腐殖化以及氮的释放。模型过程的速率取决于凋落物氮以及灰分含量、温度以及湿度。并反映了主要的土壤分解者的功能。模型描述了一个有可变系数系统的线性微分方程。该模型已经得到了独立的短期实验室数据和野外实验数据的验证，可以用于模拟土壤系统和主要自然生态系统的动态变化。

根据土壤中的灰分含量以及氮含量，利用温度，湿度进行校正，模拟土壤有机质的分解。模拟分为三个阶段，凋落物 L，F(腐殖质与未分解有机质残体的复合体，外腐殖质，中度腐殖质)，H(与粘土矿物质结合的腐殖质)。真菌将凋落物分解成可供微生物使用的物质，并形成可溶性腐殖质(该可溶性腐殖质会被淋溶及风化)。由于大部分腐殖质不会在不同土壤层迁移，因而，又被真菌以及微生物二次利用，形成固体的腐殖质化的颗粒(腐殖酸或腐黑物)。

接下来，细菌、放线菌以及一些昆虫的幼虫进行分解。虫类吞食的有机质只有通过粪便转化，并在土壤中不断的转移，产生更多可用的 N，该有机质的转化占主要部分。在更深的一些土层，凋落物只有零星的松散分布。在前者分解的基础上，寡毛类环虫(比如，蚯蚓)的分解更彻底，产生吸附土壤矿质颗粒的腐殖质，矿化速率很低。模型结构如图 6-1。

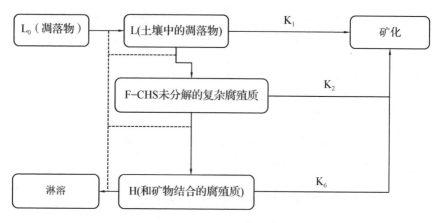

图 6-1　SOMM 模型土壤分解结构图

③Yasso 模型

本模型用于模拟森林土壤碳, 已经被 CO_2FIX, MOTTI, EFISCEN 等生态系统模型耦合用于森林土壤的模拟 (Liski et al, 2005; Karhu, et al. , 2011; Tuomi, et al. , 2011)。该模型一般用于森林土壤的模拟, 与 RothC, CENTURY 等相比需要较少的输入信息。该模型包含 5 个分解库和两个木质凋落库。非木质的凋落物直接进入抽提物, 纤维素以及类木质素分解库。木质凋落物进入细木质部残体和粗木质部残体凋落物库。每个库的分解速率各不相同, 而且土壤微生物的分解还受到温度和水分的影响, 模型结构如图 6-2, 分解速率单位为 $year^{-1}$:

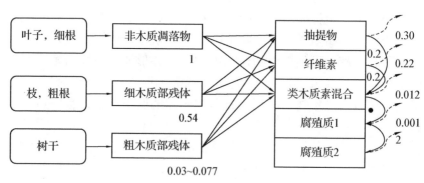

图 6-2　Yasso 模型结构

④ CENTURY 模型

CENTURY 模型是一个针对不同植被 – 土壤系统, 模拟 C, N, P 以及 S

的长期动态变化的模型，可以用于草地、森林、农田以及稀树草原生态系统（Bortolon et al.，2011；Hashimoto et al.，2012）。土壤有机碳子模块模拟 C，N，P，S 在凋落物以及不同有机和无机土壤碳库之间的流转。时间尺度为月。CENTURY 模型根据土壤分解快慢分为活性土壤碳、慢分解土壤碳以及惰性土壤碳库。凋落物分为代谢库和结构库。不同碳库分解速率不同，并受到水分、温度的影响。CENTURY 模型需要 12 个数据文件的输入，每个文件都包含一定数量的变量和参数。提供了多种的模拟情景的选择。主要的输入包括月平均最大、最小空气温度；月降水；植物体木质素含量；植物 N，P以及 S 的含量；土壤质地；大气和土壤 N 输入；土壤 C，N，P 以及 S 的初始值。

第七章　森林凋落物碳估算

第一节　森林凋落物分类

　　凋落物将生态系统地上和地下部分有机结合起来，可提高土壤肥力和生物活性，增强土壤生态系统的稳定性以及维持土壤正常功能的发挥。同样，土壤性质也影响凋落物质量和分解速率，特别是土壤生物在整个物质循环中具有不可替代的作用。凋落物与土壤二者之间的相互作用是整个生态系统稳定的基础。由此可见，凋落物分解是生态系统物质循环和能量流动的重要环节，是沟通生物地球化学循环的桥梁和纽带。对改善生态环境、维护土壤的肥力和提高生态系统生产力等方面都具有十分重要的意义，是一个不可忽视的生态学问题。

　　森林凋落物作为森林第一性生产力的一部分，是指森林生态系统内由生物组分产生的并归还林地表面，作为分解者的物质和能量的来源，借以维持生态系统功能的所有有机物质的总称。它是森林生产力的重要组成部分，是林地有机质的主要物质库和维持土壤肥力的基础，是森林生态系统物质循环和能量流动的主要途径。森林凋落物为土壤生物提供食物和生境改变林地局部的小生境，影响林内植物种子萌发和定向改善土壤的理化性质和生物学性质并调节森林水分。森林凋落物能深刻的改变群落微环境，影响群落的结构和动态。森林枯枝落叶物在地表的积累被认为是演替"作用"的一部分。森林凋落物分解是森林生态系统养分循环中的重要生态过程之一，对土壤有机质的形成和养分的释放有着十分重要的意义。通过凋落物分解向土壤释放营养元素是林木维持自身生长的重要物质来源，对林地土壤肥力的维持极为重要，土壤肥力又是林木养分归还的主要途径，是森林自我培肥地力主要来源之一。

　　森林凋落物或称枯落物、有机碎屑等，是指在森林生态系统内，由生物组分产生的并归还到林表地面，作为分解者的物质和能量来源，借以维持生态系统功能的所有有机物质的总称。具体包括林内乔木和灌木的枯叶、枯枝、落皮和繁殖器官、野生动物的残骸及代谢产物、林下枯死的草本植物和枯死的树根。按照这个概念，在森林生态系统中，人为干扰较少的枯立木和倒木以及人为干扰较多的伐桩等应属于森林凋落物的范畴，然而，目前的森林凋落物研究报道通常并不包括这些成分。在具体分类时一般将森林生态系统中直径大于 2.5cm 的落枝、枯立木、倒木统称为粗死木质残体，而将直径小于 2.5cm 的落枝、落叶、落皮、繁殖器官、动物残骸及代谢产物、林下枯死的草本植物和枯死的树根归为森林凋落物(廖军等，2001；何帆，2011)，目前一般所研究凋落物为所有植被层以下，土壤层以上的森林凋落物，包括未分解层和半分解层。

第二节　森林凋落物的分布特征

凋落物现存量是由未分解、半分解和已分解凋落物组成的存在于土壤表层的死有机质所积累的数量。它是森林凋落量与分解量动态平衡的结果，是森林生态系统非常重要的养分库和碳库。森林凋落量是指单位时间、单位面积的森林地段上所有凋落物的总量，包括了年凋落量、季凋落量和月凋落量等。对于凋落物量的研究一般是凋落物量和凋落物现存量，分时间段研究，大部分是以年为单位，少数的以季节为单位，还有以月为时间单位来研究。从 20 世纪 60 年代开始，中外学者研究发现全球范围的年森林凋落量变化范围为 $1.6 \sim 9.2 \mathrm{t} \cdot \mathrm{hm}^{-2} \mathrm{yr}^{-1}$，年枯叶凋落量变化范围为 $1.4 \sim 5.8 \mathrm{t} \cdot \mathrm{hm}^{-2} \mathrm{yr}^{-1}$，其他成分(比如皮、枝、叶鞘、繁殖器官、动物残骸等)变化范围为 $0.6 \sim 3.8 \mathrm{t} \cdot \mathrm{hm}^{-2} \mathrm{yr}^{-1}$(王凤友，1989；Rodin，1967；Dray，1964)。

我国一些主要的森林的年凋落量为 $1.6667 \sim 12.55 \mathrm{t} \cdot \mathrm{hm}^{-2} \mathrm{yr}^{-1}$，西双版纳孟仑的热带雨季雨林年凋落量最大，为 $12.5 \mathrm{t} \cdot \mathrm{hm}^{-2} \mathrm{yr}^{-1}$，其次是海南南尖峰岭的热带半落叶季雨林年凋落量最大为 $9.8 \mathrm{t} \cdot \mathrm{hm}^{-2} \mathrm{yr}^{-1}$，广东鼎湖山南亚热带季风常绿阔叶林为 $8.9 \mathrm{t} \cdot \mathrm{hm}^{-2} \mathrm{yr}^{-1}$，居第三。江苏南部北亚热带杉木林凋落量小，为 $1.667 \mathrm{t} \cdot \mathrm{hm}^{-2} \mathrm{yr}^{-1}$，西双版纳热带季雨林的年凋落量是它的 7.5 倍。随纬度的增高，凋落量逐渐降低(彭少麟等，2002；何帆，2011)。

气候区，不同森林的年凋落量有异。热带雨林的平均凋落量为 $9.979 \mathrm{t} \cdot \mathrm{hm}^{-2} \mathrm{yr}^{-1}$，南亚热带森林为 $5.497 \mathrm{t} \cdot \mathrm{hm}^{-2} \mathrm{yr}^{-1}$，中亚热带为 $5.333 \mathrm{t} \cdot \mathrm{hm}^{-2} \mathrm{yr}^{-1}$，北亚热带森林为 $4.514 \mathrm{t} \cdot \mathrm{hm}^{-2} \mathrm{yr}^{-1}$，温带森林为 $4.371 \mathrm{t} \cdot \mathrm{hm}^{-2} \mathrm{yr}^{-1}$(彭少麟等，2002；何帆，2011)。

不同林型凋落量也存在很大差异。热带雨林和季雨林的平均年凋落量最大，为 $9.979t \cdot hm^{-2}yr^{-1}$，后面依次是常绿阔叶林为 $6.955t \cdot hm^{-2}yr^{-1}$，针阔混交林为 $5.778t \cdot hm^{-2}yr^{-1}$，常绿落叶阔叶混交林为 $5.165t \cdot hm^{-2}yr^{-1}$，落叶阔叶林为 $4.773t \cdot hm^{-2}yr^{-1}$，针叶林为 $3.5t \cdot hm^{-2}yr^{-1}$（彭少麟等，2002；何帆，2011）。

森林凋落物受森林发育状况的影响，森林从幼龄到老龄各阶段，凋落物的数量会发生明显的改变。研究表明，8 年生人工杉木林生态系统的平均凋落量为 $1.06t \cdot hm^{-2}yr^{-1}$，明显低于杉木成林的凋落量，杉木成林凋落量一般为 $1.73 \sim 5.30t \cdot hm^{-2}yr^{-1}$ 之间（马祥庆等，1997）。

第三节　森林凋落物调查方法

目前估计森林凋落物的方法主要有：(1)直接收集法；(2)根据分层收割法进行估计；(3)根据生育过程中个体数的减少情况推算；(4)根据枯死体的现存量进行估计。森林凋落物现存量的研究多采用凋落物收集器法，用一个已知面积的容器来测量或把样方内的凋落物取出，然后机械地将其与下层物质分离。凋落物收集器的面积和样式因研究对象的不同而不同，一般采用面积为 $1m^2$ 的收集器，收集器面积的大小可决定数据的准确性，一般的面积越大，所得的数据就越精确。但根据不同的研究对象，收集面积可在 $0.2 \sim 100m^2$ 之间适当的调整。此外，所设定的收集器数量也会对凋落量的估算产生影响。一般来说，一个样地至少应设定收集器 10 个，且 10 个收集器的面积至少大于 $0.2m^2$。实际工作中收集器个数多在 $5 \sim 20$ 个之间。凋落物收集一般要定期收集，根据研究的时段和季节从而确定收集的间隔。阔叶林相对于针叶林分解速率较快，间隔较短，因此定期取样间隔取个月最为合适，针叶林分解慢，相对间隔就较长，一般以年为准。通常凋落物收集器若干个放置在林地内，定期(如每月次)收集凋 落物，凋 落物产量的研究通常分类(分为叶、枝、花果、树皮、碎屑)、供千、称重等。野外调查凋落物一般与森林资源清查资料相结合，在森林的固定样地内沿上坡、中坡、下坡沿对角线方向布设 5 个 $1m^2$ 的小样方，在小样方内收集原状、半分解的枝和其他部分凋落物量。

第四节 森林凋落物碳估算方法

凋落物碳库承担着植被层和土壤层的纽带，并通过异养呼吸和分解过程分别把碳输送到大气和土壤中，在土壤有机碳的积累过程中起着极为重要的作用。森林凋落物层是森林生态系统第三大碳库，接纳第二碳库植被层的枯枝落叶，是第一碳库土壤层有机碳的重要来源。研究表明，随着凋落物的输入，土壤溶解有机碳含量会明显的增加。增加凋落物层有利于植被层生物量的增加和土壤有机碳的积累，提高土壤肥力。

虽然森林凋落物碳储量只占森林生态系统总碳储量的5%，但它是森林生态系统碳库中不可缺少的一部分，也是森林生态系统物质循环的重要环节，更是联结森林生态系统内植被和土壤碳循环的通道（Pan et al. 2011）。全球森林凋落物平均碳密度是11.2Mg·ha，是植被和土壤平均碳密度的11%左右。最新研究表明，北方森林凋落物碳储量占总碳储量的9.9%，温带森林占总碳储量的10.2%；而热带森林只占总碳储量的0.85%（Pan et al.，2011）。

凋落物含碳率不同于植被活体，由于微生物的分解作用，其有机含碳量已经降低不少，因此测算凋落物含碳率对计算凋落物的有机碳库存量很有必要。目前测定碳含量的方法包括重铬酸钾氧化法和碳氮元素分析仪法，目前主要使用碳氮分析仪分析测定凋落物不同部分的含碳率。凋落物的碳储量即凋落物的现存量乘以凋落物的含碳率。森林凋落物碳的估算方法如下：

（1）生物量模型：主要森林类型凋落物保存量 – 单位面积模型（其他环节因子建立回归模型）；通过生物量文献，建立凋落物与地上生物量的相关关系，间接计算林分样地水平的凋落物量（基于森林资源清查样地的方法）或不同林分类型凋落物量，然后转换为碳储量。值得一提的是死木包括枯立木和枯倒木，森林资源清查的样地调查包括枯立木和枯倒木的测定。因此，可通过枯立木蓄积和枯倒木蓄积计算不同林分类型死木生物量，然后转换为碳储量。

（2）过程模型：一般将凋落物碳库分为几个碳库，易分解碳库，未包鞘纤维素碳库，包鞘纤维素碳库，木质素碳库，这几个碳库按不同的比例构成。该类模型考虑凋落物分解过程，计算凋落物层的有机碳分解与周转速率。具有代表性模型：RothC（Jenkinson et al.，1987；Coleman and Jenkinson，

1999），SOMM（Chertov and Komarov，1997），Yasso（Karjalainen et al.，2002；Liskiet al.，2003），CENTURY（Parton et al.，1987，1992，1994），ROMUL（Chertov et al.，2001；Komarov et al.，2003）等。详见"土壤有机碳过程模型法"部分。

第八章　森林碳汇(源)估算方法

第一节　森林碳汇及碳循环计量指标

通常我们将某个大气排放物质的原始地点(或物质)称作排放"源"；这些物质在空间可能经过各种复杂的物理和化学变化过程，然后形成新的产物，这些新的产物会不断的迁移、汇集到一个新的场所(或载体)，我们将这个新的场所(或载体)叫做"汇"。大气中所有微量物质，几乎都经历了一个相似的循环过程，即由源排放到大气，在大气中转化成其他的形态，然后再回到地球的"汇"，在源和汇之间，构成了物质循环过程。在正常情况下，微量物质在源和汇之间保持一种动态的平衡，但是由于现代人口的增加和人类生产规模的不断扩大，向大气中排放的 CO_2 等温室气体不断增加，使得这种平衡已经逐渐被打破，导致大气的组成发生变化，大气质量受到影响，气候逐渐变暖。

碳通量表示生态系统中单位时间通过单位地表面积的某一特定组分碳的量(Litton et al.，2007)。森林生态系统碳循环通过植物光合作用固定 CO_2 进入生态系统，当森林受到干扰时可能成为碳源，但干扰过后，森林的再生长可以固定和储存大量的碳从而成为碳汇(方精云等，1996)。《联合国气候变化框架公约(UNFCCC)》将碳源定义为向大气中释放碳的过程或活动。动植物的呼吸作用、动植物本身的分解、化石燃料燃烧、大规模森林破坏、土地利用方式的改变，均形成大量的碳排放到大气中，全球目前每年平均有近100亿吨(净排放量)碳经各种生物及人类生产活动排放到大气中。一般将从空气中清除二氧化碳的过程、活动、机制称为碳汇，森林通过碳汇作用形成碳贮量，使森林具有储存碳的"库"的作用，因此我们可以形象的将森林看作是储存碳的"碳库"。

不同时空尺度碳通量有不同的内涵，主要包括如下概念和术语：

(1)总初级生产力(GPP)

是指单位地表面积上单位时间内绿色植物通过光合作用途径所固定的碳

量(Chapin et al.，2002)。GPP 一般是日尺度到年尺度上生态系统的总光合作用，并没有扣除光合器官叶片以及根茎等器官的自养呼吸所消耗的碳。

(2)自养呼吸(R_a)

是指单位地表面积单位时间内初级生产者(绿色植物)活体部分的呼吸总量($CO_2 - C$ 产量)(Chapin et al.，2006)，又称为群落呼吸(周玉荣等，2000)。R_a包括叶片呼吸(有时林下草本呼吸单独测定)、枝干呼吸和根系呼吸。自养呼吸又包括两部分，即维持呼吸(R_m)和生长呼吸(R_g)。维持呼吸是为维持现有器官和细胞的正常活动(如细胞膜的修复和逆梯度物质输送)所呼吸排放的碳；生长呼吸是为组织生长提供能量所呼吸排放的碳。

(3)净初级生产力(NPP)

表示植被的净碳吸收，也译为净第一性生产力，即 NPP 等于总初级生产力减去自养呼吸碳消耗(Chapin et al.，2002)：NPP = GPP $- R_a$

(4)异养呼吸(R_h)

指单位地表面积单位时间异养生物的呼吸量，包括土壤有机质、枯枝落叶层和粗木质残体呼吸。动物呼吸因量级很小而常被忽略。值得注意的是，根际微生物和共生菌根菌的呼吸作为 R_h 的一部分，但所利用的碳源主要是根系分泌物，因此属于 R_a 还是 R_h 尚存争议(Kuzyakov，2006)。

(5)生态系统呼吸(R_e)

指单位地表面积单位时间生态系统所有有机体的呼吸总量，包括自养呼吸和异养呼吸，即：$R_e = R_a + R_h$

(6)净生态系统生产力(NEP)

指生态系统光合作用固定的碳与呼吸作用释放的碳之差(Chapin et al.，2006)：

$$NEP = GPP - R_e = GPP - R_a - R_h = NPP - R_h$$

在稳定的自然生态系统中，NEP 接近生态系统净碳累积速率，但在生态系统中发生明显的非 CO_2 形式的碳通量或非呼吸 CO_2 流失时(如火烧和采伐)，则 NEP 与净碳累积速率会出现较大偏差。为此，Chapin 等(2006)提出了净生态系统碳平衡的概念。

(7)净生态系统碳平衡(NECB)

为生态系统的净碳积累速率(Chapin et al.，2006)，可用如下公式表示：
NECB = NEP + FCO + FCH4 + FVOC + FDIC + FDOC + FPC

式中，FCO、FCH4、FVOC、FDIC、FDOC 和 FPC 分别表示一氧化碳、

甲烷、可挥发性有机碳、可溶性无机碳、可溶性有机碳和颗粒碳的净通量。

为了得到生态系统的碳平衡，应该在该公式中增加气象、水文和干扰等途径产生的碳通量。在更大的时空尺度上，研究区域 NECB 的平均值等价于净生物群区生产力(NBP)(Chapin et al.，2006)。林火和采伐干扰导致的瞬时碳通量在数值上往往很大，人们通常给予了较为充分的考虑，但绝大多数研究没有考虑可溶性无机碳(DIC)、可溶性有机碳(DOC)和颗粒碳(PC)通量(孙忠林与王传宽，2014)。试验观测的净碳通量与长期碳平衡之间的差异主要是由非 CO_2 形式的碳流失和非呼吸 CO_2 流失造成的(Luyssaert et al.，2007)。

(8)净生态系统交换(NEE)

定义为大气－植被界面的净 CO_2 通量(Baldocchi，2006)，常用涡度协方差(EC)技术测定。NEE 是气象学家的定义，负值表示生态系统从大气中吸收 CO_2，在符号上与 NEP 相反。如果忽略两种方法的误差以及无机过程 CO_2 气体通量，二者在数值上相等(王兴昌等 2008)。

(9)总生态系统交换(GEE)

表示大气与生态系统的总 CO_2 交换量。GEE 在数值上等于总生态系统生产力(GEP)，近似等同于 GPP，但符号相反。因此有下式：NEE＝－NEP＝GEE＋R_e＝－GPP＋R_e。

森林碳汇具有很强的时空异质性，其测定与估算通常因研究区域大小、时间尺度和目的而异。但常用的包括直接测定和间接估算，以下几节将详细阐述。

第二节 碳库差异法

碳库差异法是首先通过设立典型样地，准确测定森林生态系统中的植被、枯落物或土壤等碳库的碳储量，并可通过连续观测来获知一定时期内的储量变化情况，根据两期调查的碳库差异进而得出每年的平均碳汇(源)的推算方法。碳库差异法主要利用森林资源连续清查资料，通过评估生物量碳库变化来估算森林生物量碳汇大小及其变化(郭兆迪等，2013)。

近年来，很多国家采取大规模、统计上有效布设的抽样方法进行了区域或国家范围的森林清查，为计算区域或国家尺度的森林生物量提供了宝贵的实测数据(Fang et al.，2001；Pacala et al.，2001；Janssens et al.，2003)。

例如，Brown 和 Schroeder(1999)基于美国森林清查数据，估算得到美国东部森林生物量在 20 世纪 80 年代末~90 年代初年均累积约 174TgC(1 Tg = 10^{12} g)，而 90 年代初美国工业碳排放量为 1. 3 PgC/a(1 Pg = 1015g)(Marland et al.，2004)，因此，美国东部森林生物量碳汇相当于抵消同期美国工业碳排放的 13%。同样，欧洲陆地生态系统吸收了人为源 CO_2 排放量的 7%~12%(Janssens et al.，2003)。Fang 等人(2001)基于森林资源清查数据估算了中国森林生物量碳库在 1949~1998 年间的变化，得出年均碳汇为 0.021 PgC/a。10 年后，在 Pan 等人(2011)的研究中，1990~1999 年和 2000~2007 年两个时期中国森林生物量年均碳汇分别为 0.060 和 0.115 PgC/a。郭兆迪等(2013)利用 1977~2008 年间 6 期的森林资源清查资料，通过评估生物量碳库变化，得出中国森林年均生物量碳汇为 0.070 PgC/a，相当于抵消中国同期化石燃料排放 CO_2 的 7.8%。

第三节　涡度协方差法

涡度协方差(Eddy covariance)技术在早期的文献中也称作涡度相关(Eddy correlation)，后来人们发现涡度相关的叫法不科学，在西方的文献中目前都用涡度协方差，而不再用涡度相关。但大多数中文文献目前仍在采用"涡度相关"，准确来讲应该改为"涡度协方差"技术。是指某种物质的垂直通量，即这种物质的浓度与其垂直速度的协方差。涡度协方差技术仅仅需要在一个参考高度上对 CO_2 浓度以及风速风向进行监测。大气中物质的垂直交换往往是通过空气的涡旋状流动来进行的，这种涡旋带动空气中不同物质包括 CO_2 向上或者向下通过某一参考面，二者之差就是所研究的生态系统固定或放出 CO_2 的量(Chen et al.，2013)。涡度协方差法提供了一种直接测定植被与大气间二氧化碳通量的方法，主要是在林冠上方直接测定 CO_2 的涡流传递速率，从而计算出森林生态系统吸收固定 CO_2 量。其计算公式如下：

$$Fc = \overline{d'w'}$$

其中 Fc 是 CO_2 通量，d 是 CO_2 的浓度，w 是垂直方向上的脉动风速。字母的右上标(小撇)是指各自平均值在垂直方向上的波动即涡旋波动，横是指一段时间(15~30min)的平均值。涡度协方差技术的使用条件是：下垫面平坦均一；大气边界层内湍流间歇期短；研究对象一般在水平均匀的大气边界层内。影响通量观测的几个因素是：①CO_2 的储存效应。大气比较稳定或湍流作用比较弱时，从土壤和叶片扩散的 CO_2 不能达到仪器测定高度从而造成传感器所测值不包含传感器下方的 CO_2 通量，一般来说，储存项对于低矮植物来说是很小的，但对于较高的森林由于仪器高度以下的气体体积比较大且湍流比较弱，所以储存效应对其测定有较大的影响；②CO_2 水平平流效应。所测下垫面有一定的粗糙度和地形起伏，或者是所测得源或汇的表面发生变化，这些因素容易引起气流的平流效应；③CO_2 通量漏流。当大气比较稳定，且地形有一定坡度时容易使空气中的二氧化碳发生漏流。湍流作用比较弱风速低时，一部分 CO_2 不会通过冠层和大气的交界面。

涡度协方差法首先是应用于测量水汽通量，20 世纪 80 年代已经拓展到 CO_2 通量研究中，大气中物质的垂直交换往往是通过空气的涡旋状流动来进行的，这种涡旋带动空气中不同物质包括 CO_2 向上或者向下通过某一参考面，二者之差就是所研究的生态系统固定或放出 CO_2 的量（郑泽梅等，2008）。该方法直接对森林与大气之间的通量进行计算，能够直接长期对森林生态系统进行 CO_2 通量测定，同时有能够为其他模型的建立和校准提供基础数据。Wofsy 等（1993）首次报道森林全年碳通量观测（始于 1990 年）结果以来，涡度协方差（EC）技术迅速发展，并逐渐成为生态系统尺度碳通量观测的主要手段（Baldocchi et al.，1996；Aubinet et al.，2000；Baldocchi et al.，2001）。目前，FLUXNET 正在启动名为"生物圈气息研究计划（Study on the 'Breathing' of the biosphere）"的第二次全球通量数据库建设工作，构建一个新的全球通量数据库，包含来自超过 400 个站点多年的痕量气体与气象观测数据，以及同期的卫星遥感、气象观测和地面调查与测定数据。该计划将以生物圈为研究对象，主要研究 Terra 卫星的反演数据产品的验证、生物地球化学模型优化、不同时间（小时—天—年—年际）尺度生物圈碳水交换过程的刻画、不同空间（细胞—气孔—叶片—冠层—景观—区域）尺度的生物圈碳水交换过程刻画等内容；进而绘制全球碳水通量时空分布图，预测全球变化条件下生物圈的响应。其中，中国通量网络（ChinaFLUX）于 2001 启动、2002 年正式创建，成为中国陆地生态系统碳氮水通量观测和循环过程研究的一个重要野外科技平台。经过 10 余年的发展，ChinaFLUX 从最初的 6 个观测站已经发展到了现在的 45 个，初步形成涵盖中国区域主要生态系统类型的观测研究网络，其观测内容也从最初的碳通量观测发展到现在的碳—氮—水通量及其多种生物环境要素的跨尺度—多要素协同观测体系（Fu et al.，2010；Wang et al.，2013）。十几年来，人们利用 EC 技术定量评价了主要陆地生态系统的碳交换状况，证实了北美、欧洲和亚洲的森林是大气圈的重要碳汇（Valentini et al.，2000；Law et al.，2002），揭示了不同类型生态系统碳交换的年内和年际变化特征（Dunn et al.，2007；Yu et al.，2013），在碳循环模型的构建和校验中发挥了重要作用（Friend et al.，2007）。He 等（2015）收集全国 91 个通量塔站点的空间位置数据，结合总辐射、温度、水汽压及 EVI 数据，利用欧式距离法，分析了现有的各通量塔的空间代表性。Paul‑Limoges 等（2015）通过对比森林皆伐前后通量塔碳通量的变化，分析了加拿大花旗松林碳汇的大小。

涡度协方差观测系统分为冠层上观测和冠层下观测，这样可以量化碳源的分布和相应贡献因子如树干结构、亚冠层植被和土壤特征参数（温度、湿度、碳氮比）的碳通量贡献率。冠层上涡度相关系统夜间所测的碳通量为总生态系统碳通量，即生态系统总呼吸；而冠层下涡度相关系统所测的碳通量是整合土壤、森林地表层、树干、灌木层等的呼吸之和。涡度协方差技术可以对生态系统碳通量进行连续观测，碳通量观测时间尺度较长，有利于解释森林生态系统陆地表面每天、每季以及年际之间的变化。由于冠层下净通量是大气和下垫面的表层的净交换量，其中包括土壤、地表灌草和凋落物的呼吸。此外，冠层下测定的通量也受植被冠层 CO_2 逆梯度输送的影响，所以用涡度协方差技术观测土壤碳通量目前还受到很多限制。涡度协方差技术受地形条件的影响较大，在山区冷空气晚上沿坡面下沉，CO_2 随空气在水平方向产生输送通量，违反涡度协方差技术的假设条件，所以很多通量塔晚上的数据质量比较差。此外，观测点周围的水体（如河流和湖泊）和道路也会对观测结果造成影响。该方法测定的碳通量存在能量不闭合及碳通量低估现象，而且涡度相关数据系列的校正与插补比较复杂（于贵瑞等，2006）。另外，白天涡度协方差法的观测结果不能被直接区分为生态系统光合和生态系统呼吸，难以为理解和预测生态系统碳吸收过程提供足够信息（Valentini et al.，2000）。如果要获取白天的生态系统呼吸，往往通过建立夜间 CO_2 通量和环境因子的关系来外推白天的生态系统呼吸，而在夜间大气湍流较弱时，涡度协方差法对于生态系统呼吸的观测结果本身就存在较大误差，这会对白天生态系统呼吸的估算和生态系统碳收支的确定产生影响。近年来通过把涡度协方差与稳定同位素（$^{13}CO_2$）技术相结合，直接把生态系统尺度的 NEE 分解为 GPP 和 RE。该方法目前仍处于探索发展阶段，将来随差同位素快速测定技术的进一步成熟，直接测定生态系统尺度光合与呼吸通量将成为可能。

第四节　模型模拟法

一、经验模型法

在森林资源调查以及监测的基础上，研究者建立了大量的生态模型用于估算森林碳收支和碳循环过程。IPCC 建议的 Tier3 的方法是结合遥感、GIS 手段，采用生态模型进行的碳汇计量。该方法比前两个方法精度更高，也更复杂。该方法所需要的数据基础和参数也比前两个方法要复杂和难以获取。而长期以来，如何有效的对森林资源进行监测和管理一直为人们所关注，并且我国的森林监测技术有了长足的进步。从森林资源调查，环境控制实验，涡度相关测定，以及定量遥感、雷达等新技术的应用和发展，到多方位，多尺度观测的生态系统网络的建立，积累了大量的森林生态系统，植被与土壤的碳、氮、水循环变化数据(曹明奎等，2004；Yan et al.，2013；Yu et al.，2013)。为生态模型的模拟提供了必要的数据基础，而生态模型则弥补了实验观测在机理研究上的不足，与之相辅相成，可以更全面的理解生态系统与气候以及土壤之间的相互关系。以生态模型模拟、遥感反演和数据同化技术为主要手段，基于碳通量观测数据、控制实验数据和遥感数据，发展多学科、多过程、多尺度的综合联网观测，开展区域、洲际乃至全球尺度碳循环及其对全球变化和人类活动响应的系统性、集成性研究成为森林生态系统科学研究的重要发展方向。

经验模型是生态模型中得到广泛的应用，此类模型的核心部分仍然是基于生长收获方程，但是不仅可以计算地上部分生物量，亦可以计算地下部分的土壤碳库，其方法通常是耦合一个土壤碳分解模型。例如：CO_2Fix(耦合 Yasso)，TreeGrOSS – C，FORCARB，CBM – CFS3，CARBINE 等。

(1)CO_2Fix 模型

该模型由荷兰 Wageningen 大学开发，是一个在林分尺度上的生态系统模型，可以用于计算森林生态系统的碳贮量和通量，包括地上生物量，土壤有机碳以及木材产业链。该模型计算碳平衡的时间尺度是以年为单位。基本的输入是树干材积生长以及树木不同部分的分配方案(包括叶、枝和根)。该模型包括六个主要的模块：①生物量模块：碳库的计算通过树木生长与周转、死亡以及收获之间的平衡得到。周转、死亡过程以及采伐剩余物作为土壤模块的输入；②土壤模块：有机碳分解和转移成为土壤有机碳；③林产品模块：收获的木材根据其最终的用途决定其存留的时间，比如倾倒分解掉或者作为生物能源。④生物能模块：化石燃料是将长期固存的碳释放出来，而生物能源则只是释放短期固定的碳。该模块计算利用木材代替化石能源带来的碳减排；⑤经济模块：对成本效益进行了简单的估算；⑥碳计量模块：根据不同类型的信用体系计算碳信用指标（Masera et al.，2003；Schelhaas et al.，2004）。另外，该模型的土壤模块，耦合了 Yasso 模型（Liski et al.，2005）。

（2）TreeGrOSS – C 模型（Wutzler，2007）

该模型在生长收获模型 TreeGrOSS 的基础上，耦合了一个管理模块，一个土壤碳模块（Yasso），以及一个林产品模块。核心部分仍然是 TreeGrOSS 模型，其计算的时间步长是不连续的，每 5 年计算一次，而另外两个模块则是按照利用连续的微分方程计算。各个子模块在输出和输入处单独进行信息交换。

（3）FORCARB（AForestCarbonBudgetModel）

该模型用于模拟不同森林管理下，美国森林的碳收支（HeathandBirdsey，1993；PlantingaandBirdsey，1993；Heath et al.，1996，2010）。这里的碳收支是指计算各个碳库的大小及其随时间的净变化。该模型详述了采伐及其他管理措施对林产品需求的影响。森林碳库分为四个部分：树木、土壤、凋落物以及林下灌草。而森林碳贮量的变化主要是由于树木生长和管理活动（尤其是采伐）引起的。木材的采伐由供求关系决定。采伐也会影响到土壤，凋落物以及林下灌草层的变化。亦可以对未来的不同情景进行模拟。

FORCARB 和许多模型联系起来，用于评估木材资源的周期性变化。该模型利用一些经验的函数关系来计算硬木树种，软木树种，林下灌木以及土壤碳库的大小。森林草灌覆被层通过林分的年龄进行估算。并将林分尺度的碳库扩展到各个区域相似的森林类型。最后，将各个区域的量累加得到全国尺度的碳储量。

（4）CBM – CFS3 模型（The Carbon Budget Model of the Canadian Forest Sector）

该模型用于加拿大森林碳汇的计量（KullandKurz，2006，2009；Kull et al.，2011），属于林分和景观尺度的模型。该模型基于联合国框架条约以及气候变化和京都议定书，用来模拟所有的森林碳库的动态变化。并且整合了

IPCC 中的固碳方法。模型以国家生态参数数据库为基础，需要输入与其他森林管理模型类似的信息，比如森林清查资料，生长与收获曲线，自然与人为干扰信息，森林管理以及土地利用信息等。该模型作为一个比较成熟的软件，用户可以利用自己的林分与景观尺度森林管理信息，计算过去和未来的碳收支状况。也可以创建、模拟并比较不同的森林管理策略对碳蓄积的影响。此外，该模型的数据分析模块，可以帮助用户进行数据的准备，定义不同的情景，分析并检查结果。分析的结果还可以用于不同的森林类型。不过，该模型提供的默认生理生态参数只适合于加拿大，允许需要用户根据不同的情况进行调整和输入。

　　该模型基于森林资源清查数据，可以模拟不同尺度、干扰或经营措施下森林生态系统的碳库及其变化。模型结构如图 8-1。

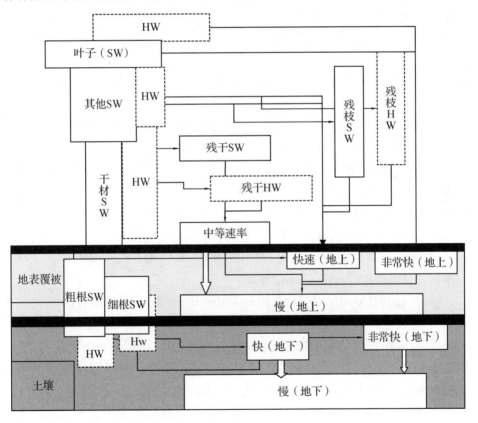

图 8-1　CBM – CFS3 模型的碳库结构（HW = hardwood；SW = softwood）

二、过程模型

生态过程模型有着完备的理论框架，结构严谨，从机理上对植物的生理过程以及影响因子进行分析和模拟。根据植物生理生态学原理，通过光合作用过程，以及植物冠层蒸散与光合作用相伴随的，植物体及土壤水分散失的过程进行模拟。进而估算在单株尺度、林分尺度和陆地生态系统尺度上，植被的碳库以及碳通量的变化（冯险峰等，2004）。此类模型能够揭示植物生长过程与环境相互作用的机理。但是过程比较复杂，涉及太阳辐射冠层传输、植物生理生态、植被冠层结构、水分收支、土壤分解、养分循环等过程。生态过程模型可以分为单株和林分尺度上的森林生态系统模型，以及林分尺度上的生态系统模型。

（一）基于单株的过程模型

随着模型的发展，以及研究的深入，人们逐渐开始从过程机理上进行森林碳循环的模拟。在单株尺度上，不仅考虑林木的三维空间尺度，而且考虑太阳的季节和日变化特性来计算林冠对光照强度的利用程度，从树冠中叶子面积的分布，辐射的传输，以及蒸腾过程进行详细的计算，比如 MAESTRA 模型。另外，该类模型可以和生长收获混合模型结合，比如耦合了 FVS 和 STAND – BGC 的 FVS – BGC 模型，是美国较为常用的森林管理模型，可以利用根据过程机理计算树木的生长。德国的 BANALCE 模型，以气候数据为驱动，利用单株数据模拟树木各部分的碳贮量，并能模拟树冠部分的光照分配以及碳、氮、水耦合与平衡，最终得到林分水平的预测值，该模型用来分析复杂环境下树木的响应，并且可以输出单株的三维空间效果图。当前一些主要的单株模型，比如：MAESTRA，BANALCE，SORTIE，TASS，TRAGIC，TRIPLEX，Fire – BGC 等。

（1）MAESTRA（Multi – Array Evaporation Stand Tree RadiationA）

MAESTRA（Wang，1988；WangandJarvis，1988，1990；Daniels et al.，2012）是一个模拟森林冠层辐射吸收与光合的模型。以样地内每棵树为单位，并通过给定每棵树的位置，冠层的形状，大小，高度，将树冠按照水平和垂直的方向分成 72 个格点（默认值），确定冠层叶面积以及叶倾角的分布，逐个计算冠层内每个格点的辐射吸收、光合作用以及蒸腾速率。不过，该模型没有水循环和土壤模块，不能计算地下部分的碳收支。近年来，通过不断改进，该模型也增加了地下碳循环过程。

(2)FVS - BGC 模型

FVS - BGC 是森林植被模型(FVS)和林分生物地球化学循环模型(Stand - BGC)相结合的一个混合过程模型系统,它由多个树木光合生理过程模型和树木生长模型组成(Strom et al.,2007;Wang et al.,2008)。Stand - BGC 是一个由气候数据驱动的生理生态过程模型系统,它强调森林生境和植物水分的平衡。它作为 FVS 的一个扩展模块来运行,除了能够对森林植被进行生长和死亡模拟之外,还能够描述树木和林分水平的生理生态动态变化。与它的前身 FOREST - BGC 不同的是,FVS - BGC 能够模拟单株林木的生物地球化学过程,并评价不同森林经营管理措施对林分生态生理的影响。目前,这个模型仅仅开发了常绿针叶树种部分。

FVS - BGC 模型系统以逐日为单位。其输入文件主要包括 5 个部分,分别是单株调查数据、林分数据、气候数据、立地数据以及树木生理参数。模型的输出主要包括在林分、单株的空间尺度上,日和年的时间尺度上,森林生长收获模拟以及生理生态模拟结果,主要是碳水通量与贮量。FVS 部分已在上文介绍过,FVS - BGC 耦合的过程模型部分一共包括 6 个生理生态学模拟模块。

①辐射模块。该部分主要是模拟冠层对太阳辐射的吸收,计算冠层每日接受的总辐射量。叶子不分阳叶和阴叶。

②水分模块。计算冠层截留量以土壤水分含量。并根据彭曼公式计算蒸腾与蒸发,最后计算地表径流,与 Biome - BGC 的处理方法相似。

③光合作用模块。首先根据温度和水分修正得到最大光合作用速率,之后根据总辐射,量子产额,叶面积指数,消光系数来计算光合作用,通过单位转换为固定的碳量,属于经验模型的方法。

④呼吸作用模块。该部分计算维持呼吸和生长呼吸。比如叶片部分,维持呼吸根据 0°C 时叶片呼吸消耗的碳的量,利用夜间最低温度,夜间时间长度,叶子总碳量相乘得到。生长呼吸则利用固定的系数与累积的碳相乘得到。

⑤气孔导度模块。利用 Javis 模型进行计算。

⑥生产力模块。根据光合作用,呼吸消耗,以及周转的碳计算得到。

(3)SORTIE

SORTIE 模型(Pacala et al.,1993;Canham et al.,1994;Tatsumi et al.,2012)由 JABOWA - FORET 模型发展而来。是一个空间明晰,随机的森林动

态模型。最初利用单株之间的经验关系模拟九个树种之间的竞争，该模型的一个强大的功能是可以只利用单株参数来预测大尺度森林的动态。SORITE模型包括一些子模块，可以预测单株树的生长、存活、散播以及更新，进行可利用资源的模拟。该模型中的竞争是从机理的角度考虑的，通过树木之间的资源争夺而体现。该模型主要包括以下几个子模块：

①生长模块

在JABOWA-FORET模型中，树木的生长是利用最大生长速率乘以多种实际的校正因子得到的。这些校正因子一般代表可用资源以及气候因素的影响。在SORTIE中，只关注光的影响，并对林分中根据单一因素光的影响进行了校准。模型假设所有具有相同耐阴性的树种都有相同的生长响应。最终，根据树种，每种50~60株，高度从几厘米到5米建立了生长和光的关系。

$$RW = Radius\left(\frac{p_1 * GLI}{\frac{p_1}{p_2} + GLI}\right) + a \tag{8.1}$$

GLI是光指数，p_1，p_2是相对生长速率，α是参数

②死亡率模块

树木的死亡即可能与林分密度不相关，比如风暴、火灾，也可能密切相关，比如阳光的遮挡以及养分的竞争。JABOWA-FORET等模型一般基于实验数据，通过与林分密度无关的一些因素来控制死亡率。SORTIE中根据树木的死亡与生长的速率之间有负相关性（Shugart，1984）。所有的树种利用相同的死亡率函数计算。

根据35~50棵枯立木以及35~50棵活木，计算死亡木的生长速率分布。

$$Y_L(g) = \frac{X(g) * (1 - M(g))}{\int_{-\infty}^{\infty} (1 - M(g)) * X(g) dg} \tag{8.2}$$

$$M(g) = e^{-U(AverageRingWidth)^V} \tag{8.3}$$

其中，$M(g)$表示死亡率，$X(g)$表示生长率。U是常数，V是5年平均年轮宽度。

③更新模块

在JABOWA-FORET模型中不考虑幼树，新增的树则是通过一个固定的列表给出。在SORTIE中，计算每棵树的"种子区"，种子的密度根据树的大小以及与树的距离计算。

$$SeedingDensity = F(DBH)^{Z} * e^{(-h*distance^3)} \qquad (8.4)$$

④资源模块

SORTIE 模型选择光作为衡量生长的指数,主要是由于自然界中的小树的生长非常依赖于非垂直方向的遮阴和光照。由于太阳光线的方向细微变化都会改变林隙的大小及数量,从而改变不同树种的竞争情况。因而,其资源子模块用于预测不同大小、位置以及树种的光指数。根据树木的生长,以及鱼眼摄影得到每棵树光的分布,并将冠层分成小的区域,模拟每棵树获取的光资源。

⑤种群动态模块

该模块需要胸径、物种以及每棵树的 x,y 坐标信息。在每一次模拟之前,先利用资源模块确定每棵树获取到的资源。然后根据生长模块以及死亡模块,模拟每棵树的存活率,最终决定死亡的树。之后根据更新模块,确定新生树的空间位置和数量。五年一个周期,通过不断的迭代模拟,可以预测森林种群多度、年龄结构以及所有树种的空间分布的长期变化。

(二)基于林分的过程模型

该类型的模型一般不以单棵树为单位进行模拟,按林分计算光合、呼吸、蒸腾等过程。一般不考虑水平方向的空间异质性。例如:GOTILWA +,BIOMASS,3 – PG(SandsandLandsberg,2002),CABALA(CArbonBALAnce),FORECAST(Kimmins et al.,1999,2010),FORGRO(MohrenandvandeVeen,1995),Forest – BGC,Pipestem(Valentine et al.,1997),TADAM,CANOAK(多层,包括灌木、草丛)。

(1)GOTILWA +(GrowthOfTreesIsLimitedbyWater)

GOTILWA +(Gracia et al.,2003;Gracia et al.,1999;Keenan et al.,2009,2010)模型由巴塞罗那大学的 Gracia 等人开发,是一个基于机理的森林生长模型。综合考虑气候,树木林分结构,管理措施,土壤质地以及气候变化对森林生长的影响。用于模拟单一树种的林分模拟,模拟时需要林分密度,按照胸径大小划分径阶,认为每一个径阶的树具有相同的生长过程。以天为时间步长,详细模拟人工林和天然林的各个生态过程,不考虑林分在水平方向上的异质性,该模型主要用于地中海气候森林类型的模拟。

①模型假设

在 GOTILWA +模型中,单株树由两部分组成:地上部分和地下部分。地上部分包括树叶、枝以及干。树叶可以分为常绿或阔叶,单面或双面气孔，树干又分为边材和心材，根据 Pipemodel 由边材计算树叶的面积。地下部分包括粗根和细根。

森林在 GOTILWA + 中，是指具有某种径阶的树木的组合。所有的树木都是分成不同的径阶考虑，认为同径阶的树是相同的。林分的总密度(tree/hm²)与树木的径阶分布作为模型种群结构的初始值。径阶区间分的越细，计算的精度也就越高，相对的也需要更多的时间。在空间上不考虑每一棵树的位置。

②模型的主要功能与局限性

主要功能：GOTILWA + 可以用于模拟任何单一树种的森林，包括幼龄林与成熟林，人工林与天然林等。但是需要给定初始的林分密度以及径阶的分布；模拟的时间长度不受限制；可以模拟特定的气候变化对森林的影响。比如从 GCM 模型得到的气候情景，增加空气 CO_2 浓度、温度以及增加或减少降雨量的影响；模拟不同管理情景的影响；多种情景相互组合进行模拟；

局限性：GOTILWA + 模型不能模拟一个林分中多个树种的情况，只能模拟单一树种；不包括养分循环；不考虑水平方向上的异质性；不考虑树高；模型中的一些过程需要经验关系；不能模拟某些过程，比如放牧和虫害；

③主要模块

i 气候资料的处理。该部分主要是计算直射辐射与散射辐射，以及将温度和降水进行逐小时的插值。假如没有风速和潜在蒸发量的数据，则可以随机产生风速，并利用 Penman – Monteith 公式计算潜在蒸发。

ii 光合作用与产物分配。将冠层分为阳叶和阴叶，并计算辐射吸收量。根据 Farquhar 光合作用模型计算光合作用。光合产物的分配要遵循一系列分配原则。首先，叶子和细根的量要受到边材量的限制。植物需要将 NPP 的一部分分配给叶子用于维持其周转。其余的 NPP 则分配到叶子和树干中作为可移动的碳库。如果分配给叶子和细根 NPP 超过了边材所限制的叶子和细根碳库需求，则降低叶子面积和细根生物量。剩余的 NPP，则重新分配给新的叶子，细根以及树干以满足各部分的固定比率。

iii 蒸散与导度。蒸散利用 Penman – monteith 公式计算，叶子的温度根据叶子的能量平衡进行计算，气孔导度利用 Ball – Berry – Leuning 进行计算。

iv 除此之外，模型中还包括物候模块，自养与异养呼吸作用等。

（2）BIOMASS

BIOMASS 模型(McMurtrie et al. , 1990；McMurtrieandLandsberg, 1992；

McMurtrie et al. ，1992）是一个基于过程的、林分尺度的模型。该模型可以用于模拟森林水分平衡以及给定冠层结构的年净光合作用。模拟在开放和郁闭冠层的林分中，根系每天储存的水分。还可以考虑施肥效应以及间伐的影响，产物分配对树干生长的影响。

该模型需要输入逐日气候数据（包括最大、最小空气温度和降雨），点位特征（经纬度、根层深度以及土壤基质势与容积含水量的关系），树木状态（生物量、冠层维度以及叶面积指数），生理参数（比如：最大气孔导度）。

模型的输出包括，净光合产物、辐射截留、蒸腾以及土壤水分平衡、木材产量等。该模型的时间尺度是天，利用标准的气象站点的数据，并需要样地和树木的信息，比如，纬度、经度、stocking、土壤类型、根的深度、生理参数以及树种信息。

该模型主要包括冠层辐射传输与光合作用，初期的 BIOMASS 利用经验的方法计算光合，后来采用 Farquhar 模型进行计算，冠层则分为三层，每层三部分，分为饱和阳叶，未饱和阳叶以及阴叶，分别考虑其辐射吸收。另外模型还包括呼吸作用模块，凋落物分解以及林分的水循环模块。

（三）陆地生态系统模型

该类模型一般从更大尺度上考虑碳在大气－植被－土壤中的循环，能够估算生态系统不同部分的碳收支及各类碳库的时空变化特征。也包括一些群落景观模型，比如 CLM 模型。从尺度上来讲，此类模型更注重的是在大区域尺度上的模拟。同时，由于模型假设在单位面积上具有同一性，因此，根据样地的实测资料，同样也可以用于林分尺度的模拟。在模拟的类型上，一般可以兼顾多种生态系统类型，比如不同类型的森林，灌木，草地等。此类模型较成熟的有：Biome－BGC，TEM，LPJ－DGVM，IBIS，CENTURY，CEVSA，PnET（Aber et al. ，1997），AVIM2，MAPPS，CLM2~4.5（Oleson et al. ，2010，2013；Lawrence et al. ，2011；2013），SIB（Sellers et al. ，1986；Stöckli et al. ，2008；Baker et al. ，2008，2010；Medina et al. ，2014）等。

（1）Biome－BGC（Biome Bio Geochemical Cycles）

Biome－BGC 模型（Running1984；RunningandCoughlan，1988；Thornton，1998；Running et al. ，1992；Thornton et al. ，2002；Hidy et al. 2011）是一个基于机理的生态系统模型，用于估算生态系统碳、氮、水循环。当前是4.2版本。模型的驱动因子除了温度和降水外，还包括太阳辐射、日长、饱和水蒸气压差、CO_2 浓度等气候因子，经纬度、土壤质地、植被类型等立地条件，以及生理生态等参数。模型中涉及的碳、氮、水变量一共有 489 个，都可以用于输出。常用的日变量一共有 23 个。主要包括水循环模块的土壤水、冠层及土壤水蒸散，陆地生态系统的碳通量（GPP，NPP，NEP，NEE），呼吸（维持呼吸，生长呼吸，异氧呼吸），碳库（植物，凋落物，土壤以及总碳库），火灾损失以及净光合。年输出变量有年降水量、平均温度、最大叶面积指数、年蒸散量、年径流量、年 NPP 以及 NEP。其中 NEP 或 NPP 可以用作衡量生态系统固碳大小的指标。

该模型的发展见图 8-2。主要的过程包括物候期的计算、光合作用、自养与异养呼吸、蒸发蒸腾、凋落物与土壤的分解、产物分配、水分循环（降雨、融雪与径流）等。模型结构见（图 8-3）。

图 8-2　Biome – BGC 模型的发展

H20TRAN 模型主要用于模拟生态系统尺度的气孔的作用，主要关注水分的平衡，DAYTRANS 模型在此基础上能用于 NPP 和水分的利用效率，并且添加了一个冠层的光合作用模块。随着研究深入，需要建立一个完整的碳循环模型，包括光合作用、维持呼吸和生长呼吸、碳分配、凋落物以及分解模块，这就是后来的 FOREST – BGC。之后，为了满足于遥感信息结合（LAI），并模拟整个生态系统的变化与大尺度上水分的过程，最终建立了 Biome – BGC 模型（如图 8-3）。

（2）TEM

TEM（Raich，1991；McGuire et al.，1992，1993）也是一个很有影响力的陆地生态系统模型。这是一个高度集合的、模拟陆地生态系统碳、氮循环的模型。也是最早实现对全球陆地生态系统碳收支估算的生物地球化学模型，多被应用于全球非湿地生态系统的植被和土壤的碳、氮循环模拟。基于独立的空间栅格数据分析，模型的栅格分辨率为 0.5° 纬度 ×0.5° 经度。TEM 模型适用于研究陆地或全球生态系统与环境因子的相互关系，最大的时间步长为 1 个月。至少需要如下一组环境变量以驱动这一模型：植被类型、土壤质地、土壤湿度、潜在或实际蒸散率、太阳辐射、云量、降水、温度和大气二氧化碳浓度。这些变量调控植被 – 土壤之间的碳、氮流动，因此也影响不同组分的碳与氮物质。土壤湿度和蒸散率采用全球数据集（气温、海拔高度、

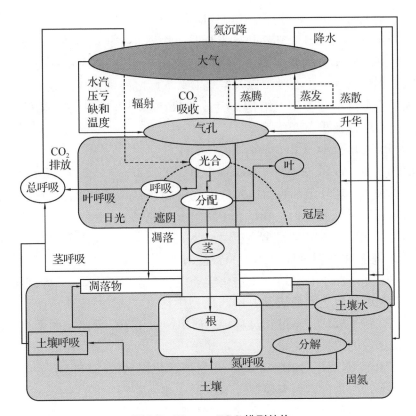

图 8-3 Biome – BGC 模型结构

降水、土壤质地、植被类型)按 Vorosmarty 等(1989)的水分平衡模型计算。

所有环境变量利用 GIS 数据库管理。假定研究对象是稳定而成熟的生态系统,并在模型调试的年度间隔期间状态变量保持稳定,而在 1 年内不同的月份随着气候因子的季节性变化,状态变量随之发生变化。调试的时间范围为 100 年。TEM 模型中碳、氮循环与环境驱动变量的特定关系是以研究站点数据为基础,并按同一植被和土壤类型拓展到整个大尺度空间范围。Raich 等(1991)首先把 TEM 模型应用于南美地区的潜在净第一性生产力研究,其结果与 Miami 模型接近。Melillo 等(1993)通过输入全世界 18 种植被类型分布图,应用这一模型估算了全球净第一生产力格局和土壤氮循环。

(3)LPJ – DGVM 模型(Lund – Potsdam – Jenamodel)

LPJ – DGVM 模型(Sitch et al. , 2003)从 Biome 系列模型发展而来。它是一个中等复杂度的全球动态植被模型,也是应用最为广泛的动态植被模型之一，该模型的时间分辨率是天。LPJ - DGVM 模型(the Lund - Potsdam - Jena Dynamic Global Vegetation Model)的发展是一个不断完善的过程，考虑不同植物类型之间的竞争，火灾，冻土等因素，用于模拟短期内植被与气候，比如：水、光、温度、土壤类型以及空气 CO_2 浓度之间的响应。该模型用于计算全球尺度上的植被类型，结构，植被的状态，凋落物和土壤碳库，蒸散，径流，光吸收以及季节变化等。

(4) IBIS(Integrated Biosphere Simulator)

IBIS(Forley et al. , 1996；Kucharik et al. , 2000；Cunha et al. , 2013)是威斯康星大学全球环境和可持续发展研究中心开发的一个动态植被模型。该模型的时间分辨率是小时。IBIS 最初由 Forley 等在 1996 年提出，IBIS 模型中地表过程模型主要继承自 LSX 模型。Kucharik 等在 2000 年的时候提出了 IBIS2，改进了 IBIS 对地表物理，植被生理，冠层物候，植被功能型和碳分配的描述，还增加了一个地下生物化学子模型，这个子模型可以模拟碳在植被、土壤和腐殖质之间的流动。IBIS 模型中区分了 12 种植被功能型，对自然干扰也进行了模拟，不过其过程相对简单，只用了一个给定的干扰系数来计算干扰导致的植被死亡量。

Agro2IBIS 模型是对 IBIS 的进一步发展，该模型中不仅模拟了自然植被的生长状况，而且可以用来模拟玉米、大豆和小麦等作物的生长。与 LPJ - DGVM 相比，IBIS 中引入了独立的 N 循环模块，增强了对 N 循环的模拟。

参考文献

曾立雄，王鹏程，肖文发，等. 三峡库区主要植被生物量与生产力分配特征[J]. 林业科学，2008，44(8)：16 - 22.

陈遐林，马钦彦，康峰峰 等. 山西泰岳山典型灌木林生物量及生产力研究[J]. 林业科学研究，2002，15(3)：304 - 309.

杜纪山. 林木生长和收获预估模型的研究动态[J]. 世界林业 研究，1999，12(4)：19 - 22.

方精云，刘国华，徐高龄. 中国陆地生态系统碳库[M]. 北京：中国科技出版社，1996：251 - 277.

郭兆迪，胡会峰，李品，等. 1977 ~ 2008 年中国森林生物量碳汇的时空变化[J]. 中国科学：生命科学. 2013，43(5)：421 - 431.

何帆. 秦岭林区油松、锐齿栎林凋落叶分解及其凋落物储量动态研究[D]. 杨凌，西北农林科技大学，2011.

胡砚秋，苏志尧，李佩瑗，等. 林分生物量碳计量模型的比较研究[J]. 中南林业科技大学学报，2015，(01)：83-87.

黄从德，张健，杨万勤等.四川森林土壤有机碳储量的空间分布特征[J].生态学报，2009，29(3)：1217-1225.

惠淑荣，吕永霞.weibull分布函数在林分直径结构预测模型中的应用研究[J].北华大学学报(自然科学版)，2003，4(2)：101-104.

蒋林，承锐，陈丽芳，等.经营密度及混交对广西柳杉林分生长的影响[J].南方农业学报，2012，43(5)：662-665.

解宪丽，孙波，周慧珍等.中国土壤有机碳密度和储量的估算与空间分布分析[J].土壤学报，2004，41(1)：35-43.

亢新刚，胡文力，董景林，等.过伐林区检查法经营针阔混交林林分结构动态[J].北京林业大学学报，2003，25(6)：1-5.

李意德，曾庆波，吴仲民，等.尖峰岭热带山地雨林生物量的初步研究[J].植物生态与地植物学报，1992，16(4)：293-300.

梁志锋，凌飞龙，汪小钦.L波段SAR与中国东北森林蓄积量的相关性分析[J].遥感技术与应用.2013，28(5)：871-878.

廖军，王新根.森林凋落量研究概述[J].江西林业科学，2001，10(1)：31-34.

廖军，王新跟.森林凋落量研究概述[J].江西林业科学，2001，10(1)：31-34.

林成来，洪伟，等.马尾松人工林生长模型的研究[J].福建林学院学报，2000，20(3)：227-230.

刘峰，谭畅，张贵等.长白落叶松单木参数与生物量机载LiDAR估测[J].农业机械学报，2013，44(9)：219-242.

卢俀培，剂其汉.海南岛尖峰岭热带林凋落物及其分解过程的研究[R].见：林业部科技司编，中国森林生态系统定位研究[C].哈尔滨，东北林业大学出版社.1994，178-190.

吕超群，孙书存.陆地生态系统碳密度格局研究概述[J].植物生态学报，2004，28(5)：692-703.

马利群，李爱农.激光雷达在森林垂直结构参数估算中的应用[J].世界林业研究，2011，24(1)：41-45.

马详庆.杉木幼林生态系统凋落物及其分解作用研究[J].植物生态学报.1997，21(6)：554-570.

彭少麟和刘强.森林凋落物动态及其对全球变暖的响应[J].生态学报，22(9)，2002，1534-1544.

孙雪莲，舒清态，欧光龙.等.2015.基于随机森林回归模型的思茅松人工林生物量遥感估测[J].(1)：72-76.

孙忠林，王传宽.森林生态系统可溶性碳和颗粒碳通量[J].生态学报，2014，34(15)：4133-4141.

唐守正，李希菲，孟昭和.林分生长模型研究的进展[J].林业科学研究，1993，6(6)：672-679.

王迪生. 基于生物云计测得北京城区园林绿地净碳储量的研究[D]. 北京, 北京林业大学, 2010.

王凤友. 森林凋落物量综述研究[J]. 生态系统学进展, 1989, 6(2): 82 – 89.

王宁. 山西森林生态系统碳密度分配格局及碳储量研究[D]. 北京林业大学, 2014.

王绍强, 朱松丽. 中国土壤有机碳库及其空间分布特征[J]. 地理学报, 2000, 55(5): 533 – 544.

王兴昌, 王传宽, 于贵瑞. 基于全球涡度相关的森林碳交换的时空格局[J]. 中国科学 D 辑: 地球科学, 2008, 38(9): 1092 – 1108.

王秀云. 用 weibull 分布拟合刺槐林直径结构的研究[J]. 林业勘察设计, 2004, (2): 1 – 3.

谢亭亭, 李根, 周光益, 等. 2013. 南岭小坑小红栲 – 荷木群落的地上生物量[J]. 应用生态学报, 24(9): 2399 – 2407.

辛颖, 邹梦玲, 赵雨森. 2015. 大兴安岭火烧迹地不同恢复方式碳储量差异[J]. 应用生态学报, 26(11): 3443 – 3450.

刑素丽, 张广录, 刘慧涛, 等. 基于 Landsat ETM 数据的落叶松生物量估算模式[J]. 福建林学院学报, 2004, 24(2): 153 – 156.

徐步强, 张秋良, 弥宏卓, 等. 基于 – BP 神经网络的油松人工林生长模型[J]. 东北林业大学学报, 2011, 39(12): 33 – 35.

徐耀粘, 江明喜. 森林碳库特征及驱动因子分析研究进展[J]. 生态学报, 2015, 35(3): 926 – 933.

许讳敏, 陈友飞, 陈明华, 等. 基于 BP 神经网络的杉木林蓄积量估测研究[J]. 福建林学院学报, 2012, 32(4): 310 – 315.

续珊珊. 2014. 森林碳储量估算方法综述[J]. 林业调查规划. 39(6): 28 – 33.

闫海忠, 等. 基于 ARCGIS 的区域生物量 DEM 模型空间分析[J]. 安徽农业科学, 2011, 39(2): 852 – 855, 858.

闫妍. 帽儿山地区天然次生林主要林分类型结构的研究[J]. 东北林业大学硕士学位论文, 2009.

杨晓菲, 鲁绍伟, 饶良懿, 等. 中国森林生态系统碳储量及其影响因素研究进展[J]. 西北林学院学报, 2011, 26(3): 73 – 78.

于贵瑞, 伏玉玲, 孙晓敏, 等. 中国陆地生态系统通量观测研究网络(ChinaFLUX)的研究进展及其发展思路[J]. 中国科学: D 辑, 2006, 36(A01): 1 – 21.

张超, 彭道黎, 涂云燕, 等. 利用 TM 影像和偏最小二乘回归方法估测三峡库区森林蓄积量[J]. 北京林业大学学报. 2013, 35(3): 11 – 16.

张雄清, 雷渊才. 北京山区天然栎林直径分布的研究[J]. 西北林学院学报, 2009, 24(6): 1 – 5.

张瑜, 贾黎明, 郑聪慧, 等. 秦岭地区栓皮栎天然次生林地位指数表的编制[J]. 林业科学, 2014, 50(4): 47 – 54

赵林, 殷鸣放, 陈晓非, 等. 森林碳汇研究的计量方法及研究现状综述[J]. 西北林学院学报, 2008, 23(1): 59-63.

赵敏, 周广胜. 基于森林资源清查资料的生物量估算模式[J]. 应用生态学报, 2004, 15(8): 1468-1472.

赵溪竹. 小兴安岭主要森林群落类型土壤有机碳库及其周转[D]. 哈尔滨, 东北林业大学, 2010.

郑泽梅, 于贵瑞, 孙晓敏, 等. 涡度相关法和静态箱/气相色谱法在生态系统呼吸观测中的比较[J]. 应用生态学报, 2008, 19(2): 290-298.

周晓宇, 张称意, 郭广芬. 气候变化对森林土壤有机碳贮藏影响的研究进展[J]. 应用生态学报, 2010. 21(7): 1867-1874.

周玉荣, 于振良, 赵士洞. 我国主要森林生态系统碳贮量和碳平衡[J]. 植物生态学报, 2000, 24(5): 518-522.

Ahmed, S. & DeMarsily, G. Comparison of geostatistical methods for estimating transmissivity using data on transmissivity and specific capacity[J]. Water resources research 23, 1717-1737 (1987).

Anderson JE, Plourde LC, Martin ME, et al. Integrating waveform lidar with hyperspectral imagery for inventory of a northern temperate forest[J]. Remote Sensing of Environment. 2008, 112(4): 1856-1870.

Aubinet M, Grelle A, Ibrom A, et al. Estimates of the annual net carbon and water vapor exchange of forests: the EUROFLUX methodology[J]. Adv Ecol Res. 2000, 30: 113-175.

Avery TE, Burkhart HE. Forest measurements. the third edition[J]. New York: Mc Graw-Hill Book Company, 1983.

Baccini A, Goetz S J, Walker WS, et al. Estimated carbon dioxide emissions from tropical deforestation improved by carbon-density maps[J]. Nat. Clim. Chang. 2012, 2, 182-185.

Baldocchi D, Falge E, Gu L, et al. FLUXNET: anewtool to study the temporal and spatial variability of ecosystem-scale carbon dioxide, watervapor, andenergy flux densities[J]. Bull Amer Meteorol Soc. 2001, 82(11): 2415-2434.

Baldocchi D, Valentini R, Running SR, et al. Strategies form easuring and modeling CO_2 and water vapor flux esover terrestrial ecosystems[J]. Global Change Biol. 1996, 2(3): 159-168.

Baldocchi DD. Assessing the eddy covariance technique for evaluating carbon dioxide exchange rates of ecosystems: past, present and future[J]. Global Change Biology. 2003, 9(4): 479-492.

Batjes, N. H. Total carbon and nitrogen in the soils of the world[J]. European journal of soil science 47, l51-163(1996).

Bohn, H. L. Estimate of organic carbon in world soils[J]. Soil Science Society ofAmerica Journal 46, 1118-1119 (1982).

Bortolon, E. S. O., Mielniczuk, J., Tornquist, C. G., Lopes, F. & Bergamaschi, H. Validation of the Century model to estimate the impact of agriculture on soil organic carbon in

Southern Brazil[J]. *Geoderma*167, 156 – 166(2011).

Bortolot ZJ, Wynne RH. Estimating forest biomass using small footprint LiDAR data: An individual tree – based approach that incorporates training data ISPRS[J]. Journal of Photogrammetry and Remote Sensing. 2005, 59(6): 342 – 360.

Brown S, Lugo AE. The storage and production of organic matter in tropical forests and their role in the global carbon cycle[J]. Biotropica. 1982, 14: 161 – 187

Brown SL, Schroeder PE, Kern JS, Spatial distribution of biomass in forests of the eastern USA[J]. Forest Ecol. Manag. 1999, 123, 81 – 90.

Brown SL, Schroeder PE. Spatial patterns of above ground production and mortality of woody biomassforeastern U. S. forests[J]. Ecol Appl. 1999, 9: 968 – 980.

Burke, I. C. , Yonker, C. M. , Parton, W. J. , Cole, C. V. , Schimel, D. S. & Flach, K. Texture, climate, and cultivation effects on soil organic matter content in US grassland soils [J]. Soil Science Society of America Journal 53, 800 – 805 (1989).

Cairns MA, Brown S, Helmer EH, Baumgardner GA. Root biomass allocation in the world's upland forests[J]. Oecologia. 1997, 111(1): 1 – 11.

Castel T, Beaudoin A, Stsch N, et al. Sensitivity of Space – borne SAR data to forest parameters over sloping terrain theory and experiment[J]. International Journal of Remote Sensing. 2001, 22 (12): 2351 – 2376.

Cerri, C. E. P. , Coleman, K. , Jenkinson, D. S. , Bernoux, M. , Victoria, R. & Cerri, C. C. Modeling soil carbon from forest and pasture ecosystems of Amazon, Brazil[J]. *Soil Science Society of America Journal* 67, 1879 – 1887(2003).

Chapin FS, Matson PA, Mooney HA. Principles of Terrestrial Ecosystem Ecology [J]. New York: Springer. 2002.

Chapin FS, Woodwell G, Randerson JT, et al. Reconciling carbon – cycle concepts, terminology, and methods[J]. Ecosystems. 2006, 9(7): 1041 – 1050.

Chaturvedi RK, Raghubanshi AS, Singh JS. Carbon density and accumulation in woody species of tropical dry forest in India[J]. Forest Ecology and Management. 2011, 262(8): 1576 – 1588.

Chen Z, Yu G, Ge J, et al. Temperature and precipitation control of the spatial variation of terrestrial ecosystem carbon exchange in the Asian region[J]. Agric ForMeteorol. 2013, 182 – 183: 266 – 276.

Chertov, O. G. Komarov, A. S. SOMM: A model of soil organic matter dynamics[J]. Ecological Modelling. 1997, 94: 177 – 189.

Chertov, O. G. , Komarov, A. S. , Nadporozhskaya, M. , Bykhovets, S. S. & Zudin, S. L. ROMUL—a model of forest soil organic matter dynamics as a substantial tool for forest ecosystem modeling[J]. *Ecological modelling*138, 289 – 308(2001).

Chertov, O. G. , Komarov, A. S. , Nadporozhskaya, M. , Bykhovets, S. S. & Zudin, S. L. ROMUL – a model of forest soil organicmatter dynamics as a substantial tool for forest ecosystemmodeling[J]. Ecol. Model. 2001, 138, 289 – 308.

Coleman, K. & Jenkinson, D. S. RothC – 26. 3 – A Model for the turnover of carbon in soil: Model description and windows users guide : November 1999 issue[J]. Lawes Agricultural Trust Harpenden. 1999, ISBN 0 951 445685.

Curran PJ, Dungan JL, Gholz HL. Seasonal LAI in slash pine estimated with Landsat TM [J]. Remote Sensing of Environment. 1992, 39(1): 3 – 13.

Curtis RO, Clendenen GW, Reukema DL, et al. A new stand simulator for coastal Douglas – fir: DFSIM user' guide[J]. USDA For Ser Gen Tech Rep PNW – 128. 1981: 79.

Davidson EA, JanssensI A. Temperature sensitivity of soil carbon decomposition and feedbacks to climate change[J]. Nature. 2006, 440(7081): 165 – 173.

Davidson, E. A. &Janssens, I. A. Temperature sensitivity of soil carbon decomposition and feedbacks to climate change[J]. Nature 440, 165 – 173 (2006).

Delhomme, Jp. Kringing in the hydrosciences[J]. Advances in water resources 1, 251 – 266 (1978).

Després T, Asselin H, Doyon, F, et al. Structural and Spatial Characteristics of Old – Growth Temperate Deciduous Forests at Their Northern Distribution Limit[J]. Forest Science. 2014, 60(5): 871 – 880.

Dray, J. R. , Gorhazn, E. Litter production in forests of the world[J]. Ady. Res. 2: 101 – 157 (1964).

Dunn AL, Barford CC, Wofsy SC, et al. Along – term record of carbon exchange in a boreal black spruce forest: means, responses to interannual variability, and decadal trends [J]. Global Change Biol. 2007, 13(3): 577 – 590

Fahey TJ, Woodbury PB, Battles JJ, et al. Forest carbon storage: ecology, management, and policy[J]. Frontiers in Ecology and the Environment. 2010, 8(5): 245 – 252.

Falloon, p. & Smith, p. Simulating SOC changes in long – term experiments with RothC and CENTURY: model evaluation for a regional scale application[J]. Soil Use and Management 18, 101 – 111 (2002).

Fang JY, Chen AP, Peng CH, et al. Changes in forest biomass carbon storage in China between 1949 and 1998[J]. Science. 2001, 292: 2320 – 2322.

Fang JY, Liu GH, Xu SL. Forest biomass of China: an estimation based on the biomass – volume relationship[J]. Ecol Appl, 1998, 8: 1084 – 1091.

Friedl MA, Davis FW, Michaelsen J, et al. Scaling and uncertainty in the relationship between the NDVI and land surface biophysical variables: Ananalysis using ascene simulation model and data from FIFE[J]. Remote Sensing of Environment. 1995, 54(3): 233 – 246.

Friend AD, Arneth A, Kiang NY, et al. FLUXNET and modeling the global carbon cycle [J]. Global Change Biol. 2007, 13(3): 610 – 633

Fu BJ, Li SG, Yu XB, et al. Chinese ecosystem research network: progress and perspectives

[J]. Ecol Complex. 2010, 7: 225 - 33.

García M, Fiano D, Chuvieco E, et al. Estimating biomass carbon stocks for a Mediterranean forest in central Spain using LiDAR height and intensity data[J]. Remote Sens. Environ. 2010, 114, 816 - 830.

Guo LB, Gifford RM. Soil carbon stocks and land use change: a meta - analysis[J]. Global Change Biology. 2002, 8(4): 345 - 360.

Guo ZD, Fang JY, Pan Y, et al. Inventory - based estimates of forest biomass carbon stocks in China: A comparison of three methods[J]. Forest Ecol. Manag. 2010, 259, 1225 - 1231.

Guo ZD, Hu HF, Li P, et al. Spatio - temporal changes in biomass carbon sinks in China's forests from 1977 to 2008[J]. Sci. China Life Sci. 2013, 56, 661 - 671.

Hame T, Salli A, Andersson K, et al. A new methodology for the estimation of biomass of conifer dominated boreal forest using NOAA AVHRR data[J]. Photogrammetric Engineering and Remote Sensing. 1997, 18(15): 11 - 32.

Hashimoto, S., Ugawa, S., Morisada, K., Wattenbach, M., Smith, p. & Matsuura, Y. Potential carbon stock in Japanese forest soils - simulated impact of forest management and climate change using the CENTURY model[J]. *Soil Use and Management* 28, 45 - 53(2012).

He H, Zhang L, et al. Regionalrepresentativeness assessment and improvement of eddy flux observations in China[J]. Science of the Total Environment. 2015, 1: 688 - 698.

Hengl, T., Heuvelink, G. & Rossiter, D. G. About regression - kringing: From equations to case studies[J]. Computers & Geosciences 33, 1301 - 1315 (2007).

Houghton RA. Changes in the storage of terrestrial carbon since 1850. In: Soil and Global Change[J]. Boca Raton, Florida: CRC Press. 1995, 45 - 65.

Houghton, R. A. Land - use change and the carbon cycle[J]. Global Change Biology 1, 275 - 297 (1995).

Imhoff ML. Radar backscatter and biomass saturation: Ramifications for global biomass inventory [J]. IEEE Transactions on Geoscience and Remote Sensing. 1995, 33(2): 511 - 518.

IPCC (2013) Climate change 2013: the physical science basis. In: Contribution of Working Group I to the Fifth Assessment Report of the Intergovernmental Panel on Climate Change (eds Stocker TF, Qin D, Plattner GK, Tignor M, Allen SK, Boschung J, Nauels A, Xia Y, Bex V, Midgley PM), pp. 507 - 508. Cambridge University Press, Cambridge, United Kingdom and New York, NY, USA.

Janssens IA, Freibauer A, Ciais P, et al. Europe's terrestrial biosphere absorbs 7 to 12% of European anthropogenic CO_2 emissions[J]. Science. 2003, 300: 1538 - 1542.

Jenkinson, D. S., Hart, P. B. S., Rayner, J. H. & Parry, L. C. Modelling the turnover oforganicmatter in long - term experiments at Rothamsted[J]. INTECOL Bulletin. 1987, 15: 1 - 8.

Jobbágy, E. G. & Jackson, R. B. The vertical distribution of soil organic carbon and its relation to climate and vegetation[J]. Ecological Application 10, 423 - 436 (2000).

José de Jesús Návar Cháidez. Allometric equations and expansion factors for tropical dry forest trees of eastern sinaloa, mexico[J]. Tropical and Subtropical Agroecosystems. 2009, 10: 45 – 52.

Karczmarski J. Dbh distribution structure in natural spruce stands on the upper montane belt in the Tatra and Beskid mountains in respect to the stages and phases of virgin type forest development [J]. Sylwan. 2005, 149: 12 – 33.

Karhu, K., Wall, A., Vanhala, P., Liski, J., Esala, M. & Regina, K. Effects of afforestation and deforestation on boreal soil carbon stocks—comparison of measured C stocks with Yasso07 model results[J]. *Geoderma*164, 33 –45(2011).

Karjalainen, T., Nabuurs, G. J., Pussinen, A., Liski, J., Erhard, M., Sonntag, M. & Mohren, F. An approach towards an estimate of the impact of forest management and climate change on the European forest sector carbon budget[J]. For. Ecol. Manage162, 87 – 103 (2002).

Komarov, A., Chertov, O., Zudin, S., Nadporozhskaya, M., Mikhailov, A., Bykhovets, S., Zudina, E. &Zoubkova, E. EFIMOD2 – amodel of growth and cycling of elements in borealforest ecosystems[J]. *Ecological modelling* 170, 373 – 392 (2003).

Kuzyakov Y. Sources of CO_2 efflux from soil and review of partitioning methods[J]. Soil Biology and Biochemistry. 2006, 38(3): 425 –448.

Lal R. Soil management and restoration for C sequestration to mitigate the accelerated greenhouse effect[J]. Prog Environ Sci. 1999, 1: 307 – 326

Law BE, Falge E, Gu L, et al. Environmental controls over carbon dioxide and watervaporexchangeofterrestrialvegetation[J]. AgricForMeteorol. 2002, 113(1 – 4): 97 – 120

Lehtonen A, Cienciala E, Tatarinov F, et al. Uncertainty estimation of biomass expansion factors for Norway spruce in the Czech Republic[J]. Annals of Forest Science. 2007, 64: 133 – 140

Letoan T, Beaudoin A, Riom J, et al. Relating forest biomass to SAR data[J]. IEEE Transactions on Geoscience and Remote Sensing. 1992, 30(2): 403 – 411.

Li P, Zhu J, Hu H, et al. The relative contributions of forest growth and areal expansion to forest biomass carbon sinks in China[J]. Biogeosciences Discuss. 2015, 12, 9587 – 9612.

Lima RAF, Batista JLF, Prado, PI. Modeling tree diameter distributions in natural forests: An evaluation of 10 statistical models[J]. Forest Science. 2015, 61: 320 – 327.

Lin DM, Lai JS, Muller – Landau HC, et al. Topographic variation in abovegroundbiomass in a subtropical evergreen broad – leaved forest in China[J]. PLoS ONE. 2012, 7(10): e48244.

Liski, J., Nissinen, A. R. I., Erhard, M. & TASKINEN, O. Climatic effects on litter decomposition from arctic tundra to tropical rainforest[J]. *Global Change Biology* 9, 575 – 584 (2003).

Liski, J., Palosuo, T., Peltoniemi, M. & Sievanen, R. Carbon and decomposition model Yasso for forest soils[J]. Ecological Modelling189, 168 – 182 (2005).

Litton C M, Raich J W, Ryan M G. Carbon allocation in forest ecosystems[J]. Global Change Biology. 2007, 13(10): 2089 – 2109.

Luckman A, Baker J, Honzak M, et al. Tropical forest biomass density estimation using

JERS – 1 SAR: Seasonal variation, confidence limits, and application to image mosaics[J]. Remote Sensing of Environment. 1998, 63(2): 126 – 139.

Luyssaert S, Inglima I, Jung M, et al. CO_2 balance of boreal, temperate, and tropical forests derived from a global database[J]. Global Change Biology. 2007, 13(12): 2509 – 2537.

Maltamo M. Comparing basal area diameter distributions estimated by tree species and for the entire growing stock in a mixed stand[J]. Silva Fennica. 1997, 31: 53 – 65.

Marland G, Andres RJ, Boden TA. Global, regional, and national CO_2 emissions. In: Boden TA, Kaiser DP, Sepanski RJ, eds. Trends'93: a compendium of data on global change [J]. ORNL/CDIAC – 65. OakRidge: Carbon Dioxide Information Analysis Center, Oak Ridge National Laboratory. 1994. 505 – 584

Milena S, Markku K. Allometric Models for Tree Volume and Total Aboveground Biomass in a Tropical Humid Forest in Costa Rica[J]. Biotropica. 2005, 37(1): 2 – 8.

Nanang DM. Suitability of the Normal, Log – normal and Weibull distribution for fitting diameter distribution of Neem plantations in Northern Ghana[J]. Forest Ecology and Management. 1998, 103: 1 – 7.

Nieto, O. M. , Castro, J. , Fernández, E. , & Smith, p. Simulation of soil organic carbon stocks in a Mediterranean olive grove under different soil-management systems using the RothC model [J]. *Soil Use and Management* 26, 118 – 125(2010).

O'Rourke, S. M. , Angers, D. A. , Holden, N. M. &McBratney, A. B. Soil organic carbon across scales[J]. Global change biology 21, 3561 – 3574 (2015).

Pacala SW, Hurtt GC, BakerD, et al. Consistentland – and atmosphere – based US carbon sink estimates[J]. Science. 2001, 292: 2316 – 2320.

Pan Y, Birdsey RA, Fang JY, et al. A large and persistent carbon sink in the world's forests [J]. Science. 2011, 333: 988 – 993.

Pan, Y. D et al. A Large and Persistent Carbon Sink in the World's Forests[J]. Science 333, 988 – 993 (2011).

Parton, W. J. & Rasmussen, p. E. Long – term effects of crop management in wheat/fallow: II. CENTURY model simulations [J]. Soil Science Society of America Journal 58, 530 – 536 (1994).

Parton, W. J. , McKeown, B. , Kirchner, V. & Ojima, D. S. CENTURY Users Manual [J]. Colorado State University, NREL Publication, 1992, Fort Collins, Colorado, USA.

Parton, W. J. , Schimel, D. S. , Cole, C. V. , & Ojima, D. S. Analysis of factors controlling soil organic matter levels in Great Plains grasslands[J]. Soil Science Society of America Journal 51, 1173 – 1179 (1987).

Paul – Limoges E, Black TA, Christen A, et al. Effect of clearcut harvesting on the carbon balance of a Douglas – fir forest[J]. Agric. For. Meteorol. 2015, 203, 30 – 42.

Peter H, Ross N, Dan K, et al. Exploring LiDAR – RaDAR synergy – predicting aboveground biomass in a southwestern ponderosa pine forest using LiDAR, SAR andInSAR[J]. Remote Sensing of Environment. 2007, 106(1): 28 – 38.

Post, W M., Mann, L K. Changes in soil organic carbon and nitrogen as a result of cultivation [M]∥BOUWMAN A F. Soils and the Greenhouse Effect[J]. England: John Wiley & Sons, 1990: 410 – 416.

Raich, J. W. & Schlesinger, W. H. The global carbon dioxide flux in soil respiration and its relationship to vegetation and climate[J]. Tellas 44B, 81 – 99 (1992).

Rodin, L. E. Production mineral cycling in terrestrial vegetation [J]. Transl. Scripat. Technieal. 1967, London: Oliver and Boyd, 288.

Ross F, Nelson P H, Patrick J, et al. Investigating RaDAR – LiDAR synergy in a north Carolina pine forest[J]. Remote Sensing of Environment. 2007, 110(1): 98 – 108.

Shaban S. Non – parametric forest attributes estimation using Lidar and TM data[J]. 32nd Asian Conference on Remote Sensing. 2011, (2): 887 – 893.

Siipilehto J. Improving the Accuracy of Predicted Basal – area Diameter Distribution in Advanced Stands by Determining Stem Number[J]. Silva Fennica. 1999, 33(4): 281 – 301.

Skjemstad, J. O., Spouncer, L. R., Cowie, B. & Swift, R. S. Calibration of the Rothamsted organic carbon turnover model (RothC ver. 26. 3), using measurable soil organic carbon pools [J]. Australian Journal of Soil Research 42, 79 – 88 (2004).

Song C, Dannenberg MP, Hwang T. Optical remote sensing of terrestrial ecosystem primary productivity, Prog[J]. Phys. Geogr. 2013, 37(6), 834 – 854.

Sukwong S, Frayer, WE, Mogren, EW. Generalized Comparisons of the Precision Fixed – Radius and Variable – Radius Plots for Basal – Area Estimates [J]. Forest Science. 1971, 17: 263 – 271.

Thomas V, Treitz P, Mccaughey J H, et al. Mapping stand – level forest biophysical variables for a mixedwood boreal forest using lidar: An examination of scanning density [J]. Can J For Res. 2006, 36(1): 34 – 47.

Thurner M, Beer C, Santoro M, et al. Carbon stock and density of northern boreal and temperate forests[J]. Glob. Ecol. Biogeogr. 2014, 23, 297 – 310.

Tuomi, M., Rasinmäki, J., Repo, A., Vanhala, p. & Liski, J. Soil carbon model Yasso07 graphical user interface[J]. *Environmental Modelling & Software*26, 1358 – 1362(2011).

Turner DP, Koepper GJ, Harmon ME, et al. A carbon budget for forests of the conterminous United States[J]. Ecological Applications, 1995, 5: 421 – 436.

Valentini R, Matteucci G, Dolman AJ, et al. Respiration as the main determinant of carbon balance in European forests[J]. Nature. 2000, 404: 861 – 865.

Vashum KT, Jayakumar S. Methods to Estimate Above – Ground Biomass and Carbon Stock in Natural Forests – A Review[J]. J Ecosyst Ecogr. 2012, 2: 116.

Wang W, Liao YC, Wen XX, Guo Q. Dynamics of CO_2 fluxes and environmental responses in the rain – fed winter wheat ecosystem of the Loess Plateau, China [J]. Sci Total Environ. 2013, 461 – 462: 10 – 8.

Wang, S. , Huang, M. , Shao, X. , Mickler, R. A. , Li, K. & Ji, J. Vertical distribution of soil organic carbon in China [J]. Environmental management 33, S200 – S209 (2004).

Weiskittel AR, MacFarlane DW, Radtke PJ, et al. A call to improve methods for estimating tree biomass for regional and national assessments [J]. J. For. 2015, 113(4), 414 – 424.

Wofsy SC, Goulden ML, Munger JW, et al. Net exchange of CO_2 in amid – latitude forest [J]. Science. 1993, 260: 1314 – 1317.

Wulder MA, Han T, White JC, et al. Integrating profiling LIDAR with Landsat data for regional boreal forest canopy attribute estimation and change characterization [J]. Remote Sensing of Environment. 2007, (11): 123 – 137.

Wulder MA, White JC, Nelson RF, et al. Lidar sampling for large – area forest characterization: A review [J]. Remote Sens. Environ. 2012, 121, 196 – 209.

Yang, Y. , Mohammat, A. , Feng, J. , Zhou, R. , & Fang, J. Storage, patterns and environmental controls of soil organic carbon in China [J]. *Biogeochemistry* 84, 131 – 141(2007).

Yokozawa, M. , Shirato, Y. , Sakamoto, T. , Yonemura, S. , Nakai, M. & Ohkura, T. Use of the RothC model to estimate the carbon sequestration potential of organic matter application in Japanese arable soils [J]. Soil Science and Plant Nutrition 56, 168 – 176 (2010).

Yu GR, Zhu XJ, Fu YL, et al. Spatial pattern and climate drivers of carbonfluxes in terrestrial ecosystems of China [J]. Glob Chang Biol. 2013, 19(3): 798 – 810.

Zeng WS. Development of monitoring and assessment of forest biomass and carbon storage in China [J]. Forest Ecosystems. 2014, 1, 20.

Zhang C, Ju W, Chen JM, et al. China's forest biomass carbon sink based on seven inventories from 1973 to 2008 [J]. Clim. Change. 2013, 118, 933 – 948.

Zhang L, Kevin CP, Chuanmin LA. Comparison of Estimation Methods for Fitting Weibull and Johnson's SB Distributions to Mixed Spruce – fir Stands in Northeastern North America [J]. Can. J. For. Res. 2003, 33: 1340 – 1347.

Zhang LY, Deng XW, Lei XD, et al. Determining stem biomass of Pinus massoniana L. through variations in basic density [J]. Forestry. 2012, 85: 601 – 609.

Zöhrer F. Ausgleich von Haufigkeitsverteilungen mit Hilfeder Beta – Funktion [J]. Forstarchiv. 1969, 40(3), 37 – 42.

第三篇　森林碳计量应用研究

第九章　四川省森林碳计量

第一节　四川省自然地理概况

一、地理位置与气候特征

四川省简称"川"或"蜀"，省会成都，位于我国西南地区、长江上游，在东经 97°21′~108°31′，北纬 26°03′~34°19′之间。北连青海、甘肃、陕西三省，东邻重庆市，南接云南省、贵州省，西与西藏藏族自治区相接。四川辖区面积 48.6 万平方公里，居中国第 5 位，辖 21 个市(州)，183 个县(市、区)。

四川省的纬度位置在亚热带，地带性气候是亚热带气候类型。总的特点是：区域气候差异显著，东部冬暖、春旱、夏热、秋雨、多云雾、少日照、生长季长，西部则寒冷、冬长、基本无夏、日照充足、降水集中、干雨季分明；山地气候垂直变化大，比如贡嘎山位于大渡河西侧，岭谷相对高差 6200m 以上；季节性气候地域特色鲜明；气候类型多，有利于农、林、牧综合发展；气象灾害种类多，发生频率高，范围大，主要是干旱，暴雨、洪涝和低温等也经常发生。

全省太阳总辐射西部高于东部，川西一般年总辐射 4500~6000 MJ/m²，中西北部在 6000 MJ/m²，川西南区 4000~6000 MJ/m²，盆地区大部分在 4000 MJ/m² 以下。年日照时数在 800~2700h 之间。东部盆地全年日照 900~1600h，是全国日照最少的地区。在地域上由西向东递增：盆西 900~1200h，盆中 1200~1400h，盆东 1400~1600h。在时间上，春夏多于秋冬，盛夏最多。

四川省年均气温自东南往西北迅速降低，与海拔和纬度显著相关。年温度最高的在川西南区的攀枝花 20.3℃，四川盆地南部次之，18~19℃。最低的地区在川西南高原的石渠、色达一带，0℃以下。四川省降水分布，从区域看，暖区多雨，冷区少雨。全省年均降雨量大部分在 561~1339mm。东部盆地年降水量900~1200mm。但在地域上，盆周多于盆底，盆西缘山地是全省降雨最多之地，为1300~1800mm；次为盆东北和东南缘山地，为1200~1400mm；盆中丘陵区降雨最少，为800~1000mm。在季节上，冬干夏雨，雨热同期。冬季(12~2月)降水最少，占全年总雨量的3%~5%，夏季(5~10月)降水最多，占全年总雨量的80%。

二、植被特征

四川省树种和森林资源十分丰富。原产树木近3200种，750余亚种、变种和变型，约占全国树木种数的2/5，544属，119科(杨钦周，1997)。蕨类植物1科1属1种，裸子植物8科27属90多种，被子植物109科487属3100多种。总体上，四川属亚热带山地型森林，森林类型多样性丰富，多达100个群系。从区域上可分为：盆地内部马尾松柏木疏林地区，盆地北缘山地常绿栎类的落叶阔叶林区，盆地南缘山地湿性常绿栎林区，盆地西南缘山地干性常绿松栎林区，川西冷云杉林区，川西北高原灌丛草甸地带。西北部高原区多为草甸或稀疏灌丛，局部阴坡地段有冷云杉分布。四川盆地东部地层，自第三纪以来，未经剧烈变动，因而保存了世界上其他地区早已绝种的一些古老植物(如水杉、银杉)和一些单种属或少种属古老、孤立的类型。

四川省森林所产属、种之中，以四川松杉类植物种类最多，位居全国各省区之首。共计9属49种，杉科4属64种，柏科6属18种。堪称"针叶树王国"。四川东部地区单科属与古特属丰富，是世界松杉植物残遗中心，西部以冷杉属、云杉属与圆柏属为主。大面积的典型常绿阔叶针叶林分布在小凉山山区，是我国西部中亚热带主要的湿润常绿阔叶林区。该区常绿林分布辽阔，垂直分布之高，幅度之大远非同类林区所比。四川灌木林占全国灌木林面积的25.19%，占全省林业用地的32.21%，防护面积远远超过现有的防护林，在森林资源中占有重要地位。此外，还有药用、花卉、饲料、薪材、油料、肥料、编织以及绿化和美化环境等多种经济社会效益。相对稳定的灌木林按照生态习性可以分为四个类型，即杜鹃花灌木、高山栎灌木、柳树灌木以及地盘松群落。

四川省的竹类初步统计有11属，65个种、变种或变型，约占全国竹林的1/3。集中成片的大中径竹林210万亩，94亿竹，散生近50亿竹，小径竹林远远超过大中径竹林。西部高原区的竹类主要分布在米易、渡口、西昌等亚热带地区。康定、雅江暖温带、温带局部地区有复轴型的箭竹属片林分布。主要代表种属都是夏季出笋的合轴型。如麻竹，牡竹，薄竹、滇竹、黄竹、龙竹、慈竹等。东部盆地区的竹林广泛分布合、夏、单轴型竹种，为丛、混、散生竹混合区。盆地四周为高山脉环抱，是竹类天然繁衍的优良场所，各径型竹种生长良好，分布普遍，资源丰富，竹种较多，特产种已知有茨竹、料慈竹、黄毛竹、月月竹、金佛山方竹、四川方竹、金佛山赤竹、丰实箭竹、四川刚竹、矮悠竹等十余种。

三、地质地貌

四川省位于我国西部，地跨青藏高原、云贵高原、横断山脉、秦巴山地、四川盆地等几大地貌单元，地势西高东低，由西北向东南倾斜。地形复杂多样。最高点是西部横断山脉的主峰贡嘎山，海拔 7556m。最低点在南边泸州市合江县的长江之滨，海拔约 220m。以龙门山—大凉山一线为界，东部为四川盆地平原丘陵区，盆周山区，西部为川西高山高原及川西南山地区（图 9-1）。四川盆地是我国四大盆地之一，面积 17 万平方千米，海拔300 ~ 700m，四周为海拔 1000 ~ 4000m 的山地所环抱。四川盆地边缘地区地形以山地为主，山地面积占总面积的 93%。其中，又以海拔 1500 ~ 3000m 的中低山地为主，占山地面积的 96% 左右。川西南山地区位于青藏高原东部横

图 9-1　四川省地貌分区图

断山系中段，地貌类型为中山峡谷。全区 94% 的面积为山地，且多为南北走向，两山夹一谷。山地海拔多在 3000m 左右，个别山峰超过了 4000m。川西北高原地区为青藏高原东南缘和横断山脉的一部分，地面海拔 4000 ~ 4500m，分为川西北高原和川西山地两部分。

第二节　基于 IPCC 第二层次方法的碳计量

一、研究背景

IPCC 制定的《国家温室气体清单指南》作为国际性指导文件，提供了 3 个层次温室气体清单编制方法的基本框架，即 3 个层次方法学。推荐的 3 个层次方法学具有高质量详细数据的缔约方可选择较高层次的方法，使不确定性得以降低。数据缺乏甚至没有数据的缔约方也可根据国际上统计或估计的活动水平数据和默认的排放/清除因子或参数，完成 LULUCF 计量。目前，大部分附件 I 国家对森林及其与森林有关的土地利用变化使用了 Tier2 和 Tier3 方法以及国家参数。3 个层次的计量方法分别简述如下：

T1：采用 IPCC – 1996 – LUCF 的方法学及其提供的或 IPCC – GPG – LU-LUCF 更新的排放/清除因子和参数的缺省值。使用的活动水平数据通常来自国际或国家级的估计或统计数据；

T2：采用类似 T1 的方法学，但采用具有较高分辨率的本国活动水平数据和排放/清除因子或参数；T2 也可采用基于国别数据的方法学。活动水平和排放参数数据通常是基于本国不同地区和土地利用类型的数据；

T3：采用专门的国家碳计量系统或模型工具，活动数据基于高分辨率的数据，包括地理信息系统和遥感技术的应用。

基于 IPCC 的碳储量变化计量方法如下：

碳储量变化为不同地类碳储量变化之和，即：

$$\Delta C = \Delta C_{FL} + \Delta C_{CL} + \Delta C_{CL} + \Delta C_{WL} + \Delta C_{SL} + \Delta C_{OL}$$

式中：ΔC 为碳储量变化，下标 FL、CL、GL、WL、SL 和 OL 分别表示有林地、农地、草地、湿地、建设用地和其他等土地利用类型。

每一地类碳储量变化为该地类各子类碳储量变化之和，即：

$$\Delta C_{LU} = \sum_I \Delta C_{LU}$$

式中：ΔC_{LU} 为某地类（LU）的碳储量变化量；下标 i 为 LU 中的子地类

（包括不同的气候、土壤、植被类型、管理措施等）。

某子地类的碳储量变化为各碳库中碳储量变化之和，即：

$$\Delta C_{LU_i} = \Delta C_{AB} + \Delta C_{BB} + \Delta C_{DW} + \Delta C_{LI} + \Delta C_{SOC} + \Delta C_{HWP}$$

式中：下标 AB、BB、DW、LI、SOC 和 HWP 分别表示地上生物量、地下生物量、死木、凋落物和木质林产品。

有两种方法估计每个碳库的碳储量变化，即基于过程的方法和基于储量的方法：

（1）基于过程的方法：通量法

$$\Delta C = \Delta C_G - \Delta C_L$$

式中：ΔC_G 为年碳增量（tC/a）；ΔC_G 为年碳损失量（tC/a）。

（2）基于储量的方法：储量差额法

$$\Delta C = \frac{(C_{t_2} - C_{t_1})}{(t_2 - t_1)}$$

式中：t_1、t_2 和 C_{t_1}、C_{t_2} 分别为时间点和的碳储量。

二、基础数据及融合

（一）森林资源连续清查体系

四川省森林资源连续清查体系始于 1979 年，采用抽样调查理论，按系统布设、机械抽样在全省统一布设地面固定样地并实地调查，依据调查结果进行全省总体推算。为了确保调查精度和成果质量，初建体系时布设了 1/3 的临时样地，经后期连续 2 次复查验证（1988 年和 1992 年的第一次、第二次复查），取消临时样地同样能够达到预期抽样精度，自第 3 次复查起，全省抽样不再使用临时样地，地面调查只完成原来布设的固定样地调查工作，之后严格按 5 年 1 次的频率定期于 1997 年、2002 年、2007 年和 2012 年连续进行了第 3、第 4、第 5 和第 6 次复查，地面固定样地数量由初建体系的 23588 个逐渐稳定为 10098 个，样地间距稳定为 4×8km 和 8×8km（平均 6×8km）2 种间距。

（二）土地分类与融合

（1）森林资源连续清查土地分类

四川省森林资源连续清查土地分类分为林地和非林地两大类，其中林地包括有林地、疏林地、灌木林地、未成林地、苗圃地、无立木林地、宜林地以及林业辅助生产用地，非林地包括指林地以外的地类，各地类分类标准及定义详见《四川省森林资源连续清查实施细则》（1988、1992、1997、2002、

2007、2012)(表9-1)。

表 9-1　森林资源连续清查土地类型

一级	二级	三级	四级
林地	有林地	乔木林	针叶林
			阔叶林
			混交林
			人工栽培矮化林
			株数确定
		竹林	散生型
			丛生型
			混生型
	疏林地		
	灌木林地	国家特别规定灌木林地	
		其他灌木林地	
	未成林地	未成林造林地	
		未成林封育地	
	苗圃地		
	无立木林地	采伐迹地	
		火烧迹地	
		其他无立木林地	
	宜林地	宜林荒山荒地	
		宜林沙荒地	
		其他宜林地	
	林业辅助生产用地		
非林地	耕地		
	牧草地		
	水域		
	未利用地		
	建设用地	工矿建设用地	
		城乡居民建设用地	
		交通建设用地	
		其他用地	

（2）IPCC 指南土地分类

IPCC 制定的《国家温室气体清单指南》约定土地类型有 6 大类型，分别是林地、农田、草地、湿地、建设用地和其他土地；每一地类进一步划分为现有地类和其他地类转化为该地类两个子类：林地包括现有林地（FF）和其他五个地类转化为林地（LF）；农地包括现有农地（CC）和其他五个地类转化为农地（LC）；草地包括现有草地（GG）和其他五个地类转化为草地（LG）；湿地包括现有湿地（WW）和其他五个地类转化为湿地（LW）；建设用地包括现有建设用地（SS）和其他五个地类转化为建设用地（LS）；其他土地包括现有其他土地（OO）和其他五个地类土地转化为其他土地（LO），其土地利用转移矩阵见表 9-2。

表9-2　土地利用和土地利用变化矩阵

	林地	农地	草地	湿地	建设用地	其他
林地	5. A. 1 FF	5. B. 2. 1 FC	5. C. 2. 1 FG	5. D. 2. 1GW	5. E. 2. 1FS	5. F. 2. 1FO
农地	5. A. 2. 1 CF	5. B. 1 CC	5. C. 2. 2 CG	5. D. 2. 2CW	5. D. 2. 2CS	5. F. 2. 2CO
草地	5. A. 2. 2 GF	5. B. 2. 2 GC	5. C. 1 GG	5. D. 2. 3GW	5. D. 2. 3GS	5. F. 2. 3GO
湿地	5. A. 2. 3 WF	5. B. 2. 3WC	5. C. 2. 3WG	5. D. 1WW	5. D. 2. 4WS	5. F. 2. 4WO
建设用地	5. A. 2. 4SF	5. B. 2. 4 SC	5. C. 2. 4 SG	5. D. 2. 4SW	5. E. 1 SS	5. F. 2. 5 SO
其他	5. A. 2. 5 OF	5. B. 2. 5 OC	5. C. 2. 5 OG	5. D. 2. 5OW	5. D. 2. 5OS	5. F. 1 OO

（3）土地分类体系融合

为满足 IPCC 第二层次方法学对林业碳汇/源计量的需要，同时又反映我国林业调查实际情况，对 IPCC 指南约定和森林资源连续清查中土地分类进行归并、融合，不同地类之间的归并关系见图 9-2。

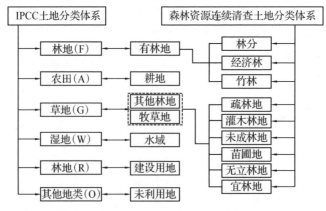

图9-2　IPCC 不同地类之间的归并关系

（4）各类林木蓄积与碳库

在开展森林资源连续清查地面固定样地调查时，凡是样地内的林木（含竹，胸径≥5.0cm）都需逐株进行每木检尺，调查林木类型、检尺类型以及树种、胸径、平均木树高等基本信息。通过样地每木检尺汇总到样地，再按抽样方法统计全省总体各类林木蓄积总量及其抽样精度。

①树木（竹）立木类型划分

林木：生长在有林地、疏林地上的林木；

散生木：指生长在竹林、灌木林地、未成林地、无立木林地、宜林地以及幼、中林上层不同世代的高大树木（霸王木等）；

四旁树：指生长在非林地中的村（宅）旁、水旁、路旁、田旁的零星（连续面积小于0.0667hm²）树木。

②树木（竹）检尺类型划分

虽然在森林资源连续清查地面固定样地每木（竹）检尺分类中，对树木（竹）分类很详细，但总体上可以归纳为下述5类：

保留木：前期调查为活立木，本期调查时仍为活立木的树木（竹）；

进界木：前期调查不够检尺起测胸径（5cm），本期调查已生长到够检尺胸径的树木（竹）；

枯立木：前期调查为活立木，本期调查时已枯死的树木（竹）；

采伐木：前期调查为活立木，本期调查时已被采伐的树木（竹）；

枯倒木：前期调查为活立木，本期调查时已枯死的倒木（竹）。

（5）各类蓄积碳库归类

根据森林资源连续清查立木类型、每木检尺分类，结合IPCC碳库分层要求，将林木（竹）碳库分为两大类，即活立木碳库和枯倒木碳库。对四旁树、散生木而言，按检尺类型为保留木和进界木归分别为四旁树碳库和散生木碳库。IPCC碳库分类与森林资源连续清查蓄积类别的关系详见图9-3。

（二）森林资源规划设计调查地类划分标准

使用文献档案调研法、趋势分析法对森林资源连续清查成果数据进行统一处理和分析，使之满足林业碳汇/源计量基本要求，具体处理过程和方法下：

1. 林地

（1）有林地：连续面积大于0.0667hm²、郁闭度0.20以上、附着有森林植被的林地，包括乔木林和竹林。乔木林：由乔木（含因人工栽培而矮化

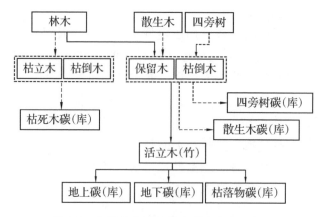

图9-3　各类林木(竹)蓄积碳库分类示意图

的)树种组成的片林或林带。其中,乔木林带行数应在2行以上且行距≤4m或林冠幅水平投影宽度在10.0m以上;当林带的缺损长度超过林带宽度3倍时,应视为两条林带;两平行林带的带距≤8m时按片林调查。包括郁闭度达不到0.20,但已到成林年限且生长稳定,保存率达到80%(热带亚热带岩溶地区、干热(干旱)河谷地区为65.0%)以上人工起源的乔木林。竹林:附着有胸径2.0cm以上的竹类植物的林地。

(2)疏林地:附着有乔木树种,连续面积大于0.0667hm²、郁闭度在0.10～0.19之间的林地。

(3)灌木林地:附着有灌木树种或因生境恶劣矮化成灌木型的乔木树种以及胸径小于2.0cm的小杂竹丛,以经营灌木林为目的或起防护作用,连续面积大于0.0667hm²、覆盖度在30%以上的林地。其中,灌木林带行数应在2行以上且行距≤2.0m;当林带的缺损长度超过林带宽度3倍时,应视为两条林带;两平行灌木林带的带距≤4.0m时按片状灌木林调查。

(4)其他林地:其他林地包括未成林地、苗圃地、无立木林地和宜林地以及林业生产辅助用地等林地类型。未成林造林地:人工造林(包括植苗、穴播或条播、分殖造林)和飞播造林(包括模拟飞播)后不到成林年限,造林成效符合下列条件之一,分布均匀,尚未郁闭但有成林希望的林地;或采取封山育林或人工促进天然更新后,不超过成林年限,天然更新等级中等以上,尚未郁闭但有成林希望的林地。苗圃地:固定的林木、花卉育苗用地,不包括母树林、种子园、采穗圃、种质基地等种子、种条生产用地以及种子加工、储藏等设施用地。无立木林地:包括采伐后保留木达不到疏林地标准、尚未人工更新或天然更新达不到中等等级的采伐迹地；或火灾后活立木达不到疏林地标准、尚未人工更新或天然更新达不到中等等级的火烧迹地等林地。宜林地：包括经县级以上人民政府规划为林地的土地。辅助生产林地：直接为林业生产服务的工程设施与配套设施用地和其他有林地权属证明的土地。

2. 非林地

指林地以外的耕地、牧草地、水域、未利用地和建设用地。但由于老百姓自发造林、种植结构调整等形成的有林地按林地中有林地调查。

3. 森林资源规划设计调查小班划分条件

小班是森林资源规划设计调查、统计和经营管理的基本单位，小班划分尽量以明显地形地物界线为界，同时兼顾资源调查和经营管理的需要考虑下列 15 类基本条件。权属不同、森林类别及林种不同、生态公益林的事权与保护等级不同、林业工程类别不同、地类不同、起源不同、优势树种（组）比例相差二成以上、VI 龄级以下相差一个龄级、VII 龄级以上相差二个龄级、商品林郁闭度相差 0.20 以上，公益林相差一个郁闭度级，灌木林相差一个覆盖度级、立地类型（或林型）不同、经济林产期不同、坡度级不同、坡向不同、用材林近成过熟林的出材等级相差一级、珍贵稀有或古代孑遗树种。

4. 森林资源规划设计调查精度要求

（1）林地面积精度

视开展森林资源规划设计调查的区域国家基本比例尺地形图详细程度不同，森林资源规划设计调查面积精度要求分为两类情景。一是图面面积在 150.0mm^2 以下（包括）的面积精度要求 85.0% 以上；二是图面面积大于 150.0mm^2，要求精度达到 90% 以上。

（2）蓄积精度

蓄积精度要求至少达到 75.0% 以上，一般调查都要求在 85.0% 以上，包括以下 3 类情景：以商品林为主的经营单位或县级行政单位为 80%～90.0%。幼中林、疏林地为主的精度为 80.0%，近成过熟林为主的精度为 90.0%；以公益林为主的经营单位或县级行政单位为 75%～85.0%；幼中林、疏林地为主的精度为 75.0%，近成过熟林为主的精度为 85.0%；自然保护区、森林公园为 70%～80.0%，幼中林、疏林地为主的精度为 70.0%，近成过熟林为主的精度为 80.0%。

（三）计量方法与参数

1. 林分

（1）生物量碳储量

使用生物量转换与扩展因子（BCEF）法，将资源清查获得的蓄积量，利用下式转化为生物量：

$$B_{TREE,j,t} = \sum_k B_{TREE,AB,j,k,t} \cdot (1 + R_j) \cdot A_{j,k}$$

$$\ln(B_{TREE,AB,j,k,t}) = a_j \cdot \ln(V_{TREE,j,k,t}) + b_j$$

式中：$B_{TREE,j,t}$ t 年时，树种组 j 的生物量（t）；$B_{TREE,AB,j,k,t}$ t 年时，树种组 j 龄组 k 的单位面积地上生物量（t/hm²）；R_j 树种组 j 的根冠比，无量纲；$V_{TREE,j,k,t}$ t 年时，树种组 j 龄组 k 的单位面积蓄积量（m³/hm²）；$A_{j,k}$ t 年时，树种组 j 龄组 k 的面积（hm²）；a_j, b_j 参数。

采用上述基于森林资源清查样地的方法或基于森林资源清查统计的方法计算林分生物量，然后转化为碳储量。

$$C_{TREE\_B,j,t} = B_{TREE,j,t} \cdot CF_j$$

式中：$C_{TREE\_B,j,t}$ t 年时，树种组 j 林分的生物量（t）；$B_{TREE\_B,j,t}$ t 年时，树种组 j 林分的生物量碳储量（tC）；CF_j 树种组 j 的含碳率（IPCC 推荐值 0.5）。

表9-3　林分生物量与蓄积相关函数参数和根冠比

树种（组）	$\ln(B_{TREE,AB,j,k,t}) = a_j \cdot \ln(V_{TREE,j,k,t}) + b_j$		根冠比 R
	a_j	b_j	
云冷杉	0.7690	0.4400	0.2190
落叶松	0.8950	−0.2070	0.2370
油松	0.9040	−0.4210	0.2230
华山松	0.5837	1.5203	0.1720
马尾松	0.9460	−0.4210	0.1710
湿地松	0.7722	0.7197	0.2420
其他松（云南松、高山松等）	0.7235	0.8770	0.2330
柏木	1.0240	−0.9300	0.2390
杉木	0.8370	−0.2140	0.2470
其他杉（水杉、柳杉）	0.6657	0.9913	0.2370
栎类	0.8960	0.2931	0.3010
桦木	0.9024	0.0728	0.2560
枫香、荷木	0.7413	0.9878	0.2560

（续）

树种（组）	$\ln(B_{TREE,AB,j,k,t}) = a_j \cdot \ln(V_{TREE,j,k,t}) + b_j$		根冠比 R
	a_j	b_j	
樟树楠木	0.6134	1.4570	0.2860
其他硬阔类	0.6870	1.2006	0.2820
杨树	0.9066	−0.2059	0.2480
桉树	0.8692	0.2000	0.2460
其他软阔类（椴树、楝树等）	0.8761	0.1330	0.2980
针叶混	0.6466	1.1667	0.2350
阔叶混	0.7713	0.7277	0.2430
针阔混	0.7437	0.7922	0.2350

（2）凋落物碳储量

由于森林资源清查未调查凋落物，因此，通过生物量文献，建立凋落物与地上生物量的相关关系，间接计算林分样地水平的凋落物量（基于森林资源清查样地的方法）或不同林分类型凋落物量，然后转换为碳储量。

$$C_{TREE\_LI,j,t} = \sum_k B_{TREE\_AB,j,k,t} \cdot DF_{LI,j,k} \cdot A_{j,k} \cdot CF_{LI,j} \quad DF_{LI,j,k} = f(B_{TREE\_AB,j,k})$$

式中：$C_{TREE\_LI,j,t}$ t 年时，树种组 j 的凋落物碳储量（tC）；$B_{TREE\_AB,j,k}$ t 年时，树种组 j 龄级 k 的地上生物量（t/hm²）；$A_{j,k}$ t 年时，树种组 j 龄级 k 的面积（hm²）；$CF_{LI,j}$ 树种组 j 凋落物的含碳率（IPCC 推荐值 0.37）；$DF_{LI,j,k}$ 树种组 j 龄级 k 的林分凋落物占地上生物量的百分比% 。

表9-4　林分凋落物占地上生物量的百分比的相关函数

树种（组）	$DF_{LI,j}, \quad a_{j,k} = a_j \cdot e^{b_j} \cdot B_{TREE} \, b_j^{AB,j,k}$	
云冷杉	20.7385	−0.0102
落叶松	67.4130	−0.0141
油松	24.2749	−0.0217
马尾松	7.2175	−0.0067
其他松（云南松、高山松、华山松、湿地松）	13.1198	−0.009
柏木	3.7595	−0.0047
杉木和其他杉类	4.9897	−0.0025
栎类	7.7325	−0.0048
桦木、枫香、荷木、樟树、楠木和其他硬阔	6.9779	−0.0043
杨树	12.3106	−0.0069
桉树	24.697	−0.0140

（续）

树种（组）	$DF_{LI,j}$，$a_{j,k} = a_j \cdot e^{b_j \cdot B TREE} b_j{}^{AB,j,k}$	
相思	9.5338	−0.0004
其他软阔类（椴树、檫木、柳树）	8.1286	−0.0046
针叶混	31.4239	−0.0257
阔叶混	10.7653	−0.0057
针阔混	9.7816	−0.0063

（3）死木碳储量

死木包括枯立木和枯倒木，森林资源清查的样地调查包括枯立木和枯倒木的测定。因此，可通过枯立木蓄积和枯倒木蓄积计算不同林分类型死木生物量，然后转换为碳储量。

$$C_{TREE\_DW,j,t} = C_{TREE\_B,j,t} \cdot DF_{DW,j}$$

式中：$C_{TREE\_DW,j,t}$ t 年时，树种组 j 的死木碳储量（tC）；$C_{TREE\_B,j,t}$ t 年时，树种组 j 的生物量碳储量（tC）；$DF_{DW,j}$ 树种组 j 死木蓄积量与林分蓄积量的比值，无量纲；$DF_{DW,j}$ 可用死木蓄积量与林分蓄积量之比替代。

2. 竹林

竹林生物量碳储量可采于上述基于森林资源清查样地的异速生物量方程法。也可采用下述基于森林资源清查统计的方法计算竹林生物量，然后转化为碳储量。

$$C_{BAMBOO,j,t} = B_{Bamboo,AB,j} \cdot (1 + R_{B,j}) \cdot A_{j,t} \cdot CF_j$$

式中：$C_{BAMBOO,j,t}$ t 年时，竹类 j 的生物量碳储量（tC）；$B_{Bamboo,AB,j}$ 单位面积竹类 j 地上生物量（tC/hm^2）；$R_{B,j}$ 竹类 j 的根冠比，无量纲；$A_{j,t}$ t 年时，竹类 j 的面积（hm^2）；CF_j 竹类 j 的含碳率。竹林凋落物碳储量的计算方法与林分相同，只不过 $DF_{LI,j,k}$ 为常数。竹林死木碳储量忽略不计。

表9-5　竹林碳储量计量相关参数　　　　　　　　单位：t/hm^2

竹林类型	平均地上生物量*	$R_{B,j}$	$DF_{LI,j,k}$
毛竹	76.66(59, 13.24)	0.6050(50, 0.1197)	8.35(11, 2.32)
所有竹类（除毛竹）	41.92(125, 7.40)	1.0910(92, 0.155)	8.28(13, 1.70)

4. 经济林

由于经济林类型复杂，许多类型的经济林无生物量方程，也无法用蓄积表达，因此，采用下述基于森林资源清查统计的方法计算经济林生物量，然后转化为碳储量。

$$C_{E,j,t} = B_{E,j} \cdot A_{j,t} \cdot CF_j$$

式中：$C_{E,j,t}$ t 年时，j 类经济林的生物量碳储量（tC）；$B_{E,j}$ j 类经济林单位面积生物量（t/hm²）；$A_{j,t}$ t 年时，j 类经济林的面积（hm²）。

根据收集的文献资料，经济林平均生物量为 37.75 t/hm²（样本数 104，90% 置信区间的不确定性 6.57）。由于经济林经营强度较大，因此其枯倒凋落物碳储量为零。

5. 灌木林

采用下述基于森林资源清查统计的方法计算灌木林生物量，然后转化为碳储量。

$$C_{Shrub,j,t} = B_{Shrub,AB,j} \cdot (1 + R_{s,j}) \cdot A_{j,t} \cdot CF_{S,j}$$

式中：$C_{Shrub,j,t}$ t 年时，j 类灌木林的生物量碳储量（tC）；$B_{Shrub,AB,j}$ j 类灌木林单位面积地上生物量（t/hm²）；R_j j 类灌木林根冠比，无量纲；$A_{j,t}$ t 年时，j 类灌木林的面积（hm²）；$CF_{S,j}$ j 类灌木林含碳率（IPCC 推荐值为 0.50），无量纲。

根据收集的文献资料，灌木林平均地上生物量为 10.45 t/hm²（样本数 276，90% 置信区间的不确定性 1.13），平均根冠比为 1.0890（样本数 140，90% 置信区间的不确定性 0.155）。灌木林竹林凋落物碳储量的计算方法与林分相同，只不过 $DF_{LI,j,k}$ 为常数。根据收集的文献资料，灌木林平均 $DF_{LI,j,k}$ 为 19.52%（样本数 n = 56，90% 置信区间的不确定性 3.47）。假定灌木林枯死木碳储量为零。

6. 疏林、散生木和四旁树

散生木指生长在竹林地、灌木林地、未成林造林地、无立木林地和宜林地上达到检尺径的林木，以及散生在幼林中的高大林木。四旁树指在村（宅）旁、路旁、水旁、田（地）旁等地栽植的、面积不到 0.0667hm² 的各种竹丛和林木。由于很难将各类散生木和四旁树分别计入各土地利用类型，因此这里假定散生木按灌木林和无林地，四旁树全部归类到非林地，如果能细分，50% 归到农地，50% 归到建设用地。

采用上述基于森林资源清查样地的方法或基于森林资源清查统计的方法计算疏林、散生木和四旁树生物量，然后转化为碳储量。如果基于森林资源清查统计的方法，即给出了疏林、散生木和四旁树的总蓄积量，没有疏林、散生木和四旁树的树种信息，则可采用下述蓄积转换法计算生物量：

$$B_{TREE,t} = V_{TREE,t} \cdot BCEF \cdot (1 + R)$$

式中：$B_{TREE,t}$ t 年时，林木的生物量(t)；BCEF 生物量转换与扩展因子（采用所有树种的加权平均值），无量纲；$V_{TREE,t}$ t 年时，林木蓄积量(m^3)；R 根冠比的平均值(采用所有树种的加权平均值)，无量纲。

7. 土壤有机碳

假定在没有土地类型变化的情况下，土壤有机碳保持平衡状态，即变化量为零，在土地利用类型发生变化的情况下(转入和转出有林地)，则需要计算土壤有机碳储量的变化，经过整理调查得到不同地类 0~100cm 土壤有机碳密度。

表9-6 全国主要地类土壤有机碳密度(0~100cm) 单位：tC/hm²

地类	碳密度	样本数	90%置信区间的不确定性
林分与经济林	117.71	236	33.69
灌木与疏林	102.44	82	31.82
竹林	89.05	7	38.94
其他林地	82.47	29	33.87

四、计量结果

(一)1979 年初建体系碳储量计量结果

1. 全省碳储量

1979 年初建森林资源连续清查体系时，全省林地面积 16816419.5hm²，活立木总蓄积 115509.8 万立方米，经计量，全省林业碳汇储量 214344.8 万吨碳。其中，生物量碳 40307.1 万吨，土壤有机碳 171512.7 万吨，枯倒凋落物碳 2520.5 万吨。生物量碳、土壤有机碳以及枯倒凋落物碳分别占碳储量总量18.8%、80.0% 和1.2%。

2. 各土地类型碳储量

全省碳储量中，林地碳储量 213994.5 万吨，非林地四旁树碳储量 350.4 万吨，林地与非林地碳储量分别占全省总量的99.8% 和0.2%。在林地中，有林地 104730.0 万吨，疏林地 22830.1 万吨，灌木林地 47255.0 万吨，包括未成林地、苗圃地、无立木林地和宜林地在内的其他林地 39179.4 万吨，4 大类林地类型碳储量分别占林地碳储量总量的48.9%、10.7%、22.1% 和18.3%。在有林地中，林分 102541.5 万吨，经济林 1171.5 万吨，竹林

1017.0万吨，它们分别占有林地总碳储量的97.9%、1.1%和1.0%。

表9-7　各土地类型碳储量表　　　　　单位：万吨

地类	合计	生物量碳	枯倒凋落物碳	土壤有机碳
总计	214344.8	183148.8	174037.7	172315.1
林地	213994.5	183183.3	174137.5	172414.9
有林地	104730.0	78484.9	72358.9	70998.2
林分	102541.5	31747.0	2188.5	68606.0
经济林	1171.5	153.0	4.5	1014.0
竹林	1017.0	520.0	19.0	478.0
疏林地	22830.1	2540.0	—	20290.1
灌木林地	47255.0	4521.0	313.0	42421.0
其他林地	39179.4	475.8	—	38703.6
非林地	350.4	350.4	—	—

3. 林分各优势树种碳储量

全省林分各优势树种碳储量中，依据其总量多少排列前5位的优势树种分别是：冷杉、云杉、落叶松、其他硬阔及高山松。这5类优势树种生物量碳储量总量为27900.0万吨，为全省林分生物量碳总量的87.9%；枯倒凋落物碳1284.1万吨，占林分枯倒凋落物总碳储量的58.6%。

表9-8　林分优势树种碳储量表（前5位）　　　　　单位：万吨

优势树种	合计	生物量碳	枯倒凋落物碳	土壤有机碳
合计	102541.5	31747.0	2188.5	102541.5
冷杉	13858.0	13500.0	358.0	13858.0
云杉	5094.9	4953.0	141.9	5094.9
落叶松	4571.2	3971.0	600.2	4571.2
其他硬阔	3237.4	3149.0	88.4	3237.4
高山松	2420.0	2327.0	93.0	2420.0
其他	4754.1	3847.0	907.1	—

4. 1988年第一次复查碳储量计量结果

（1）全省碳储量

1988年四川省森林资源连续清查第一次复查时，全省林地面积23439788.5hm²，活立木总蓄积112815.5万立方米，经计量，全省林业碳汇储量 299065.1 万吨碳。其中，生物量碳 50829.0 万吨，土壤有机碳 245285.8 万吨，枯倒凋落物碳 2950.3 万吨，生物量碳、土壤有机碳和枯倒凋落物碳分别占碳储量总量 17.0%、82.0% 和 1.0%。

（2）各土地类型碳储量

全省碳储量中，林地五大碳库碳储量 298357.6 万吨，非林地四旁树碳储量 707.5 万吨，林地与非林地碳储量分别占全省总量的 99.8% 和 0.2%。

在林地中，有林地 151552.3 万吨，疏林地 28368.6 万吨，灌木林地 85584.0 万吨，包括未成林地、苗圃地、无立木林地和宜林地在内的其他林地 32852.6 万吨，4 大类林地类型碳储量分别占林地碳储量总量的 50.7%、9.5%、28.6% 和 11.0%。在有林地中，林分 141402.8 万吨，经济林 7413.5 万吨，竹林 2736.0 万吨，它们分别占有林地总碳汇储量的 93.3%、4.9% 和 1.8%。

表 9-9 各土地类型碳储量表　　　　　　　　　　单位：万吨

地类	合计	生物量碳	枯倒凋落物碳	土壤有机碳
总计	299065.1	50829.0	2950.3	245285.8
林地	298357.6	50121.5	2950.3	245285.8
有林地	151552.3	38361.0	2384.3	110807.0
林分	141402.8	36174.0	2318.8	102910.0
经济林	7413.5	967.0	29.5	6417.0
竹林	2736.0	1220.0	36.0	1480.0
疏林地	28368.6	2621.4	—	25747.2
灌木林地	85584.0	8187.0	566.0	76831.0
其他林地	32852.6	952.0	—	31900.6
非林地	707.5	707.5	—	—

（3）林分各优势树种碳储量

全省林分各优势树种碳储量中，依据其总量多少排列前 5 位的优势树种分别是：冷杉、栎类、云杉、云南松、桦类。这 5 类优势树种生物量碳储量总量为 27718.0 万吨，为全省林分生物量碳总量的 76.6%；枯倒凋落物碳 1001.8 万吨，占林分枯倒凋落物总碳储量的 43.2%。

表 9-10　林分优势树种碳储量表(前 5 位)　　　单位:万吨

优势树种	合计	生物量碳	枯倒凋落物碳	土壤有机碳
合计	141402.8	36174.0	2318.8	102910.0
冷杉	13646.7	13159.0	487.7	—
栎类	5305.7	5166.0	139.7	—
云杉	4842.3	4658.0	184.3	—
云南松	2860.2	2732.0	128.2	—
桦类	2064.9	2003.0	61.9	—
其他	—	8456.0	1317.0	—

(二)1992 年第二次复查碳储量计量结果

1. 全省碳储量

1992 年四川省森林资源连续清查第一次复查时,全省林地面积 23407656.0hm²,活立木总蓄积 112816 万立方米,经计量,全省林业碳汇储量 301301.7 万吨碳。在全省林业碳储量总量中,生物量碳 52317.9 万吨,土壤有机碳 246466.3 万吨,枯倒凋落物碳 2517.5 万吨,生物量碳、土壤有机碳和枯倒凋落物碳分别占碳储量总量 17.4%、81.8% 和 0.8%。

2. 各土地类型碳储量

全省碳储量中,林地碳储量 300370.7 万吨,非林地四旁树碳储量 931.0 万吨,林地与非林地碳储量分别占全省总量的 99.7% 和 0.3%。在林地中,有林地 156714.5 万吨,疏林地 28789.9 万吨,灌木林地 85861.0 万吨,其他林地 29005.3 万吨,4 大类林地类型碳储量分别占林地碳储量总量的 52.1%、9.6%、28.6% 和 9.7%。在有林地中,林分 144909.9 万吨,经济林 9045.6 万吨,竹林 2759.0 万吨,它们分别占有林地总碳储量的 92.5%、5.8% 和 1.8%。

表 9-11 各土地类型碳储量表　　　单位:万吨

地类	合计	生物量碳	枯倒凋落物碳	土壤有机碳
总计	301301.7	52317.9	2517.5	246466.3
林地	300370.7	51386.9	2517.5	246466.3
有林地	156714.5	39374.0	1949.5	115391.0
林分	144909.9	36965.0	1875.9	106069.0
经济林	9045.6	1180.0	35.6	7830.0
竹林	2759.0	1229.0	38.0	1492.0

（续）

地类	合计	生物量碳	枯倒凋落物碳	土壤有机碳
疏林地	28789.9	2868.7	—	25921.2
灌木林地	85861.0	8212.0	568.0	77081.0
其他林地	29005.3	932.2	—	28073.1
非林地	931.0	931.0	—	—

3. 林分各优势树种碳储量

全省林分各优势树种碳储量中，依据其总量多少排列前 5 位的优势树种分别是：冷杉、栎类、云杉、云南松、桦类。这 5 类优势树种生物量碳储量总量为 27747.0 万吨，为全省林分生物量碳总量的 75.1%；枯倒凋落物碳 994.9 万吨，占林分枯倒凋落物总碳储量的 53.0%。

表 9-12　林分优势树种碳储量表（前 5 位）　　　　单位：万吨

优势树种	合计	生物量碳	枯倒凋落物碳	土壤有机碳
合计	144909.9	36965.0	1875.9	106069.0
冷杉	13211.5	12746.0	465.5	—
栎类	5521.5	5378.0	143.5	—
云杉	5046.1	4850.0	196.1	—
云南松	2887.1	2759.0	128.1	—
桦类	2075.7	2014.0	61.7	—
其他	—	9218.0	881.0	—

（三）1997 年第三次复查碳储量计量结果

1. 全省碳储量

1997 年四川省森林资源连续清查第三次复查时，全省林地面积 23231626.0hm²，活立木总蓄积 138610 万立方米，经计量，全省林业碳汇储量 309124.5 万吨碳。

在全省碳储量总量中，生物量碳 58427.2 万吨，土壤有机碳 247960.1 万吨，枯倒凋落物碳 2737.3 万吨。生物量碳、土壤有机碳以及枯倒与凋落物有机碳分别占碳储量总量的 18.9%、80.2% 和 0.9%。

2. 各土地类型碳储量

全省碳储量中，林地碳储量 307690.5 万吨，非林地四旁树碳储量 1434.0 万吨，林地与非林地碳储量分别占全省总量的 99.5% 和 0.5%。

在林地中，有林地 185357.3 万吨，疏林地 10686.6 万吨，灌木林地

85404.0 万吨，其他林地 26242.6 万吨，4 大类林地类型碳储量分别占林地碳储量总量的 60.2%、3.5%、27.8% 和 8.5%。在有林地中，林分171504.9 万吨，经济林 10977.4 万吨，竹林 2875.0 万吨，它们分别占有林地总碳储量的 92.5%、5.9% 和 1.6%。

表 9-13　各土地类型碳储量表　　　　　　　　　　　　单位：万吨

地类	合计	生物量碳	枯倒凋落物碳	土壤有机碳
总计	309124.5	58427.2	2737.3	247960.1
林地	307690.5	56993.1	2737.3	247960.1
有林地	185357.3	46969.0	2172.3	136216.0
林分	171504.9	44247.0	2089.9	125168.0
经济林	10977.4	1432.0	42.4	9503.0
竹林	2875.0	1290.0	40.0	1545.0
疏林地	10686.6	1009.4	—	9677.2
灌木林地	85404.0	8168.0	565.0	76671.0
其他林地	26242.6	846.7	—	25395.9
非林地	1434.0	1434.0		

3. 林分各优势树种碳储量

全省林分各优势树种碳储量中，依据其总量多少排列前 5 位的优势树种分别是：冷杉、栎类、云杉、云南松及桦类。这 5 类优势树种生物量碳储量总量为 32327.0 万吨，为全省林分生物量碳总量的 73.1%；枯倒凋落物碳1140.9 万吨，占林分枯倒凋落物总碳储量的 54.6%。

表 9-14　林分优势树种碳储量表（前 5 位）　　　　　　单位：万吨

优势树种	合计	生物量碳	枯倒凋落物碳	土壤有机碳
合计	171504.9	44247.0	2089.9	125168.0
冷杉	15395.4	14864.0	531.4	—
栎类	6624.5	6456.0	168.5	—
云杉	5879.0	5651.0	228.0	—
云南松	3194.1	3051.0	143.1	—
桦类	2375.0	2305.0	70.0	—
其他	—	11920.0	948.9	—

(四) 2002 年第四次复查碳储量计量结果

1. 全省碳储量

2002 年四川省森林资源连续清查第三次复查时, 全省林地面积 22660186.5hm², 活立木总蓄积 149543 万立方米, 经计量, 全省林业碳储量 309257.0 万吨碳。在全省碳储量总量中, 生物量碳 62741.4 万吨, 土壤有机碳 243087.9 万吨, 枯倒凋落物碳 3427.7 万吨。

2. 各土地类型碳储量

全省碳储量中, 林地碳储量 307598.2 万吨, 非林地四旁树碳储量 1658.8 万吨, 林地与非林地碳储量分别占全省总量的 99.5% 和 0.5%。在林地中, 有林地 197380.7 万吨, 疏林地 7211.4 万吨, 灌木林地 79011.0 万吨, 其他林地 23995.1 万吨, 4 大类林地类型碳储量分别占林地碳储量总量的 64.2%、2.3%、25.7% 和 7.8%。在有林地中, 林分 180909.8 万吨, 经济林 12675.9 万吨, 竹林 3795.0 万吨, 它们分别占有林地总碳储量的 91.7%、6.4% 和 1.9%。

表 9-15　各土地类型碳储量表　　　　　　　　　　　单位: 万吨

地类	合计	生物量碳	枯倒凋落物碳	土壤有机碳
总计	309257.0	62741.4	3427.7	243087.9
林地	307598.2	61082.6	3427.7	243087.9
有林地	197380.7	51550.0	2904.7	142926.0
林分	180909.8	48198.0	2804.8	129907.0
经济林	12675.9	1654.0	47.9	10974.0
竹林	3795.0	1698.0	52.0	2045.0
疏林地	7211.4	844.3	—	6367.1
灌木林地	79011.0	7558.0	523.0	70930.0
其他林地	23995.1	1130.3	—	22864.8
非林地	1658.8	1658.8	—	

3. 林分各优势树种碳储量

全省林分各优势树种碳储量中, 其总量多少排列前 5 位的优势树种分别是: 冷杉、栎类、云杉、云南松及其他软阔。这 5 类优势树种生物量碳储量总量为 34074.0 万吨, 为全省林分生物量碳总量的 70.7%; 枯倒凋落物碳 1159.7 万吨, 占林分枯倒凋落物总碳储量的 41.3%。

表 9-16 林分优势树种碳储量表（前 5 位） 单位：万吨

优势树种	合计	生物量碳	枯倒凋落物碳	土壤有机碳
合计	180909.8	48198.0	2804.8	129907.0
冷杉	14726.8	14265.0	461.8	—
栎类	8327.4	8120.0	207.4	—
云杉	6146.1	5895.0	251.1	—
云南松	3393.5	3247.0	146.5	—
其他软阔	2639.9	2547.0	92.9	—
其他	—	14124.0	1645.2	—

（五）2007 年第五次复查碳储量计量结果

1. 全省碳储量

2007 年四川省森林资源连续清查第三次复查时，全省林地面积 23116594.7hm²，活立木总蓄积 159664 万立方米，全省林业碳汇储量 319859.3 万吨碳。其中，生物量碳 67150.2 万吨，土壤有机碳 249399.9 万吨，枯倒凋落物碳 3309.2 万吨。生物量碳、土壤有机碳以及枯倒与凋落物有机碳分别占碳储量总量的 21.0%、78.0%和 1.0%。

2. 各土地类型碳储量

全省碳储量中，林地碳储量 318049.1 万吨，非林地四旁树碳储量 1810.2 万吨，林地与非林地碳储量分别占全省总量的 99.4%和 0.6%。在林地中，有林地 209658.2 万吨，疏林地 5993.7 万吨，灌木林地 83062.0 万吨，其他林地 19335.3 万吨，4 大类林地类型碳储量分别占林地碳储量总量的 65.9%、1.9%、26.1%和 6.1%。在有林地中，林分 191157.2 万吨，经济林 13533.0 万吨，竹林 4968.0 万吨，它们分别占有林地总碳储量的 91.2%、6.5%和 2.3%。

表 9-17 各土地类型碳储量表 单位：万吨

地类	合计	生物量碳	枯倒凋落物碳	土壤有机碳
总计	319859.3	67150.2	3309.2	249399.9
林地	318049.1	65340.0	3309.2	249399.9
有林地	209658.2	55365.0	2760.2	151533.0
林分	191157.2	51358.0	2640.2	137159.0
经济林	13533.0	1766.0	51.0	11716.0
竹林	4968.0	2241.0	69.0	2658.0

（续）

地类	合计	生物量碳	枯倒凋落物碳	土壤有机碳
疏林地	5993.7	867.3	—	5126.4
灌木林地	83062.0	7944.0	549.0	74569.0
其他林地	19335.3	1163.8	—	18171.5
非林地	1810.2	1810.2	—	

3. 林分各优势树种碳储量

全省林分各优势树种碳储量中，依据其总量多少排列前 5 位的优势树种分别是：冷杉、栎类、云杉、云南松及高山松。这 5 类优势树种生物量碳储量总量为 32424.0 万吨，为全省林分生物量碳总量的 63.1%；枯倒凋落物碳1081.9 万吨，占林分枯倒凋落物总碳储量的 41.0%。

表 9-18　林分优势树种碳储量表（前 5 位）　　　　单位：万吨

优势树种	合计	生物量碳	枯倒凋落物碳	土壤有机碳
合计	191157.2	51358.0	2640.2	137159.0
冷杉	14270.1	13832.0	438.1	—
栎类	7187.6	7011.0	176.6	—
云杉	6347.3	6101.0	246.3	—
云南松	3102.0	2967.0	135.0	—
高山松	2598.9	2513.0	85.9	—
其他	—	18934.0	1558.2	

（六）2012 年第六次复查碳储量计量结果

1. 全省碳储量

2012 年四川省森林资源连续清查第三次复查时，全省林地面积23281678.6hm²，活立木总蓄积175231 万立方米，经计量，全省林业碳汇储量325728.8 万吨碳。其中，生物量碳70188.5 万吨，土壤有机碳251838.8 万吨，枯倒凋落物碳3701.5 万吨。生物量碳、土壤有机碳以及枯倒与凋落物有机碳分别占碳储量总量的 21.5%、77.4%和 1.1%。

2. 各土地类型碳储量

全省碳储量中，林地碳储量 322978.4 万吨，非林地四旁树碳储量2750.4 万吨，林地与非林地碳储量分别占全省总量的 99.8%和 0.2%。在林地中，有林地214623.5 万吨，疏林地5371.1 万吨，灌木林地86712.0 万吨，其他林地16271.8 万吨，4 大类林地类型碳储量分别占林地碳储量总量的

66.5%、1.7%、26.8%和5.0%。在有林地中，林分195152.1万吨，经济林13865.4万吨，竹林5606.0万吨，它们分别占有林地总碳储量的90.9%、6.5%和2.6%。

表9-19　各土地类型碳储量表　　　　　　　　单位：万吨

地类	合计	生物量碳	枯倒凋落物碳	土壤有机碳
总计	325728.8	70188.5	3701.5	251838.8
林地	322978.4	67438.1	3701.5	251838.8
有林地	214623.5	57155.0	3127.5	154341.0
林分	195152.1	52819.0	2995.1	139338.0
经济林	13865.4	1809.0	54.4	12002.0
竹林	5606.0	2527.0	78.0	3001.0
疏林地	5371.1	894.4	—	4476.7
灌木林地	86712.0	8293.0	574.0	77845.0
其他林地	16271.8	1095.7	—	15176.1
非林地	2750.4	2750.4		

3. 林分各优势树种碳储量

全省林分各优势树种碳储量中，依据其总量多少排列前5位的优势树种分别是：冷杉、栎类、云杉、云南松、柏木。这5类优势树种生物量碳储量总量为33151.0万吨，为全省林分生物量碳总量的62.8%；枯倒凋落物碳1072.6万吨，占林分枯倒凋落物总碳储量的35.8%。

表9-20　林分优势树种碳储量表（前5位）　　　　　单位：万吨

优势树种	合计	生物量碳	枯倒凋落物碳	土壤有机碳
合计	195152.1	52819.0	2995.1	139338.0
冷杉	13884.9	13442.0	442.9	—
栎类	8091.0	7889.0	202.0	—
云杉	6348.2	6107.0	241.2	—
云南松	3144.5	3010.0	134.5	—
柏木	2755.0	2703.0	52.0	—
其他	—	19668.0	1922.5	—

（七）碳储量时间动态变化

1. 全省碳储量的动态变化

连续6次森林资源（清）复查可以看出，自1979年以来四川省林业碳储量一直呈现持续上升趋势。碳储量总量从1979年的214344.8万吨上升到2012年的325728.8万吨，储量净增111384.0万吨，净增量为1979年碳储量总量的52.00%。以1979年为基数，33年里四川林业碳储量平均每年增加3375.3万吨，增加速度为1.57%。

从森林资源连续清查碳储量碳库结构分析，土壤有机碳始终是碳储量的主体，占碳储量总量的百分比平均达80.0%（77.3~82.0）；其次是生物量碳，占碳储量总量的百分比平均达19.0%（17.0~21.5）；最后是枯倒与凋落物碳，占碳储量总量的百分比平均达1.0%（0.8~1.2）。

表9-21　不同碳库碳储量统计表　　　　　　　　单位：万吨、%

年度	总计	生物量碳		枯倒凋落物碳		土壤有机碳	
		数量	百分比	数量	百分比	数量	百分比
1979	214344.8	40307.1	18.8	2525.0	1.2	171512.7	80.0
1988	299065.1	50829.0	17.0	2950.3	1.0	245285.8	82.0
1992	301301.6	52317.9	17.4	2517.5	0.8	246466.3	81.8
1997	309124.5	58427.2	18.9	2737.3	0.9	247960.1	80.2
2002	309257.0	62741.4	20.3	3427.7	1.1	243087.9	78.6
2007	319859.3	67150.2	21.0	3309.2	1.0	249399.9	78.0
2012	325728.8	70188.5	21.5	3701.5	1.2	251838.8	77.3

2. 生物量碳动态变化

生物量碳与碳储量总量一样，在33年里一直保持持续增长趋势。生物量碳储量从1979年的40307.1万吨上升到2012年的70188.5万吨，储量净增29881.4万吨，净增量为1979年碳储量总量的74.1%。以1979年为基数，生物量碳平均每年增加量为905.5万吨，增加速度为2.3%。生物量碳年均增速是林业碳储量生物量碳、枯倒凋落物碳和土壤有机碳3大碳库中增速最大的一类碳库。

3. 枯倒凋落物碳动态变化

枯倒凋落物碳与碳储量总量一样，在33年里一直保持持续增长趋势。枯倒凋落物碳储量从1979年的2525.0万吨上升到2012年的3701.5万吨，储量净增1176.5万吨，净增量为1979年碳储量总量的46.6%。以1979年为基数,生物量碳平均每年增加量为 35.6 万吨,增加速度为 1.4%。枯倒凋落物碳年均增速与土壤有机碳年均增速基本保持一致。

4. 土壤有机碳动态变化

土壤有机碳同碳储量总量一样,在 33 年里一直保持持续增长趋势。土壤有机碳从 1979 年的 171512.7 万吨上升到 2012 年的 251838.8 万吨,储量净增 80326.1 万吨,净增量为 1979 年碳储量总量的 46.8%。以 1979 年为基数,生物量碳平均每年增加量为 2434.1 万吨,增加速度为 1.4%。土壤有机碳年均增速与枯倒凋落物碳年均增速基本保持一致。

(八)各地类的动态变化

1. 林地与非林地动态变化

从林地与非林地两大土地类型碳储量分析,两大地类碳储量总量一直保持上升趋势。林地碳储量总量从 1979 年的 213994.5 万吨增加到 2012 年的 322978.4 万吨,净增 108983.9 万吨,净增量为 1979 年碳储量的 50.9%。以 1979 年为基数,33 年里林地碳储量平均每年增加 3302.5 万吨,净增率 1.5%。非林地四旁树碳储量从 1979 年的 350.4 万吨增加到 2012 年的 2750.4 万吨,净增 2400.0 万吨,净增量为 1979 年碳储量的 685.0%。以 1979 年为基数,33 年里林地碳储量平均每年增加 72.7 万吨,净增率 20.8%。

2. 林地增减量动态变化

虽然林地碳储量总量持续增加,但林地内部各地类碳储量有增有减(图 9-4)。

(1)以增加、减少绝对量分析。在增加序列中,碳储量增加最多的是林分,总量增加 92610.6 万吨,是 1979 年碳储量的 90.3%;其次是灌木林地,总量增加 39457.0 万吨,是 1979 年的 83.5%;排列第 3 位的是经济林,增加总量 12693.9 万吨,是 1979 年碳储量的 1083.6%;第 4 位是竹林,增加总量 4589.0 万吨,是 1979 年碳储量的 451.2%。在降低序列中,其他林地碳储量降幅最大,减少碳储量 22907.6 万吨,减少量是 1979 年碳储量的 58.5%;其次是疏林地,减少碳储量 17458.9 万吨,是 1979 年的 76.5%。

(2)以增加、减少速率分析。在增加序列中,33 年碳储量增加速率最大的是经济林,平均每年增加 32.8%;其次是竹林,平均每年增加 13.7%;排列第 3 位的是林分,平均每年增加 2.7%;第 4 位是灌木林地,平均每年增加 2.5%。在降低序列中,降幅最大的是疏林地,平均每年降低 2.3%;

其次是其他林地，平均每年降低 1.8% 。

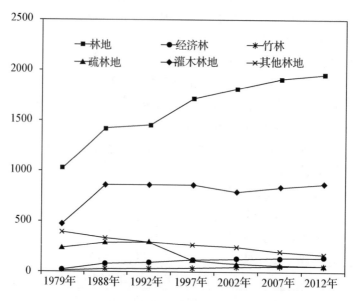

图 9-4　各林地地类碳储量年度变化趋势图

3. 各类森林碳储量的百分比及其动态变化

林地内部百分比结构中，除其他林地碳储量占林地总量百分比持续下降外，其余林地类型碳储量占林地碳储量总量的百分比都呈持续上升趋势（图9-5）。

<table>
<tr><td colspan="8" align="right">表 9-22　各次连续清查碳储量表　　　　　　　　　　　　单位：万吨</td></tr>
<tr><td>　　　　年度
地类</td><td>1979</td><td>1988</td><td>1992</td><td>1997</td><td>2002</td><td>2007</td><td>2012</td></tr>
<tr><td>总计</td><td>214344.8</td><td>299065.1</td><td>301301.6</td><td>309124.5</td><td>309257.0</td><td>319859.3</td><td>325728.8</td></tr>
<tr><td>林地</td><td>213994.5</td><td>298357.6</td><td>300370.7</td><td>307690.5</td><td>307598.2</td><td>318049.1</td><td>322978.4</td></tr>
<tr><td>有林地</td><td>104730.0</td><td>151552.3</td><td>156714.5</td><td>185357.3</td><td>197380.7</td><td>209658.2</td><td>214623.5</td></tr>
<tr><td>林分</td><td>102541.5</td><td>141402.8</td><td>144909.9</td><td>171504.9</td><td>180909.8</td><td>191157.2</td><td>195152.1</td></tr>
<tr><td>经济林</td><td>1171.5</td><td>7413.5</td><td>9045.6</td><td>10977.4</td><td>12675.9</td><td>13533.0</td><td>13865.4</td></tr>
<tr><td>竹林</td><td>1017.0</td><td>2736.0</td><td>2759.0</td><td>2875.0</td><td>3795.0</td><td>4968.0</td><td>5606.0</td></tr>
<tr><td>疏林地</td><td>22830.1</td><td>28368.6</td><td>28789.9</td><td>10686.6</td><td>7211.4</td><td>5993.7</td><td>5371.1</td></tr>
<tr><td>灌木林地</td><td>47255.0</td><td>85584.0</td><td>85861.0</td><td>85404.0</td><td>79011.0</td><td>83062.0</td><td>86712.0</td></tr>
<tr><td>其他林地</td><td>39179.4</td><td>32852.6</td><td>29005.3</td><td>26242.6</td><td>23995.1</td><td>19335.3</td><td>16271.8</td></tr>
<tr><td>非林地</td><td>350.4</td><td>707.5</td><td>931.0</td><td>1434.0</td><td>1658.8</td><td>1810.2</td><td>2750.4</td></tr>
</table>

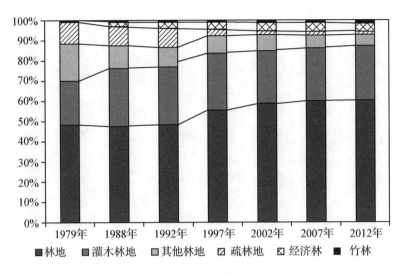

图9-5　林地各地类碳储量结构对比图

（九）主要优势树种的动态变化

四川森林类型多样，将主要森林类型优势树种进行归并为优势树种组。优势树种组中云冷杉类包括主要树种有：冷杉、云杉、铁杉和落叶松（四川红杉）等高山、亚高山森林类型主要建群种；松类包括云南松、马尾松、华山松、油松、湿地松以及高山松和油杉等中山常绿暖性针叶林森林类型主要建群树种；柏木类仅包括川柏木低中山森林类型；杉木类主要包括人工栽植形成的杉木、杉木和水杉森林类型；栎类包括各种壳斗科植物组成的森林类型；阔叶包括除栎类外的所有阔叶树种森林类型。

通过优势树种合并分析，自1988年第一次森林资源连续清查复查以来（1979年由于树种分类与后期记载有较大差异，不作对比分析），这6大类森林类型碳储量都有所增加。

从增加绝对数量上分析，增加数量的最多的是松类，增加量为4210.9万吨，增加量是1988年基数的74.7%；其次是阔叶林，增加3652.4万吨，占1988年基数的53.6%；排列第3位的是云冷杉类，增加量为3255.3万吨，占1988年基数的16.3%；第4位是栎类，增加数量2785.4万吨，占1988年基数的52.5%；第5位是柏木类，增加量2110.6万吨，占1988年基数3.3%；最后1位的是杉木类，增加总量1306.6万吨，占1988年基数的8.6%。

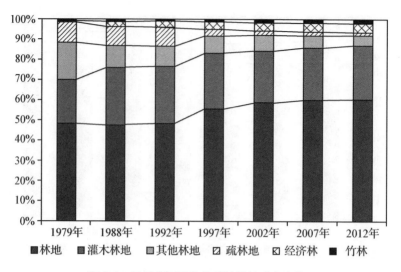

图9-6 四川省不同森林碳储量的动态变化

从增加速率分析，增加速度最快的是杉木类，在 1988 年的基础上，每年增加速率为 34.9%；其次是柏木类，速率为 13.6%；第 3 位是松类，速率为 3.1%；第 4 位是阔叶类，速率为 2.2%；第 5 位是栎类，速率为 2.2%；最后 1 位是云冷杉类，速率为 0.7%。

表9-23 各次连续清查林分主要优势树种碳储量表 单位：万吨

年度 优势树种	1979	1988	1992	1997	2002	2007	2012
合计	33935.5	38492.8	38840.9	46336.9	51002.8	53998.2	55814.1
云冷杉类	23731.9	19943.3	19731.5	23086.5	22825.3	23864.4	23198.9
松类	4425.0	5633.0	6475.1	6767.7	7733.2	9809.6	9843.8
柏木类	—	644.3	904.3	1408.1	1903.4	2278.8	2755.0
杉木类	1026.6	156.1	358.7	686.2	1065.6	1266.3	1462.7
栎类	—	5305.7	5521.5	6624.5	8327.4	7187.6	8091.0
阔叶类	4752.1	6810.4	5849.8	7764.0	9148.0	9591.5	10462.7

（十）碳汇/源计量结果

1. 总碳储量

从 1979 年初建森林资源连续清查体系以来，到 2012 年止，四川共连续进行 6 次复查。在 6 次复查中，四川林业碳储量虽然年际间变化程度差异很大，但总体趋势上都是正向增加。在 6 次复查中，尤其是 1979~1988 年间，每年增加碳储量 9413.34 万吨最明显；其后在 2002~2007 年间，每年增加 2120.46 万吨为其次；1992~1997 年间每年增加 1463.97 万吨为第 3，2007~2012 年间每年增加 1173.91 万吨为第 4，1988~1992 年间每年增加 503.28 万吨为第 5，增加数量最低的是 1997~2002 年的 5 年间，每年仅增加 26.49 万吨。

2. 生物量碳库

总体上看，生物量与储量总量一样，在自 1979 年以来的 33 年里都保持增加趋势，只是增加的幅度差异较大而已。在 6 次复查里，增加最大的是 1979~1988 年的 9 年间，平均每年增加 1169.08 万吨，增加最少的是 1988~1992 年的 4 年间，平均每年仅增加 316.36 万吨。

表 9-24　1979~2012 年林业碳汇/源单位：万吨/年

年度	合计	生物量碳	枯倒凋落物碳	土壤有机碳
1979 - 1988	9413.34	1169.08	47.26	8197.00
1988 - 1992	503.28	316.36	-108.20	295.12
1992 - 1997	1463.97	1121.25	43.96	298.76
1997 - 2002	26.49	862.84	138.09	-974.44
2002 - 2007	2120.46	881.77	-23.71	1262.40
2007 - 2012	1173.91	607.66	78.47	487.78

3. 枯倒凋落物碳库

枯倒与凋落物碳库在 6 次复查期间，4 次增加 2 次减少。增加量最大的是在 1997~2002 年的 5 年时间里，平均每年增加 138.09 万吨；而减少的 2 次里，尤其是 1988~1992 年的 4 年里，平均每年减少 108.20 万吨。

4. 土壤有机碳库

与其他 2 类碳库都不一样，土壤有机碳在 6 次复查期间，只有 1997~2002 年的 5 年时间里呈现减少状况，其余时间里土壤有机碳库都是增加趋势。在 1997~2002 年间，每年减少 974.44 万吨，其余增加期间里，增加最多的是 1979~1988 年的 9 年间，平均每年增加 8197.00 万吨。

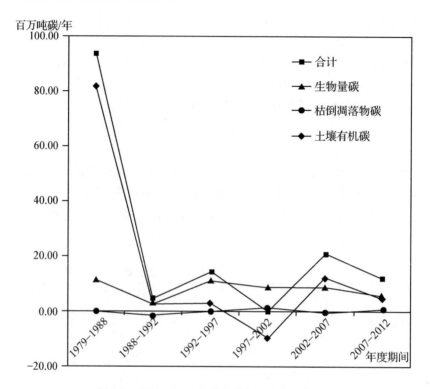

图 9-7　1979～2012 年林业碳源汇变化趋势图

(十一)各土地类型碳汇/源

1. 林分

林分从 1979～2012 年里，碳汇/源始终保持增量趋势。在连续 6 次监测中，增加量最大的是在 1992～1997 年的 5 年里，平均每年增加 5319.00 万吨；其次是在 1979～1988 年的 9 年里，平均每年增加 4317.93 万吨。增加幅度最少是在 2007～2012 年的 5 年里，平均每年增加 98.99 万吨。

2. 经济林

经济林同林分一样，在 33 年的 6 次连续监测中，经济林碳汇/源始终保持增加趋势。其中增加量最大的是 1988～1992 年的 4 年里，平均每年增加 408.03 万吨；最低的是在 2007～2012 年的 5 年里，平均每年增加 66.48 万吨。

3. 竹林

经济林同林分一样，在 33 年的 6 次连续监测中，竹林碳汇/源始终保持增加趋势。其中增加量最大的是 2002～2007 年的 5 年里，平均每年增加

234.60万吨；最低的是在 1988 ~ 1992 年的 4 年里，平均每年增加 5.75万吨。

4. 疏林地

疏林地碳汇/源除 1979 ~ 1988 年的 9 年间保持增长外，其余都一直处于下滑趋势。在增加的 9 年里，平均每年增加 615.39 万吨。在下降的 5 期里，数量最多的是在 1992 ~ 1997 年的 5 年里，平均每年下降 3620.65 万吨。

5. 灌木林地

灌木林地在连续 6 次监测中，4 次增加 2 次减少。在 1992 ~ 2002 年的 10年里，灌木林地碳汇/源呈现下降趋势，最多达 1278.60 万吨/年。在此之后，每年持续保持上升趋势。

6. 其他林地

其他林地碳汇/源一直处于下滑趋势。最低的是 1988 ~ 1992 年的 4 年里，平均每年下降 961.83 万吨。

表 9-25　1979 ~ 2012 年各地类碳汇/源表　单位：万吨/年

地类＼年度	1979 – 1988	1988 – 1992	1992 – 1997	1997 – 2002	2002 – 2007	2007 – 2012
总计	9413.34	559.15	1564.58	26.49	2120.46	1173.91
林地	9373.66	503.28	1463.97	– 18.46	2090.18	985.87
有林地	5202.48	1290.55	5728.56	2404.69	2455.49	993.07
林分	4317.93	876.77	5319.00	1880.99	2049.47	798.99
经济林	693.55	408.03	386.36	339.70	171.42	66.48
竹林	191.00	5.75	23.20	184.00	234.60	127.60
疏林地	615.39	105.31	– 3,620.65	– 695.04	– 243.55	– 124.50
灌木林地	4258.77	69.25	– 91.40	– 1278.60	810.20	730.00
其他林地	– 702.98	– 961.83	– 552.54	– 449.51	– 931.96	– 612.70
非林地	39.68	55.87	100.61	44.95	30.28	188.04

（十二）主要优势树种碳汇/源

按前述归并的 5 大类优势树种组中，柏木类和松类森林类型的碳汇/源一直呈现增加趋势。其余 3 大类优势树种组的碳汇/源在连续 6 次复查中都表现出有增有减的趋势。

1. 柏木与松类

柏木类在连续 6 次复查中，碳汇/源一直为增加趋势。其中 1992 ~ 1997

年增加量最大，每年达到 100.80 万吨。最低是的在 1979～1988 年的 9 年里，每年增加 71.60 万吨。

松类同柏木类一样都表现为增加趋势，其中 2002～2007 年增加量最大，每年达到 415.30 万吨。最低是的在 2007～2012 年的 5 年里，每年增加 6.90 万吨。

2. 其他优势树种组

在其他 3 类优势树种组中，冷云杉树种组的碳汇/源下降趋势明显。在连续 6 次监测中，下降次数达 4 次，最多在 1979～1988 年里，每年下降 421.00 万吨。栎类森林类型在连续保持 4 次增长后(1979～2002 年)，在 2002～2007 年间出现下降(228.00 万吨/年)，之后再次出现增加趋势。阔叶类是四川森林主体，但在 1988～1992 年的 4 年里也出现下降现象，下降数量为 240.10 万吨/年。

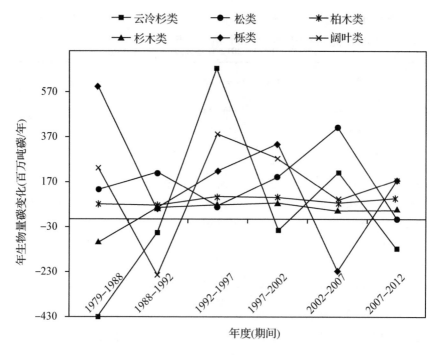

图 9-8　1979～2012 年林分优势树种碳汇/源变化趋势图

表9-26 1979～2012 年林分主要优势树种碳汇/源表单位：万吨/年

年度 优势树种	1979 – 1988	1988 – 1992	1992 – 1997	1997 – 2002	2002 – 2007	2007 – 2012
合计	506.40	87.00	1499.20	933.20	599.10	363.20
云冷杉类	−421.00	−53.00	671.00	−52.20	207.80	−133.10
松类	134.20	210.50	58.50	193.10	415.30	6.90
柏木类	71.60	65.00	100.80	99.10	75.10	95.20
杉木类	−96.70	50.60	65.50	75.90	40.20	39.30
栎类	589.50	54.00	220.60	340.60	−228.00	180.70
阔叶类	228.70	−240.10	382.80	276.80	88.70	174.30

五、不确定性分析

（1）林分的生物量碳误差；首先以 2012 年林分各优势树种生物量碳和误差计算，34 类优势树种碳储量与相应的误差限平方和为：1871267508868740；34 类优势树种生物量碳为 521890000，其误差为：

$$T_{林分，生物量碳} = \sqrt{\frac{229997307.7}{52819}} = 0.2871$$

再传递 2012 年森林资源连续清查面积（0.02187）、蓄积（0.05324）抽样误差。

$$T_{林分，面积蓄积} = \sqrt{0.02187^2 + 0.05324^2} = 0.05756$$

$$T_{林分，生物量碳误差} = \sqrt{0.2871^2 + 0.05756^2} = 0.29284$$

（2）包括其他地类的生物量碳；将疏林、竹林、灌木林与经济林、其他林地生物量碳对应其误差限计算总体生物量碳误差率。

$$T_{总体生物量碳} = \sqrt{\frac{286781772}{70189}} = 0.24127$$

（3）枯倒凋落物碳误差；将森林资源连续清查面积误差传递，综合求算枯倒凋落物误差为 $\sqrt{0.25064^2 + 0.02187^2} = 0.25159$。

（4）土壤有机碳碳误差；6 类林地土壤有机碳储量与相应的误差限平方和为：2695577028；6 类林地土壤有机碳为 251838.8。其综合误差为：

$\sqrt{\dfrac{4029644131}{251838.8}} = 0.25206$。再传递林地面积误差，土壤有机碳综合误差为

$$\sqrt{0.25206^2 + 0.02187^2} = 0.25301$$

（5）计量系统误差

系统误差 =

$$\sqrt{\frac{(70189 \times 0.2413)^2 + (3701.5 \times 0.2516)^2 + (251838.8 \times 0.2530)^2}{70189 + 3701.5 + 251839}}$$

$$= 0.2024$$

第三节　生物量、含碳率及土壤有机碳模型

一、研究背景

生物量回归估测模型包括相对生长关系模型和生物量－蓄积量模型。相对生长关系指的是先通过对有限数量的样株进行破坏性测量，建立起全株或部分的生物量与地上较易获得的植株形态学指标(例如胸径、树高、冠参数、年龄等)间的异速生长关系，然后结合相同立地条件下的每木调查数据，利用所得异速生长关系在林分水平上对生物量进行估算。生物量－蓄积量模型指通过转换因子将蓄积量转换为生物量。该模型中的转换因子并不一定是常数，方精云提出了换算因子连续函数法，建立了中国森林主要优势树种生物量与材积的线性关系。另外黄从德发现在线性、双曲线、幂函数三种形式中幂函数形式模型对四川优势树种蓄积量—生物量的建模效果最好。然而生物量－蓄积量模型中的蓄积量同样也是胸径、树高等生长因子的函数而非直接测得。四川关于生物量方程的研究开始于 20 世纪 80 年代，主要是对云杉、柏木、云南松、楠木等，建立了形如 $W = a(D^2H)^b$ 的方程，用于林分生物量和生产力研究，随后更多形式及更广泛树种的生物量估算、碳储量、生物量分配格局等模型的研究工作相继展开。但由于样本的代表性、样本量、建模参数、模型形式、模型评价、环境因素等控制生物量估算精度的关键因素缺乏统一规范，已经在文献中发表的模型对立木生物量的模拟存在很大差异。

如何精确评估植被碳贮量是计算全球陆地生态系统碳循环的核心内容，它在全球变化的研究和正确评估植被增碳减排效应等方面至关重要。现在大多数的研究工作都是利用生物量数据与碳含量系数的乘积对植物碳贮量进行估计。因此森林群落的生物量及其组成树种的含碳率是研究森林碳储量与碳通量的两个关键因子，也是植物碳贮量估计的误差的两个主要原因，对它们

的准确测定或估计是估算区域和全国森林生态系统碳储量和碳通量的基础。与生物量估计不同的是目前对于森林群落、植物含碳率的研究还处于起步阶段，在国内的研究少有报道。在现有的为数不多的区域和国家尺度的森林碳储量估算中，国内外研究者大多采用0.45或0.50作为所有森林类型的平均含碳率。事实上由于植被类型的多样性和地区间植物生长的差异，同一区域的不同植被以及同一树种在不同器官的碳含量都存在很大的差异，有必要对该区域各主要森林类型的含碳率分别进行测定和分析。

　　科学和准确地估计土壤有机碳储量，减少不确定性具有重要科学和现实意义。在全国或全省范围采用统一而准确的土壤有机碳计量方法不仅是土壤有机碳储量研究的必要手段，也是编制IPCC国家温室气体清单的必要步骤，而且对于解决全球碳循环研究中的"失汇"问题具有重要意义。目前国内外土壤有机碳储量的估算方法有生命地带类型法、森林类型法、土组法、气候参数法、碳拟合法、模型法、相关关系估算法、统计估算法、土壤类型法等。其中相关关系估算法是通过分析土壤有机碳蓄积量与采样点的各种环境变量、气候变量和土壤属性之间的相关关系，建立一定的数学统计关系，从而实现在有限数据基础上计算土壤有机碳储量的目的，具有准备确、方便和简单等优点。现有文献中与土壤有机碳含量建立相关关系的主要因子降水、温度、土壤厚度、土壤质地、海拔高度和容重等等。然而它们的相关关系并非普遍适用，在不同的地方主要控制因素是不同的，各种相关性表现不一，因此文献中确定的统计关系需要得到检验和验证，才能在本区域上应用。

二、生物量模型

(一)林分

1. 乔木

（1）研究方法

　　首先，运用森林资源调查技术标准、成果资料分析与科研论著调研相结合的方法对四川立木生物量建模总体单元进行划分；其次，利用四川历次森林资源连续清查样地立木测高信息，拟合立木胸径(D)－树高(H)交互项因子(D^2H)与空间信息因子的回归模型 $f(X)_1$，拓展模型空间应用范围；再次，建立实测样木交互项因子(D^2H)与立木不同器官生物量回归模型 $f(X)_2$；最后，通过模型叠加建立立木生物量复合模型 $f(X)_3$。

$$f(X)_1 = aD^2 + bD + c(lon)^2 + d(lon) + e(lat)^2 + f(lat)$$

$$+ g(elev)^2 + h(elev) + K \qquad (X \text{ 为样地测高木 } D^2H)$$
$$f(X)_2 = aX + b \qquad (X \text{ 为立木实测生物量 } D^2H)$$
$$f(X)_3 = a f(X)_1 + b \text{ 或 } a f(X)_1{}^{\wedge}b$$

1）立木总体（建模总体）样本划分

运用森林资源调查技术标准、成果资料分析、科研论著调研相结合的方法，兼顾植树造林、林业规划的实际情况，对四川立木生物量建模总体单元进行划分。研究采用的调查技术标准：《四川省森林资源连续清查操作细则》（四川省林业厅1988、1992、1997、2002、2007年）有关优势树种（组）划分成果；《四川省森林资源二类调查》（四川省林业厅1990年）；森林资源成果资料：1988、1992、1997、2002、2007历次四川省森林资源连续清查样地调查、样木检尺、森林资源统计成果资料信息；科研论著包括：《四川森林》（科学出版社1980年）。基于四川省历次森林资源连续清查成果数据，统计不同树种面积、蓄积量构成比例及变化情况，结果表明：近30年来四川不同优势树种（组）蓄积、面积所占比例虽有所变化，但冷、云杉、云南松等针叶树种和栎类、桦木、软阔、硬阔等阔叶树种在蓄积量、面积方面仍然占有很大比例。

表9-27 四川森林资源连续清查优势树种（组）蓄积、面积比例单位:%

优势树种（组）	1988a		1992a		1997a		2002a		2007a	
	蓄积	面积	蓄积	面积	蓄积	面积	蓄积	面积	蓄积	面积
冷杉	43.78 (1)	18.53 (1)	43.81 (1)	18.1 (1)	42.3 (1)	19.14 (1)	38.51 (1)	16.41 (1)	35.16 (1)	13.89 (1)
云杉	14.92 (2)	7.69 (6)	15.90 (2)	7.90 (6)	15.63 (2)	9.2 (4)	14.87 (2)	9.81 (4)	14.65 (2)	8.39 (4)
栎类	9.64 (3)	12.41 (2)	9.10 (3)	11.60 (3)	8.85 (3)	10.75 (3)	10.37 (3)	12.54 (3)	8.43 (3)	8.85 (3)
云南松	5.13 (4)	8.68 (5)	5.10 (4)	8.40 (5)	4.99 (4)	8.97 (5)	5.07 (4)	8.22 (5)	4.31 (5)	6.71 (5)
桦木类	4.28 (5)	5.96 (8)	3.71 (7)	5.40 (8)	3.85 (6)	5.66 (8)	3.82 (8)	5.24 (8)	3.18 (8)	3.94 (11)
高山松	4.15 (6)	3.97 (10)	3.82 (5)	3.40 (10)	4.03 (5)	3.83 (9)	4.49 (6)	4.27 (9)	4.29 (6)	3.67 (12)
软阔	3.67 (7)	7.40 (7)	3.81 (6)	7.40 (7)	3.71 (8)	7.68 (6)	3.91 (7)	8.05 (6)	3.35 (7)	6.24 (7)

（续）

优势树种（组）	1988a		1992a		1997a		2002a		2007a	
	蓄积	面积	蓄积	面积	蓄积	面积	蓄积	面积	蓄积	面积
马尾松	2.77 (8)	11.36 (3)	3.10 (8)	11.70 (2)	1.89 (11)	6.65 (7)	2.35 (11)	6.07 (7)	2.38 (11)	4.33 (10)
铁杉	2.68 (9)	1.60 (12)	1.90 (10)	1.10 (15)	2.54 (9)	1.33 (14)	2.37 (10)	1.54 (13)	2.36 (12)	1.4 (18)
柏木	2.23 (10)	8.85 (4)	2.70 (9)	10.20 (4)	3.71 (7)	12.17 (2)	4.64 (5)	13.15 (2)	5.18 (4)	11.66 (2)
落叶松	1.73 (11)	1.47 (14)	1.50 (12)	1.30 (13)	1.84 (12)	1.72 (13)	1.88 (12)	1.85 (12)	1.85 (15)	1.76 (17)
硬阔	1.62 (12)	2.39 (11)	1.80 (11)	2.80 (11)	2.14 (10)	2.58 (11)	2.43 (9)	2.95 (11)	1.86 (14)	2.03 (15)
杉木	0.86 (13)	4.22 (9)	1.10 (13)	4.60 (9)	0.86 (14)	3.48 (10)	1.22 (13)	3.39 (10)	1.25 (16)	2.73 (13)
杨树	0.79 (14)	1.57 (13)	0.80 (14)	1.70 (12)	1.02 (13)	1.86 (12)	0.98 (15)	1.54 (14)	0.98 (19)	1.40 (19)
楠木	0.59 (15)	0.70 (16)	0.60 (15)	0.70 (18)	0.68 (15)	0.80 (17)	0.38 (18)	0.44 (18)	/	//
华山松	0.28 (16)	1.23 (15)	0.30 (17)	1.30 (14)	0.32 (18)	1.25 (15)	0.43 (17)	1.19 (16)	0.52 (20)	1.09 (21)
油松	0.26 (17)	0.65 (17)	0.40 (16)	0.90 (16)	0.44 (17)	0.68 (18)	0.5 (16)	0.61 (17)	/	/
油杉	0.23 (18)	0.42 (18)	0.10 (19)	0.30 (19)	0.16 (20)	0.41 (19)	0.14 (21)	0.31 (19)	/	/
柳杉	0.13 (19)	0.41 (19)	0.31 (18)	0.90 (17)	0.63 (16)	1.25 (16)	1.04 (14)	1.45 (15)	1.21 (17)	1.87 (16)
樟树	0.11 (20)	0.20 (20)	0.10 (20)	0.10 (20)	0.12 (21)	0.18 (20)	0.16 (20)	0.26 (20)	/	/
桐类	0.10 (21)	0.16 (21)	/	0.10 (22)	0.08 (22)	0.18 (21)	0.10 (22)	0.22 (22)	/	/
椴类	0.04 (22)	0.03 (24)	0.10 (21)	— (23)	0.18 (19)	0.05 (24)	0.22 (19)	0.09 (24)	/	/
桉树	0.01 (23)	0.07 (22)	/	0.10 (21)	/	/	0.05 (23)	0.22 (21)	0.08 (21)	0.51 (22)
水杉	0.01 (24)	0.03 (23)	/	/	0.01 (24)	0.09 (22)	0.04 (24)	0.09 (23)	/	/

（续）

优势树种（组）	1988a		1992a		1997a		2002a		2007a	
	蓄积	面积	蓄积	面积	蓄积	面积	蓄积	面积	蓄积	面积
檫木	/	/	/	/	0.02 (23)	0.09 (23)	0.03 (25)	0.09 (25)	/	/
经济类	/								/	6.67 (6)
针阔混									3.18 (9)	4.41 (9)
阔叶混									2.72 (10)	5.03 (8)
针叶混									2.05 (13)	2.22 (14)
其他针叶类									1.02 (18)	1.21 (20)

注：括号内为各自排序，2007年树种资源统计归类发生变化

四川省森林类型多样、林木树种繁多，不可能也没有必要为所有树种建立立木生物量模型，只对资源数量相对较多、分布范围相对较广的树种，才考虑单独建立模型，其他树种考虑合并建模。按照下列优先原则将不同优势树种归并建模：①四川历次森林资源连续清查成果中不同树种形态中蓄积量、面积排在前列的树种（组）优先；②生境有很大差异的树种优先；③与四川省一元、二元材积表中涉及的立木建模总体优先；④近年来四川省大力发展的用材树种优先；根据上述原则进行优势树种归并，并确定立木生物量建模总体。

表9-28　四川立木生物量建模总体

序号	建模总体	包含树种	序号	建模总体	包含树种
1	冷、云、铁杉	云杉、冷杉、铁杉	9	桦类	红桦、白桦、糙皮桦等
2	云南松	云南松、思茅松	10	楠	润楠、桢楠、黑壳楠
3	马尾松	马尾松	11	樟	香樟、油樟等
4	柏木属	柏木、侧柏等	12	桉属	巨桉、直干桉等
5	落叶松	落叶松	13	杨属	山杨、白杨等
6	杉木、柳杉	杉木、柳杉、水杉	14	硬阔类	丝栗、青冈、木荷等
7	其他松类	华山松、油松等其他松类	15	软阔类	椴树、檫木、槭树等
8	栎类	高山栎、斜栎、石栎等			

2）样地优势树种平均样木测高

采用对森林资源连续清查样地中优势树种（组）样地平均木测定其树高，样地优势树种平均样木测定方法、精度要求参照《四川省森林资源连续清查调查细则》中有关技术标准。

表9-29　样地优势树种平均样木树高测定

树种(组)	测树因子		空间位置		
	胸径范围	树高范围	纬度(°)	经度(°)	海拔(m)
云杉	0.7~86.5	0.3~45.1	27.89~34.17	98.70~104.40	2440~4360
冷杉	2.5~124.8	1.2~42.5	27.52~34.09	98.79~104.36	2220~4360
铁杉	5.8~67.0	3.5~39.2	27.66~32.44	100.89~103.27	2310~3600
云南松	1.7~58.3	0.5~34.5	26.21~34.09	100.18~103.09	960~3490
马尾松	5.0~33.1	2.4~22.4	28.06~32.74	103.26~108.35	270~1400
高山柏类	2.8~52.9	1.4~20.7	27.75~34.17	99.04~104.40	2590~4420
低、中山柏类	1.2~30.5	0.9~19.5	27.76~33.03	103.90~108.08	260~1590
落叶松	2.5~62.0	2.1~35.0	27.82~34.09	99.16~108.20	1590~4460
杉木	1.1~28.1	0.5~22.6	27.24~32.58	102.33~108.25	350~2080
湿地松	5.5~41.3	3.1~20.8	28.56~30.49	104.26~107.00	350~960
柳杉	1.0~36.4	0.7~22.1	28.12~32.52	102.64~106.23	545~1900
华山松	1.8~58.3	1.9~28.7	26.37~32.66	100.89~107.79	820~2560
高山松	1.5~58.5	0.3~26.9	27.73~30.35	99.21~102.27	2730~4180
油松	7.9~46.7	5.8~34.0	30.98~34.10	102.36~106.45	700~3040
油杉	5.1~45.4	2.5~21.2	26.15~28.95	101.34~102.23	1190~3760
樟树	5.1~22.6	3.3~16.5	27.45~32.07	102.33~107.46	310~1970
楠木	5.3~53.1	2.9~21.2	28.19~31.87	102.52~105.78	435~2660
桉属	1.0~22.5	1.5~18.9	26.59~31.29	102.20~107.04	310~1980
高山杨属	3.8~38.3	2.8~21.5	26.80~33.74	99.08~103.36	2490~3720
低、中山杨属	0.8~38.6	2.0~27.6	26.58~33.74	100.86~108.09	250~2960
高山桦类	1.8~63.5	1.7~31.9	27.46~34.17	99.04~104.40	2550~4190
低、中山桦类	5.1~53.0	4.7~18.9	27.15~33.10	102.09~108.49	695~2490
高山栎类	2.0~83.0	1.4~23.5	26.36~33.60	98.92~104.36	1990~4200
低、中山栎类	2.0~72.2	2.0~26.2	26.29~33.60	101.22~108.49	319~2610
高山硬阔	6.8~45.0	5.3~18.9	30.47~32.66	101.30~103.34	3060~3880

（续）

树种（组）	测树因子		空间位置		
	胸径范围	树高范围	纬度（°）	经度（°）	海拔（m）
中山硬阔	1.3~48.0	1.7~19.9	26.51~33.03	101.49~108.49	1265~2800
低山硬阔	0.5~16.9	2.4~14.5	28.19~32.28	103.13~108.01	330~997
高山软阔	5.4~30.9	3.9~19.4	27.89~33.17	100.71~103.98	3040~4020
中山软阔	1.5~88.7	1.4~32.5	26.37~33.60	100.63~108.49	1000~2980
低山软阔	1.3~56.9	1.2~29.9	27.98~32.74	101.62~108.35	310~1000

注：高山（≥3000m）、中山（1000~3000m）、低山（500~1000m），划分依据《四川省森林资源二类调查细则》

3）样点及样木

根据四川立木建模样本总体划分结果，按照典型选样的方法，参考四川森林植被分布图、《四川森林》中有关四川不同植被类型及各优势树种（组）分布概况，在不同区域的森林植被类型典型地区设置立木调查样点，并对样点周边同样的森林类型林分群落进行调查（表9-30）。

以调查样地内立木胸径（DBH）为标准木选取的主导因素，分别按不同取样径阶的选取没有发生断梢、分叉的生长正常，且其冠幅、冠长也基本具有代表性的不同树种标准样木（表9-31），并记录立木各项基本调查因子（经度、纬度、海拔、胸径、根径等）。

表9-30 实测生物量样木样点设置一览表

林分类型	所在县区	样点数量	林分类型	所在县区	样点数量
云杉	松潘、九龙、木里、平武	8	栎类	巴塘、金川、九龙、金阳、南江、北川	24
云南松	泸定、西昌市、德昌	6	桦类	新龙、雅江、道孚、壤塘、丹巴	19
马尾松	通川区、荣县、富顺	6	樟	资中、洪雅、雨城区	3
柏属	剑阁、万源市、阆中市、南部县、仁寿	10	楠	都江堰市、大邑	3
落叶松	木里、九龙、新龙	6	桉属	东坡区、丹棱、夹江县、西昌市	17
杉木	达县、洪雅	8	杨属	峨边、九寨沟、平武	15
华山松	朝天区	3	硬阔类	洪雅、南江、通江、雷波、马边	17
湿地松	荣县、富顺	3	软阔类	万源市、宣汉、仁寿、邻水、屏山	12

表 9-31　实测生物量样木概况表

树种（组）	纬度（°）	经度（°）	海拔（m）	样本数量（n）
云杉	29.05~32.98	100.83~103.99	2460~4161	307
云南松	24.67~29.34	100.80~102.36	1593~3207	41
马尾松	29.08~31.72	103.35~108.22	308~1236	66
柏木（川柏、岷江柏）	29.81~32.28	104.13~107.62	266~1106	54
落叶松	28.27~28.40	101.16~101.19	3238~3890	92
杉木（柳杉）	27.76~32.31	103.04~107.79	376~1679	61
其他松类（湿地松、华山松等）	28.57~32.56	103.36~106.87	720~1480	18
栎类（高山栎、麻栎）	27.03~32.55	101.39~108.07	601~3730	80
桦类（红桦、白桦、亮叶桦等）	29.04~33.17	92.52~104.15	1620~3920	133
樟（香樟、油樟等）	29.02~29.04	103.9~105.04	320~392	29
楠（润楠、黑壳楠等）	28.18~31.16	103.1~104.77	320~1920	57
桉属（巨桉、直干蓝桉等）	28.23~31.66	102.29~105.21	618~1720	248
杨属（高山杨、青杨等）	27.87~33.11	102.08~104.25	1600~2790	30
硬阔（木荷、灯台、领春木等）	28.68~32.46	103.17~104.61	1056~1689	18
软阔（喜树、桤木、榛木等）	22.58~35.36	102.67~111.81	334~2204	243

4）样木鲜重及样品采集

树干：立木基本调查完成后伐倒立木，采用分段全称重法，通过下式汇总计算立木树干鲜重。

$$W_干 = \sum_{n=1}^{i} W_i$$

其中：$W_干$为树干重/g；W_i指每段立木的重量/g。

将伐倒后树干按照树高分为各区分段（各区分段中部为 0.5/10、1/10、2/10、3/10、…、9/10），在 1/10、3.5/10、7/10 处树干两边各锯取 2 个 3~5cm 厚圆盘（下、中、上共 6 个），然后再截取角度 30°的 2 个扇形树干样品块，准确称量样品鲜重，计量到 1.0g。

树枝：根据树枝分布位置、大小和数量，将林木树冠分为上（1）、中（2）、下（3）共 3 层。枯死枝：单独挑选各层枯死枝，称其各层总重量。鲜枝（含花、果）：分别称取各层带叶鲜枝（含花、果）的总鲜重，然后从每一层枝条中选取大小和长度居中、生长良好、叶量中等的 3 个标准枝，将标准枝摘叶（含花、果）后，分别称各标准枝重量，按下式计算全树树枝总鲜重。

$$W_{i层枝鲜重} = \frac{W_{i层标准枝的枝鲜重}}{W_{i层标准枝的枝、叶总鲜重量}} \times W_{i层枝、叶总鲜重}$$

$$W_{枝} = \sum_{n=1}^{i} \times W_{i层枝、叶总鲜重}$$

其中：$W_{i层枝鲜重}$ 为第 i 层枝的鲜重/g；$W_{i层标准枝的鲜重量}$ 为第 i 层标准枝的鲜重/g；$W_{i层标准枝的枝、叶总鲜重量}$ 为第 i 层标准枝的枝叶总鲜重/g；$W_{i层枝的、叶总鲜重量}$ 为第 i 层普通枝的枝叶总鲜重/g；$W_{枝}$ 为样地中枝的总重量/g。

在每层标准枝的重心位置，选取 500g 以上的样品，准确称量样品鲜重，计量到 1.0g。

树叶：将各层挑选的标准枝摘叶（含花、果）后，称其树叶鲜重，根据下式计算全树的叶总鲜重：

$$W_{i层枝鲜重} = \frac{W_{i层标准枝的叶鲜重}}{W_{i层标准枝的枝、叶总鲜重量}} \times W_{i层枝、叶总鲜重}$$

$$W_{叶} = \sum_{n=1}^{i} \times W_{i层叶鲜重}$$

其中：$W_{i层叶鲜重}$ 为第 i 层叶的鲜重/g；$W_{i层标准枝的叶鲜重}$ 为第 i 层标准叶的鲜重/g；$W_{i层标准枝的、叶总鲜重量}$ 为第 i 层标准枝的枝叶总鲜重/g；$W_{i层枝的、叶总鲜重量}$ 为第 i 层普通枝的枝叶总鲜重/g；$W_{叶}$ 为样地中叶的总重量/g。

各层标准枝树叶混合均匀后，选取 500g 以上的样品，准确称量样品鲜重，计量到 1.0g。

树根：对不同树种 1/3 的伐倒样木进行地下部分鲜重测定，方法为全部树根挖出（尽量避免林地中其他树木的根系混淆），按根茎（主根）、粗根、细根①三个部分分别称其鲜重，按下式计算全树根鲜重。

$$W_{根} = W_{根茎} + W_{粗根} + W_{细根}$$

其中：$W_{根}$ 为全树根鲜重/g；$W_{根茎}$ 为全树根茎鲜重/g；$W_{根}$ 为全树粗根鲜重/g；$W_{根}$ 为全树细根鲜重/g。

根茎、粗根、细根各取样品 500g 以上（根茎取圆盘，粗根和细根截取样段），准确称量样品鲜重。

5）样品生物量测定

将野外调查样品在 105℃ 恒温下杀青 30min，再在 85℃ 恒温下烘 5h 进行第一次称重，然后在 85℃ 恒温下继续烘烤，每隔 2h 称重 1 次，当最近两次

---

① 根系取样只分粗、细 2 级，即按 10mm 以上和以下分级，2mm 以下细根不计入根系生物量。

重量相对误差≤5.0%时停止烘烤,将样品取出放人玻璃干燥器皿内冷却至室温再称其干重,测定每个样品的干重($W_{i样干重}$),并按下式计算样木不同器官样品含水率($P\%$)。

$$P_i - 1 - (W_{i样干重、样鲜重})$$

其中:Pi 为样木不同器官的含水率/%;$W_{i样干重}$为每个样品的干重/g;$W_{i样鲜重}$为每个样品的鲜重/g。

根据立木不同器官样品含水率,将立木不同器官鲜重质量换算成立木不同器官生物量。

6)数据整理

实验数据在 Access2007、Excel2007 软件中进行整理、计算;生物量回归模型的筛选、建立及统计检验在 R 语言、SPSS19.0 软件中进行。

7)回归模型筛选与建立

根据不同树种各器官生物量,分析样木调查基本因子胸径(DBH)、竹高(H)和交互作用项(D^2H)与各器官生物量的相关性,根据调查因子易测、实用性强、生物学意义等原则,初步选定自变量因子;模型形式选取一元或多元模型[线性函数($\hat{y} = aX + b$)]、对数函数[$\hat{y} = a\ln(X + b)$]、二次项函数($\hat{y} = aX^2 + bX + c$)、幂函数($\hat{y} = aX^b$)、"S"型曲线($\hat{y} = e^{(a + b/X)}$)、指数函数($\hat{y} = ae^{bX}$)等回归模型进行数据回归拟合,并根据调整确定系数(R_a^2)、估计值的标准误($S_{E,E}$)、平均预估误差($M_{P,E}$)、平均百分标准误差($M_{P,S,E}$)、总相对误差($T_{R,E}$)和平均系统误差($M_{S,E}$)等 6 项指标筛选单株生物量最优回归模型。

$$R_a^2 = 1 - (n - 1)/(n - p) \sum (y_i - \hat{y}_i)^2 / \sum (y_i - \overline{y})^2$$

$$S_{E,E} = \sqrt{\sum (y_i - \hat{y}_i)^2/(n - p)}$$

$$M_{P,E} = t_a \cdot (S_{E,E}/\overline{y})/\sqrt{n} \times 100$$

$$M_{P,S,E} = \frac{1}{n} \sum_{i=1}^{n} |(y_i - \hat{y}_i)|/\sum_{i=1}^{n} \hat{y}_i \times 100$$

$$T_{R,E} = \sum_{i=1}^{n} (y_i - \hat{y}_i)/\sum_{i=1}^{n} \hat{y}_i \times 100$$

$$M_{S,E} = \frac{1}{n} \sum_{i=1}^{n} (y_i - \hat{y}_i)/\hat{y}_i \times 100$$

n 为样本单元数;p 为参数个数;t_a 为学生氏分布值(为 0.05 置信水平);y_i 和 $\hat{y}_i$ 分别为立木生物量的实测和预估值;$\overline{y}$ 为立木生物量的平均实

测值。

（2）研究结果

1）测树因子交互项（D^2H）拟合回归模型

立木生物量模型的建立，需要各径阶不同立木树高值，它的精度对生物量计算结果有很大影响。但森林资源连续清查样地中样木树高值未进行测定，仅对样地中平均样木进行胸径、树高测定；因而，研究采用样地中平均样木胸径、树高信息，模型自变量因子考虑样地优势树种平均木空间信息（经度 lon）、经度平方项 $(lon)^2$、纬度（lat）、纬度平方项 $(lat)^2$、海拔（$elev$）、海拔平方项 $(elev)^2$，采用"逐步回归"的方法建立测树因子交互项（D^2H）与测树胸径、空间信息的拟合回归模型，拓展模型应用空间范围。四川主要树种胸径 – 树高交互项（D^2H）模型结果见表9-32。

表9-32 测树因子交互项（D^2H）与空间信息拟合回归模型

优势树种（组）	模型形式：$f(D^2H) = aD^2 + bD + c(lon)^2 + d(lon) + e(lat)^2 + f(lat) + g(elev)^2 + h(elev) + K$									a. R^2
	a	b	c	d	e	f	g	h	K	
云杉	43.54	−926.04	−274.34	55283.76	/	/	/	/	−2772311.75	0.95
冷杉	35.75	−636.49	−5.25	/	224.59	−13302	/	/	256096.84	0.95
铁杉	54.22	−1516.6	/	/	/	/	/	/	11052.41	0.93
云南松	32.84	−523.99	−181.87	36855.05	78.51	−4464.19	/	/	−1801214.28	0.93
马尾松	22.76	−199.65	16.19	−3492.23	/	/	—E + 00	/	188793.11	0.95
高山柏类	19.62	−266.53	−89.94	18608.54	/	/	/	10.26	−978330.72	0.92
低、中山柏类	20.61	−158.16	/	/	−0.3	/	/	−0.34	875.79	0.95
落叶松	30.6	−524.14	/	−1152.39	/	/	/	/	128038.05	0.93
杉木	26.35	−295.47	−0.16	/	/	30.81	/	/	1835.8	0.95
湿地松	21.69	−170.02	−5502.2	1155200.23	10689.55	−620167.84	/	/	−51639309.06	0.99
柳杉	22.13	−180.92	/	/	/	/	/	1.68	−173.53	0.96
华山松	36.78	−659.8	115.9	−24689.17	3.65	/	/	/	1315417.89	0.98
高山松	30.62	−446.9	441.97	−89058.57	/	/	/	−2.12	4495223.28	0.96
油松	66.65	−1835.12	/	3564.17	1541.2	−100688.81	/	5.03	1274255.21	0.99
油杉	27.66	−485.65	3952.86	−803800.14	−8.68	/	/	−4.5	40875436.88	0.97
樟树	19.77	−187.59	/	/	1.83	/	/	−0.14	−815.57	0.93
楠木	24.3	−263.16	/	/	/	/	/	1.4	183.02	0.99
桉树	18.18	−71.54	−44.41	9369.41	−72.28	4411.34	/	—	−561336.58	0.96

续

优势树种 （组）	模型形式：$f(D^2H) = aD^2 + bD + c(lon)^2 + d(lon) + e(lat)^2 + f(lat) + g(elev)^2 + h(elev) + K$									a.R^2
	a	b	c	d	e	f	g	h	K	
高山杨属	25.21	−242.97	/	/	−13.93	847.31	/	−3.89	−5704.95	0.99
低、中山 杨属	18.95	/	/	/	/	/	/	/	−871.2	0.92
高山桦类	27.77	−369.61	−159.31	32406.41	/	/	/	/	−1646180.34	0.95
低、中山 桦类	22.37	−211.5	−35.91	7566.31	/	/	/	1.21	−398222.42	0.99
高山栎类	24.42	−362.14	−181.65	36742.67	115.51	−6768.48	/	4.08	−1763119.14	0.96
低、中山 栎类	23.13	−301.38	/	−87.77	−60.85	3753.21	/	/	−47019.16	0.94
高山硬阔	13.92	/	29621.07	−6118458.23	−24173.58	1579478.62	/	/	290152586	0.92
中山硬阔	18.08	−150.63	/	/	85.21	/	/	/	−2059.66	0.93
低山硬阔	19.7	−133.28	/	/	/	/	/	−1.68	751.98	0.95
高山软阔	31.99	−559.93	/	/	/	/	−0.01	34.39	−55578.55	0.88
中山软阔	32.87	−580.84	/	/	0.96	/	/	1.81	804.53	0.96
低山软阔	38.35	−583.95	−0.37	/	/	94.36	/	1.09	3354.75	0.97

说明：不同优势树种（组）回归模型拟合参数值仅保留2位小数。

2）实测生物量样本拟合回归模型

树种（组）样木胸径、树高、交互作用项（D^2H）与个各器官生物量进行相关显著性分析，文中仅列出云杉样木生物量因子相关性，结果表明：云杉不同器官生物量与各因子之间相关关系都非常显著（表 9-33），其中测树因子交互项（D^2H）与云杉各器官生物量相关关系最为紧密，同时大量研究表明测树因子交互项（D^2H）具有较强的物理解释意义。考虑这些因素，优势树种（组）器官生物量回归模型建立采用测树因子交互项（D^2H）与各器官生物量建立回归统计模型。

表 9-33　云杉各器官生物量及器官因子相关性

项目	胸径	树高	D^2H	生物量				
				杆	枝	叶	地上	根
D	1							
H	0.851**	1						
D^2H	0.756**	0.687**	1					

（续）

项目	胸径	树高	D²H	生物量				
				杆	枝	叶	地上	根
树干	0.769 **	0.682 **	0.966 **	1				
树枝	0.741 **	0.486 **	0.556 **	0.602 **	1			
树叶	0.766 **	0.519 **	0.544 **	0.589 **	0.878 **	1		
地上	0.829 **	0.690 **	0.938 **	0.979 **	0.752 **	0.725 **	1	
树根	0.815 **	0.713 **	0.930 **	0.974 **	0.654 **	0.644 **	0.971 **	1

注：* 表示 0.05 水平显著相关，* * 表示 0.01 水平极显著相关

3）优势树种（组）树干生物量

基于优势树种（组）实测树干生物量数据与测树因子交互项（D^2H），采用一元或多元多形式模型进行拟合回归，结果表明采用线性模型（$Y = a * X + b$）具有较好的拟合效果，各优势树种（组）树干生物量拟合模型见表9-34。

表 9-34　实测树干生物量拟合模型

优势树种（组）	模型形式：$y = a(D^2H) + b$							
	a	b	Adj. R²	RMSE	STD	TRE	MSE	MPSE
云杉	0.0114	37.5626	0.93	59.98	59.98	−4.16E−16	−9.79	47.61
云南松	0.0120	6.9646	0.94	12.02	12.02	−2.95E−17	−13.40	29.69
柏木	0.0187	2.4597	0.82	7.26	7.26	−4.14E−16	−9.64	32.48
杉木	0.0101	5.0111	0.88	16.11	16.11	−2.94E−16	−5.15	23.66
马尾松	0.0134	13.0579	0.91	28.02	28.02	5.63E−17	−24.32	42.22
落叶松	0.0111	4.7674	0.94	21.36	21.36	−1.05E−16	−21.04	32.88
其他松类	0.0206	1.6156	0.98	7.63	7.63	−1.29E−16	−0.61	11.44
桦类	0.0121	30.3463	0.75	77.26	77.26	2.61E−17	−28.88	50.92
栎类	0.0178	20.5873	0.89	62.16	62.16	1.78E−16	−22.00	41.57
樟	0.0168	6.7421	0.93	32.43	32.43	−1.85E−17	−13.96	25.16
楠	0.0174	6.1856	0.88	18.13	18.13	4.68E−17	−8.47	21.92
杨属	0.0093	25.8334	0.93	21.92	21.92	5.50E−16	−7.52	28.85
桉属	0.0169	−0.5333	0.94	2.61	2.61	8.28E−17	3.53	24.15
硬阔	0.0217	7.4214	0.86	23.26	23.26	3.49E−16	−6.75	29.23
软阔	0.0169	4.0108	0.97	8.17	8.17	−1.13E−16	−28.89	41.18

4）优势树种（组）树枝生物量拟合模型

基于优势树种（组）树枝生物量数据与交互项（D^2H），采用一元或多元多形式模型进行拟合回归，结果表明幂函数模型（$Y = a * X^b$）的模拟效果最佳（表9-35）。

表9-35　树枝生物量拟合模型

优势树种（组）	模型形式：$y = a * (D^2H)^b$							
	a	b	Adj. R^2	RMSE	STD	TRE	MSE	MPSE
云杉	0.0665	0.7169	0.70	0.89	0.89	4.18E-16	-5.15	83.90
云南松	0.0349	0.7164	0.64	0.90	0.90	7.80E-17	-36.83	94.19
柏木	0.1317	0.5290	0.90	0.49	0.49	-5.40E-16	0.25	39.55
杉木	0.0728	0.5699	0.80	0.50	0.50	-1.68E-16	-4.85	34.36
马尾松	0.015	0.8166	0.90	0.63	0.63	6.36E-16	-27.69	55.71
落叶松	0.0474	0.618	0.70	0.96	0.96	-2.15E-16	79.31	163.53
其他松类	0.0047	0.9834	0.67	0.65	0.65	5.38E-16	-6.75	33.50
桦类	0.0114	0.8854	0.84	0.88	0.88	-1.02E-15	53.95	153.18
栎类	0.0271	0.7687	0.83	0.77	0.77	-6.64E-16	7.66	83.54
樟	0.0257	0.7968	0.75	0.75	0.75	7.70E-17	-2.86	43.44
楠	0.0207	0.7735	0.74	0.67	0.67	-3.58E-16	18.62	41.16
杨属	0.0423	0.7713	0.89	0.44	0.44	8.35E-17	-0.14	11.29
桉属	0.0638	0.5490	0.69	0.48	0.48	-1.36E-15	11.27	66.14
硬阔	0.0079	0.9124	0.75	0.62	0.62	-3.47E-16	-36.06	65.52
软阔	0.0373	0.7287	0.84	0.68	0.68	-2.86E-15	-39.02	246.13

5）优势树种（组）树叶生物量拟合模型

基于优势树种（组）实测树叶生物量数据与测树因子交互项（D^2H），采用一元或多元多形式模型进行拟合回归，结果表明采用幂函数模型（$Y = a * X^b$）具有较好的拟合效果，各优势树种（组）树叶生物量拟合模型见表9-36。

表9-36　树叶生物量拟合模型

优势树种（组）	模型形式：$y = a * (D^2H)^b$							
	a	b	Adj. R^2	RMSE	STD	TRE	MSE	MPSE
云杉	0.0430	0.6821	0.7	0.86	0.86	-8.61E-17	-24.22	64.68
云南松	0.0578	0.5700	0.71	0.61	0.61	6.38E-16	19.00	150.62
柏木	0.2205	0.4404	0.85	0.51	0.51	1.07E-15	-135.31	208.15
杉木	0.1656	0.4384	0.58	0.66	0.66	1.12E-15	-3.23	37.64

（续）

优势树种	模型形式：$y = a * (D^2H)^b$							
（组）	a	b	Adj. R^2	RMSE	STD	TRE	MSE	MPSE
马尾松	0.0263	0.6604	0.82	0.71	0.71	−6.77E−16	220.22	359.34
落叶松	0.0310	0.5661	0.82	0.64	0.64	9.07E−16	66.36	148.84
其他松类	0.0051	0.9249	0.86	0.35	0.35	−6.01E−16	−13.26	25.62
桦类	0.0076	0.7340	0.81	0.82	0.82	−1.11E−15	37.61	262.29
栎类	0.0465	0.5449	0.70	0.78	0.78	2.42E−15	−48.79	139.11
樟	0.0312	0.6505	0.86	0.56	0.56	−3.55E−16	25.08	39.65
楠	0.0271	0.6093	0.62	0.70	0.70	−1.21E−15	−21.07	83.41
杨属	0.1318	0.4315	0.56	0.61	0.61	−9.8E−16	3.49	43.01
桉属	0.2170	0.2665	0.49	0.57	0.57	−2.7E−15	−26.87	333.58
硬阔	0.0164	0.7005	0.68	0.55	0.55	−8.03E−16	1.79	54.2
软阔	0.0889	0.4166	0.63	0.67	0.67	1.39E−14	42.35	218.9

6）优势树种（组）树根生物量拟合模型

基于优势树种（组）实测树根生物量数据与测树因子交互项（D^2H），采用一元或多元多形式模型进行拟合回归，结果表明采用幂模型（$Y = a * X^b$）具有较好的拟合效果，各优势树种（组）树根生物量拟合模型见表9-37。

表 9-37 树根生物量拟合模型

优势树种	模型形式：$y = a * (D^2H)^b$							
（组）	a	b	Adj. R^2	RMSE	STD	TRE	MSE	MPSE
云杉	0.0345	0.7994	0.88	0.56	0.56	3.66E−16	−2.23	34.02
云南松	0.0723	0.5810	0.58	0.82	0.82	1.65E−16	−351.33	382.61
柏木	0.1011	0.5461	0.79	0.78	0.78	1.64E−15	−25.35	75.91
杉木	0.0577	0.6238	0.74	0.65	0.65	8.84E−16	4.96	32.00
马尾松	0.0525	0.7136	0.65	1.20	1.20	−7.82E−16	21.19	98.24
落叶松	0.0140	0.8206	0.93	0.54	0.54	−1.60E−16	−3.28	36.95
其他松类	0.0048	1.0287	0.95	0.23	0.23	5.03E−17	4.40	14.13
桦类	0.0184	0.8186	0.89	0.67	0.67	−5.14E−17	−23.16	111.37
栎类	0.0773	0.7186	0.89	0.55	0.55	−4.47E−17	−6.02	36.37
樟	0.0086	0.9625	0.98	0.32	0.32	6.29E−17	7.84	17.23
楠	0.1408	0.6558	0.84	0.42	0.42	−2.27E−16	−7.02	13.43
杨属	0.1157	0.6272	0.85	0.43	0.43	2.18E−16	0.42	13.33
桉属	0.0342	0.7237	0.9	0.17	0.17	−1.38E−16	1.86	13.84
硬阔	0.0051	1.0082	0.89	0.42	0.42	−4.02E−16	3.39	28.39
软阔	0.0876	0.6115	0.76	0.74	0.74	−5.87E−16	−65.22	113.07

2. 林下灌、草

（1）研究方法

1）样地布设与采样

林下灌木层调查及采样（灌木高度 < 3.0m）：在典型的不同森林类型森林资源连续清查样地样地外围随机设置 3 个 2m×2m 的样方，记录主要灌木物种组成、总盖度，分种测定每一灌木群体的平均基径、平均高度，将样方内所有植物全部收获后，分根、枝干、叶称鲜重，分别取约 300g 混合的代表性样本。

草本层植物调查及采样：在林下灌木调查样方（2m×2m）的左上角，分别围取 1 个 1m×1m 的代表性样方。记录主要种类及总盖度，然后分种测定各草群平均高度；然后将样方内所有草本植物全部收获，分地上部分和地下部分称重，并分别取约 300g 混合的代表性样本。

2）样品测定

林下灌、草样品生物量测定方法同乔木样品测定方法相同。

3）数据整理

林下灌、草本野外调查获得各调查样方的基础数据，计算得到灌木总盖度 $C_s(\%)$、平均高度 $H_s(cm)$、灌木群体平均基径 $D_s(cm)$、体积 V_s（$V_s = C_s * H_s$）；草本群体均高 $H_h(cm)$、盖度 $C_h(\%)$，草群体积 V_h（$V_h = C_h * H_h$）；林下植被总生物量 W_u、林下灌木生物量 W_s、林下草本生物量 W_h；林分样地平均胸径 $D_a(cm)$、平均高度 $H_t(m)$ 以及林分密度 $D_u(stem/hm^2)$、胸高断面积 $B_t(m^2)$。

（2）研究结果

1）林下灌、草本基本情况

研究共获取 122 块样地，每块样地外围分别获取 3 个灌草样方（122 * 3 = 366）。不同森林类型样地林下植被参数基本情况见表 9-38。

表 9-38 不同森林类型林下灌、草本参数

参数	均值	中值	标准误	最小值	最大值
郁闭度	70.431	75.0	0.948	7.7	97.0
林分密度（stem/hm²）	1982.671	1800	62.603	—	6200
胸高断面积（m²）	0.864	0.327	0.273	—	71.553
灌木均高（cm）	78.037	70.0	2.43	0.538	370.0
灌木总盖度（%）	29.362	25.0	1.235	0.3	98.0

（续）

参数	均值	中值	标准误	最小值	最大值
草本均高(cm)	39.097	10.121	25.080	1.067	9164.333
草本总盖度(%)	31.684	24	1.447	0.2	100
灌木生物量(t/hm²)	4.711	2.485	0.337	0.005	57.79
草本生物量(t/hm²)	0.889	0.465	0.057	0.003	7.492
林下植被总生物量(t/hm²)	5.600	3.642	0.331	0.030	57.856

2）林下灌木层生物量模型

根据模型拟合发现，选用不同的变量及模型对森林林下灌木 W_s 及其器官（叶 W_{sl}、枝茎 W_{ss}、地上 W_{sa} 和地下 W_{sb}）的估测效果差异大。林下灌木叶生物量的最佳估算模型为幂函数 $W_{sl} = 1.006 * C_s^{1.095}$（$R_a^2 = 0.599$，$P < 0.05$，图 9-9 a），而林下灌木枝干、根和总的生物量 W_s 的最佳估算模型都是以 H_s 和 C_s 组合的参数 V_s 的幂函数形式，分别为 $W_{ss} = 1.001 * V_s^{0.990}$（$R_a^2 = 0.647$，$P < 0.05$，下图 9-9 b）、$W_{sb} = 1.002 * V_s^{0.848}$（$R_a^2 = 0.482$，$P < 0.05$，下图 9-9 c）和 $W_s = 1.003 * V_s^{0.875}$（$R_a^2 = 0.581$，$P < 0.05$，图 9-9 d）。

表9-39　森林林下灌木及各部位生物量混合模型

生物量	模型形式	a	b	c	d	R^2	R_a^2	SEE	F 值
叶	Wsl = a + bCs	−0.045	0.016			0.373	0.371	0.476	210.0 ***
	Wsl = a + bCs + cVs	−0.03	0.012	0.0004		0.383	0.379	0.473	109.1 ***
	Wsl = a + bCs + cVs + dCo	−0.241	0.012	0.0004	0.003	0.39	0.385	0.471	74.8 ***
	Wsl = a * Cs^b	1.006	1.095			0.600	0.599	1.068	542.4 ***
	Wsl = a * Vs^b	1.005	0.814			0.581	0.580	1.092	502.8 ***
枝茎	Wss = a + bCs	−0.117	0.065			0.302	0.300	2.342	152.9 ***
	Wss = a + bCs + cVs	0.010	0.036	0.0003		0.331	0.327	2.295	87.4 ***
	Wss = a * Cs^b	1.014	1.276			0.612	0.611	1.211	573.1 ***
	Wss = a * Vs^b	1.001	0.990			0.648	0.647	1.154	667.8 ***
地下	Wsb = a + bCs	0.493	0.067			0.187	0.185	0.306	81.4 ***
	Wsb = a + bCs + cCo	−2.558	0.067	0.044		0.232	0.228	3.217	53.4 ***
	Wsb = a * Cs^b	1.030	1.115			0.476	0.474	1.396	329.3 ***
	Wsb = a * Vs^b	1.002	0.848			0.483	0.482	1.386	339.7 ***

（续）

生物量	模型形式	系数				R^2	R_a^2	SEE	F 值
		a	b	c	d				
总体	Ws = a + bCs	0.347	0.147			0.293	0.292	5.372	148.1 ***
	Ws = a + bCs + cCo	−3.933	0.147	0.061		0.323	0.319	5.268	84.3 ***
	Ws = a + bCs + cCo + dHs	−4.803	0.138	0.060	0.015	0.332	0.326	5.239	58.4 ***
	Ws = a * Cs^b	1.064	1.137			0.562	0.560	1.195	465.7 ***
	Ws = a * Vs^b	1.003	0.875			0.583	0.581	1.171	506.5 ***

R^2，决定系数；R_a^2，调整的决定系数；N，样本量；W_{sl}，灌木叶生物量；W_{ss}，灌木枝茎生物量；W_{sa}，灌木地上生物量；W_{sb}，灌木地下生物量；W_s，灌木总生物量；H_s，灌木均高；D_s，灌木平均基径；C_s，灌木盖度；V_s，灌木体积（$V_s = H_s * C_s$）；C_o，林分郁闭度；SEE，模型的估计误差；* * *，$P < -1$。

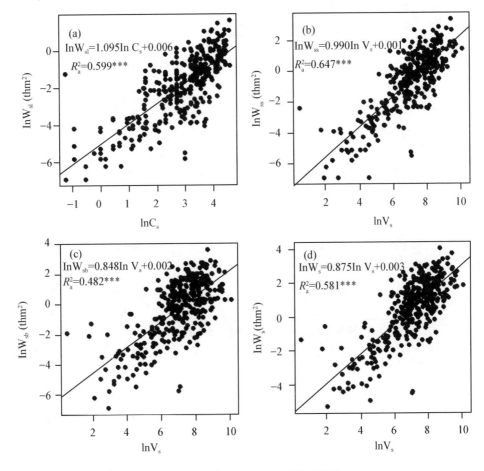

图 9-9　森林林下灌木生物量模型模拟

3）林下草本层生物量模型

在草本生物量的拟合中发现，使用草本的均高（H_h）、盖度（C_h）和体积（V_h）进行拟合，都具有较高的模型精度（$R_a^2 > 0.355$，$P < 0.01$；表 9-40）。林下草本地上生物量 W_{ha}、地下生物量 W_{hb} 和总的生物量 W_h 的最佳估算模型都是以盖度 C_h 为参数的幂函数形式，分别为 $W_{ha} = 1.007 * C_s^{1.077}$（$R_a^2 = 0.672$，$P < 0.05$，图 9-10a）、$W_{hb} = 1.012 * V_s^{0.979}$（$R_a^2 = 0.618$，$P < 0.05$，图 9-10b）和 $W_h = 1.019 * C_h^{1.304}$（$R_a^2 = 0.684$，$P < 0.05$，图 9-10c）。

表 9-40　不同森林类型林下草本及各部位生物量混合模型

生物量	模型形式	系数				R^2	R_a^2	SEE	F 值
		a	b	c	d				
地上	$W_{ha} = a + bCh$	−0.05	0.015			0.383	0.381	0.529	219.7 ***
	$W_{ha} = a + bCh + cCo$	0.21	0.014	−0.003		0.390	0.387	0.527	112.8 ***
	$W_{ha} = a * Ch^b$	1.007	1.077			0.673	0.672	0.893	746.9 ***
	$W_{ha} = a * Vh^b$	1.008	0.596			0.582	0.581	1.009	506.1 ***
地下	$Whb = a + bCh$	0.104	0.011			0.331	0.329	0.451	174.8 ***
	$Whb = a + bCh + cCo$	0.527	0.01	−0.005		0.358	0.355	0.442	98.5 ***
	$Whb = a + bCh + cCo + dBt$	0.516	0.01	−0.005	0.010	0.368	0.363	0.44	68.3 ***
	$Whb = a * Ch^b$	1.012	0.979			0.619	0.618	0.913	590.4 ***
	$Whb = a * Vh^b$	1.019	0.488			0.434	0.433	1.113	278.8 ***
总体	$Wh = a + bCh$	0.051	0.026			0.452	0.450	0.808	289.6 ***
	$Wh = a + bCh + cCo$	0.737	0.024	−0.009		0.470	0.467	0.796	155.4 ***
	$Wh = a * Ch^b$	1.019	1.034			0.685	0.684	0.832	783.3 ***
	$Wh = a * Vh^b$	1.026	0.542			0.534	0.533	1.01	416.6 ***

R^2，决定系数；R_a^2，调整的决定系数；W_{ha}，林下草本地上生物量；W_h，林下草本总生物量；H_h，草本均高；C_h，草本盖度；V_h，草本体积（$V_h = H_h * C_h$）；C_o，郁闭度；B_t，胸高断面积；SEE，模型的估计误差；***，$P < -1$。

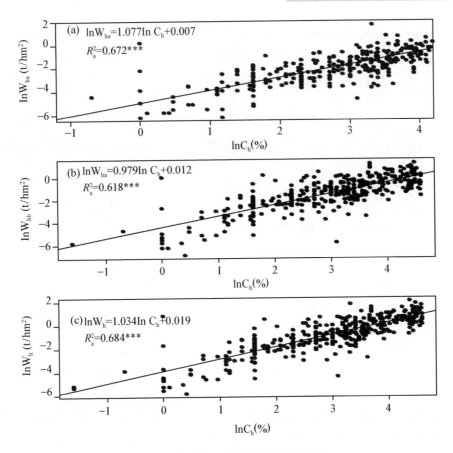

图 9-10　森林林下草本生物量模型模拟

4）林下植被（灌木 + 草本）生物量模型

在拟合建立林下植被总生物量估算模型中发现，利灌木 H_s、C_s 和 V_s 估算 W_u 的效果较好（表 9-41）。林下植被地上生物量 W_{ua}、地下生物量 W_{ub} 和总的生物量 W_u 的最佳估算模型都是以 H_s 和 C_s 组合的参数 V_s 的幂函数形式，分别为 $W_{ua} = 1.0747 * V_s^{0.433}$（$R_a^{\,2} = 0.361$，$P < 0.05$，图 9-11a）、$W_{ub} = 1.0887 * V_s^{0.414}$（$R_a^{\,2} = 0.298$，$P < 0.05$，图 9-11b）和 $W_u = 1.1806 * V_s^{0.422}$（$R_a^{\,2} = 0.357$，$P < 0.05$，图 9-11c）。综合林下灌木和草本生物量后，发现林下植被生物量模型拟合效果一般。

表 9-41　森林下植被总的及各部位生物量混合模型

生物量	模型形式	系数				R^2	R_a^2	SEE	F 值
		a	b	c	d				
地上	$W_{ua} = a + bC_s$	1.066	0.001			0.301	0.299	2.749	152.3 ***
	$W_{ua} = a + bC_s + cV_s$	0.555	0.041	0.0003		0.329	0.325	2.696	86.6 ***
	$W_{ua} = a * C_s^b$	1.395	0.527			0.306	0.304	0.946	160.0 ***
	$W_{ua} = a * V_s^b$	1.0747	0.433			0.363	0.361	0.906	208.8 ***
地下	$W_{ub} = a + bC_s$	1.017	0.065			0.179	0.177	3.303	77.1 ***
	$W_{ub} = a + bC_s + cC_o$	−1.270	0.065	0.033		0.205	0.200	3.255	45.4 ***
	$W_{ub} = a * C_s^b$	1.4233	0.52			0.269	0.267	1.021	133.6 ***
	$W_{ub} = a * V_s^b$	1.0887	0.414			0.300	0.298	1.000	155.4 ***
总量	$W_u = a + bC_s + cC_o$	−1.265	0.141	0.038		0.291	0.287	5.307	72.4 ***
	$W_u = a + bC_s + cC_o + dH_s$	−2.138	0.133	0.038	0.015	0.300	0.294	5.280	50.4 ***
	$W_u = a * C_s^b$	2.0834	0.093			0.310	0.308	0.926	162.8 ***
	$W_u = a * V_s^b$	1.1806	0.422			0.359	0.357	0.089	203.4 ***

R^2，决定系数；R_a^2，调整的决定系数；W_{ua}，林下植被地上生物量；W_{ub}，林下植被地下生物量；W_u，林下植被总生物量；H_s，灌木均高；D_s，灌木平均基径；C_s，灌木盖度；V_s，灌木体积（$V_s = H_s * C_s$）；C_o，郁闭度；B_t，胸高断面积；SEE，模型的估计误差；＊＊＊，$P < -1$。

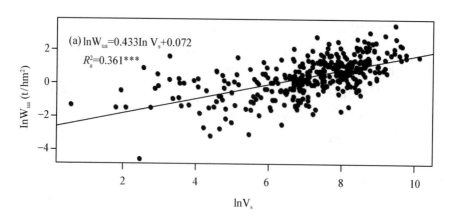

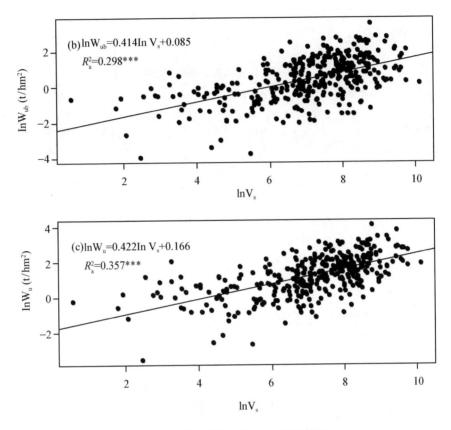

图 9-11　森林林下植被总生物量模型模拟

3. 凋落物

（1）研究方法

1）样点布设及采样

不同森林类型的林下凋落物现存量差异较大，调研有关四川森林类型的有关科研文献及论述，按树种形态将森林类型划分为针叶林、落叶阔叶林、常绿阔叶林、针阔混交林四个类，并分别建立生物量拟合回归模型。

选择不同森林类型的森林资源连续清查样地，在样地 4 个角点和 1 个中心点周围 1m 范围内收集凋落物，每个点首先用 30cm×30cm 的钢圈向下压，记录凋落物厚度，挑拣出枝和其他部分分开装入塑封袋，并分别称重，然后将所取 5 个点原状、半分解的枝和其他部分凋落物分别混匀后取样，取原状的枝和其他部分、半分解的枝和其他部分共 4 个样分别装入塑封袋，标记清楚(样地号、原状或半分解、枝或其他部分、日期)，称量并记录取样鲜重。

若无原状凋落物，则将半分解的枝和其他部分分别混匀后取样，共 2 个，称量并记录取样鲜重。

表 9-42　林分凋落物采样点布设

类型	样点数	林分类型	主要区域
针叶林	509	云杉、冷杉、马尾松、落叶松、云南松、华山松、柏木、国外松、湿地松、铁杉、杉木等	平武县、宝兴县、道孚县、木里县、洪雅县、高县、丹棱县、盐亭县、西昌市、万源县、广元市
针阔混交林	80	桤柏混交林、铁杉针阔混交林、马尾松针阔混交林等	巴中县、广元、盐亭等
落叶阔叶林	431	枫杨、桦木、桤木、川杨、大叶杨、麻栎、椴、柳及落叶阔叶混交林等	梓桐县、理县、西昌、平武、道孚、宝兴、青川等
常绿阔叶林	50	青冈、香樟、油樟、楠、桉、高山栎及常绿阔叶混交林等	雅安雨城区、都江堰、浦江、高县、西昌、邛崃等

2）样品测定

林分林下凋落物生物量测定方法同乔木样品测定相同。

3）数据整理

林分林下灌、草本野外调查获得各调查样方的基础数据，整理后得到凋落物现存生物量密度（t/hm²）与经纬度、海拔、样地平均胸径、样地平均树高、样地蓄积量、密度、郁闭度、灌木地上生物量、凋落物厚度。

4）回归模型筛选与建立

根据不同森林类型凋落物相关测定指标，采用不同的模型形式建立凋落物量与相关因子之间的拟合回归模型。

（2）研究结果

1）影响森林类型凋落物量因素分析

筛选影响不同森林类型凋落物量的因子进行偏相关分析，其采用偏相关系数衡量各自变量（各因子）对预测因变量的贡献大小，反映各影响因素与不同森林类型凋落物量的相互关系。

表 9-43　不同森林类型凋落物生物量与环境因子相关性比较

相关项	针叶林	针阔混交林	落叶阔叶林	常绿阔叶林
经度	−0.05	−0.341	−0.303	−0.410
纬度	−0.14	0.339	−0.416	0.061
海拔	0.128	0.600	0.298	—

（续）

相关项	针叶林	针阔混交林	落叶阔叶林	常绿阔叶林
样地平均胸径	0.950	0.345	0.068	−0.133
样地平均树高	0.126	0.252	−0.106	−0.236
密度	0.068	−0.080	0.044	0.570
郁闭度	0.183	0.008	−0.150	0.553
林分蓄积量	0.129	0.522	0.070	0.256
灌木地上生物量	0.230	0.083	0.125	0.119
凋落物厚度	0.642	0.515	0.650	0.286

2）不同森林类型凋落物回归模型

针叶林：针叶林下凋落物量与凋落物厚度和林分蓄积有显著相关关系。因此，采用凋落物厚度和林分蓄积建立与针叶林下凋落物密度拟合回归模型，回归模型为 $Y = -1.929 + 5.427 * X_{10} + 0.008 * X_8$（$X_{10}$ 为凋落物厚度，X_8 为林分蓄积量）。

表 9-44　针叶林下凋落物回归模型

模型形式	模型参数			R^2	Adjust R^2	SEE
	a	b	c			
$Y = a + bX_{10}$	−0.392	5.388		0.413	0.411	8.57
$Y = a + bX_{10} + cX_8$	−1.929	5.427	0.008	0.435	0.432	8.41

X_1 经度；X_2 纬度；X_3 海拔；X_4 样地平均胸径；X_5 样地平均树高；X_6 密度；X_7 郁闭度；X_8 林分蓄积量；X_9 灌木地上生物量；X_{10} 凋落物厚度

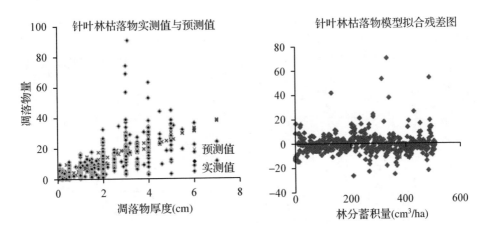

图 9-12　针叶林枯落物总生物量模型模拟

针阔混交林：采用"逐步回归"拟合建立针阔混交林下凋落物量模型，结果表明凋落物量与经纬度、海拔、林分平均胸径、林分平均高、凋落物厚度显著相关。用经纬度、海拔、林分平均胸径、平均高、凋落物厚度建模估测凋落物量，相关系数较高（$R^2 = 0.686$）。

表 9-45　针阔混交林下凋落物回归模型

模型形式	模型参数							R^2	SEE
	a	b	c	d	e	f	g		
$Y = a + bX_3$	0.086	0.008						0.351	10.4882
$Y = a + bX_3 + cX_2$	−88.530	0.008	2.928					0.476	9.4277
$Y = a + bX_3 + cX_2$ $+ dX_4$	−88.871	0.011	3.003	−0.311				0.507	9.1478
$Y = a + bX_3 + cX_2$ $+ dX_4 + eX_1$	201.653	0.008	4.918	−0.401	−3.281			0.559	8.6504
$Y = a + bX_3 + cX_2$ $+ dX_4 + eX_1 + fX_5$	255.393	0.010	5.392	−1.049	−4.038	1.741		0.628	7.9442
$Y = a + bX_3 + cX_2$ $+ dX_4 + eX_1 + fX_5$ $+ gX_{10}$	295.459	0.009	4.86	−1.237	−4.281	1.797	2.541	0.660	7.5904

X_1经度；X_2纬度；X_3海拔；X_4样地平均胸径；X_5样地平均树高；X_6密度；X_7郁闭度；X_8林分蓄积量；X_9灌木地上生物量；X_{10}凋落物厚度

由上述回归结果可见，针阔混交林下凋落物密度与经度（X_1）纬度（X_2）和海拔（X_3）相关性极高，为了简化模型，用这三个位置因子重新建模，模型 $Y = 136.217 + 0.005 * X_3 + 4.392 * X_2 - 2.537 * X_1$，通过林分因子建模，得出凋落物厚度与林分蓄积（$X_8$）的回归模型最优 $Y = 3.058 + 0.066X_8$，残差图如下 9-13：

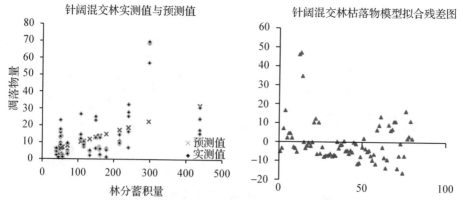

图 9-13　针阔混交林枯落物总生物量模型模拟

落叶阔叶林：落叶阔叶林下凋落物量的回归模型，结果显示，凋落物量与凋落物厚度、纬度、海拔、密度显著相关，相关系数均达到 0.4 以上。模型参数越多，就会带来越多的不稳定性，因此选择模型 $Y = a + bX_{10}$ 作为最优模型，即 $Y = -0.418 + 4.649 * X_{10}$（$X_{10}$ 为凋落物厚度）。

表9-46　落叶阔叶林下凋落物回归模型

模型形式	模型参数					R^2	A. R^2	SEE
	a	b	c	d	e			
$Y = a + bX_{10}$	-0.418	4.649				0.423	0.422	5.256
$Y = a + bX_{10} + cX_2$	34.415	4.145	-1.109			0.484	0.481	4.9768
$Y = a + bX_{10} + cX_2 + dX_6$	36.406	4.089	-1.211	0.001		0.493	0.489	4.9385
$Y = a + bX_{10} + cX_2 + dX_6 + eX_3$	34.162	3.957	-1.158	0.001	0.01	0.498	0.493	4.9191

X_1 经度；X_2 纬度；X_3 海拔；X_4 样地平均胸径；X_5 样地平均树高；X_6 密度；X_7 郁闭度；X_8 林分蓄积量；X_9 灌木地上生物量；X_{10} 凋落物厚度。

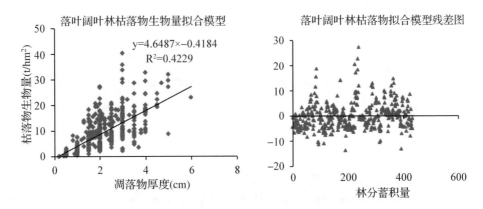

图9-14　落叶阔叶林枯落物总生物量模型模拟

4）常绿阔叶林

常绿阔叶林下凋落物回归模型显示，凋落物量与林分密度和林分平均高呈显著相关关系，相关系数达到 $R^2 = 0.427$。因此，常绿阔叶林林下凋落物模型选用 $Y = 9.742 + 0.0044 * X_6 - 0.493 * X_5$

表 9-47 常绿阔叶凋落物回归模型

模型形式	模型参数			R²	A. R²	SEE
	a	b	c			
Y = a + bX₆	4.718	0.004		0.325	0.311	3.8371
Y = a + bX₆ + cX₅	9.742	0.004	-0.493	0.427	0.403	3.5730

X₁经度；X₂纬度；X₃海拔；X₄样地平均胸径；X₅样地优势树种平均树高；X₆密度；X₇郁闭度；X₈林分蓄积量；X₉灌木地上生物量；X₁₀凋落物厚度。

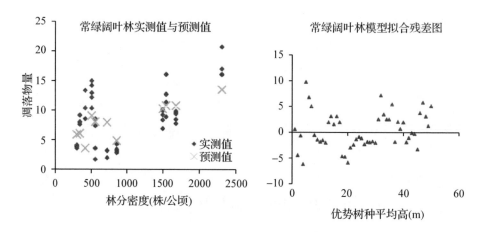

图 9-15 常绿阔叶林枯落物总生物量模型模拟

（二）竹林

1. 单株毛竹

（1）研究方法

单株毛竹生物量调查样点布设充分考虑单株毛竹生物量空间变异性及实用性，紧密结合森林资源连续清查体系，采取森林资源资料分析、文献调研和野外踏查相结合的方法布设调查样地。

表 9-48 单株毛竹样地设置基本情况

所在县域	经度（°）	纬度（°）	海拔（m）	坡向	坡度	坡位	土壤类型	土层厚度（cm）	样地数量（n）
宣汉县	107.90	31.26	480	北	15	下	黄壤	50	1
达州区	107.64	30.98	410	东	10	上	碱性紫色土	80	1
叙永县	105.53	28.26	916	东南	35	中	山地黄壤	60	2
	105.49	28.19	1290	西北	13	脊	山地黄壤	70	

（续）

所在县域	经度 （°）	纬度 （°）	海拔 （m）	坡向	坡度	坡位	土壤类型	土层厚度 （cm）	样地数量 （n）
兴文县	105.12	28.27	723	东北	30	下	山地黄壤	55	1
纳溪区	105.41	28.63	430	西北	32	中	黄壤	60	6
泸县	105.29	28.99	300	西南	20	中	黄壤	70	1
筠连县	104.76	27.91	1080	东南	27	中	山地黄壤	40	1
江安县	105.04	28.48	852	东	30	下	山地黄壤	70	1
	1—	28.41	500	西北	30	中	黄壤	50	1
洪雅县	103.43	29.77	926	西北	32	谷	山地黄壤	50	1
珙县	104.76	28.27	910	东南	3	上	山地黄壤	40	1
峨边县	103.19	29.19	1250	西	20	中	山地黄壤	80	1
长宁县	105.00	28.48	918	南	25	脊	山地黄壤	70	
	105.00	28.38	890	北	25	中	山地黄壤	60	3
	105.00	28.34	420	东北	10	中	黄壤	50	

1）样木选择

为测定单株毛竹生物量和有机碳储量，根据样地调查结果，设置25.82m×25.82m的样地，对样地内的立竹进行每竹检尺，记录每一立竹的眉径[①]（$D_{1.5}$）。根据各样方每竹检尺结果，按各径阶（按1.0cm划分径阶）选择伐倒样竹，"连清"样地内不允许人为故意采伐林木，为减少对"连清"样地的干扰和影响，在对"连清"样地周边毛竹林踏查的基础上，选择在邻近相似毛竹林内按不同径阶选择单株立竹1~2株，调查单株立竹各项因子。

表9-49　毛竹生物量样竹概况

眉径 （cm）	竹高 （m）	数量 （n）	比例 （%）	眉径 （cm）	竹高 （m）	数量 （n）	比例 （%）
5.0~6.0	6.6~6.9	2	2.6	10.1~11.0	10.5~16.4	24	30.8
6.1~7.0	7.9~11.3	6	7.7	11.1~12.0	11.6~17.6	10	12.8
7.1~8.0	8.2~10.4	13	16.7	12.1~13.0	13.8~14.8	2	2.6
8.1~9.0	10.2~13.0	9	11.5	>13.0	17.8~18.1	2	2.6
9.1~10.0	9.8~13.3	10	12.8	合计		78	100

① 眉径：立竹1.5m高处直径

2）样品采集

采用全树采集称重的办法，将单株毛竹伐倒后，按毛竹不同器官部位（竹秆、竹枝、竹叶、竹鞭）分别分解。

竹秆：剔除竹枝、竹叶后，野外全竹称取竹秆鲜重，计量精度 0.1kg，在竹高 3 个不同部位截取竹秆，切碎后混合均匀，尼龙网兜装取 500g 以上竹秆鲜样品，野外称重、记录，计量精度 1.0g。

竹枝：全竹称取竹枝（含竹叶）重量，计量精度 0.1kg；在竹高 3 个不同部位选分别选取 1 个标准枝，分解竹枝、竹叶，将竹枝、竹叶分别混合均匀后称重，计量精度 1.0g，按照下式计算竹枝叶鲜重比（$P\%$）：

$$P_枝 = \frac{W_枝}{W_总}$$

采用野外调查的竹枝叶鲜重比（$P\%$）计算全竹枝鲜重，尼龙网兜装取 300g 以上竹枝鲜样品，野外称重、记录，计量精度 1.0g。

竹叶：按照下式计算竹枝叶鲜重比（$P\%$），采用野外调查的竹枝叶鲜重比（$P\%$）计算全竹叶鲜重，信封装取 300g 以上竹叶鲜样品，野外称重、记录，计量精度 1.0g。

$$P_叶 = 1 - \frac{W_枝}{W_总}$$

竹根：采用全挖法充分挖取样竹竹根，去净竹根附带泥土后，野外秤取全竹竹根鲜重，计量精度 1.0kg，将竹根切碎后混合均匀，尼龙网兜装取 500g 以上竹根鲜样品，计量精度 1.0g。

3）生物量测定

毛竹不同器官样品放置于实验室阴凉干燥处。将野外调查样品在 105℃ 恒温下杀青 30min，再在 85℃ 恒温下烘 5h 进行第一次称重，然后在 85℃ 恒温下继续烘烤，每隔 2h 称重 1 次，当最近两次重量相对误差 ≤5.0% 时停止烘烤，将样品取出放人玻璃干燥器皿内冷却至室温再称其干重，测定每个样品的干重（$W_{i样干重}$），并按下式计算毛竹不同器官样品含水率（$P\%$）。

$$P_i = 1 - W_{su\,fggh\,tgi} / W_{i样鲜重}$$

根据毛竹不同器官样品含水率，将毛竹不同器官鲜重质量换算成毛竹不同器官生物量。

4）数据整理及分析

实验数据在 Excel2007 软件中进行整理、计算和制图，毛竹生物量回归模型的筛选、建立及统计检验在 SPSS19.0、R 语言统计分析软件中进行。

5）回归模型筛选与建立

根据实验数据中各器官生物量，先分析样竹调查基本因子眉径 $D_{1.5}$、竹高 H、交互作用项（D^2H）与各器官生物量的相关性，根据回归模型建立基本原则，选取确定自变量因子；然后根据调查因子易测、实用性强、生物学意义的原则，选取样竹一元或多元线性函数（$\hat{y} = aX + b$）、对数函数（$\hat{y} = a\ln(X) + b$）、二次项函数（$\hat{y} = aX^2 + bX + c$）、幂函数（$\hat{y} = aX^b$）、"S"型曲线（$\hat{y} = e^{(a+b/X)}$）、指数函数（$\hat{y} = ae^{bX}$）等回归模型进行数据回归拟合，并根据调整确定系数（R_a^2）、估计值的标准误（$S_{E,E}$）、平均预估误差（$M_{P,E}$）、平均百分标准误差（$M_{P,S,E}$）、总相对误差（$T_{R,E}$）和平均系统误差（$M_{S,E}$）等 6 项指标筛选单株毛竹生物量最优回归模型。

（2）研究结果

1）毛竹各器官生物量分配

毛竹属于散生竹，其生物量组成除了地上部分的粗大的竹秆和细而密集竹枝和竹叶，还有地下的竹根部分。表 9-50 表明：毛竹不同眉径地上部分生物量占总生物量的百分比为 68.16% ~ 76.04%，平均 70.88%，同其他毛竹生物量研究地上生物量占总生物量的百分率相比大致相当，说明毛竹生物量主要集中在地上部分。同时，随着毛竹粗度的增加，地上部分生物量所占比例也逐渐增加。

表 9-50　单株毛竹不同器官生物量分配

眉径范围（cm）	各器官生物量比例（%）					
	竹秆	竹枝	竹叶	地上部分	竹根	全竹生物量
$D_{1.5} < 8.0$	51.27	8.91	7.98	68.16	31.84	100.00
$8.0 \leqslant D_{1.5} \leqslant 10.0$	54.19	7.57	6.70	68.46	31.54	100.00
$D_{1.5} > 10.0$	62.82	7.70	5.52	76.04	23.96	100.00

根据回归模型建立原则，对毛竹各径阶样竹眉径、竹高、及两者交互作用项（D^2H）与毛竹各器官生物量进行相关显著性分析。表 9-51 表明：毛竹眉径与毛竹竹秆、竹枝、竹叶、竹根和全竹总生物量间均呈极显著相关；竹高除与竹根相关性呈不显著，以及与竹叶呈显著相关外，与竹秆、竹枝和总生物量相关性均达到极显著水平；交互作用项（D^2H）除与竹根相关性呈不显著外，与毛竹各器官、全竹总生物量呈极显著相关性。说明毛竹眉径、竹高

等主要器官因子在彼此间相互影响的同时，共同对毛竹器官生物量产生直接或间接的影响。其中毛竹器官因子中，眉径对生物量的影响最大，具有决定性作用。虽然竹高及交互作用项对毛竹器官生物量影响也比较明显，但在实际应用中，森林资源连续清查体系中仅对毛竹样地实测眉径；如果生物量回归模型建立从一元模型变为二元或三元模型不仅要大幅增加野外调查工作量，而且增加的解释变量本身也含有一定的误差（如竹高测定误差一般为5%）。综合考虑这些因素，毛竹器官生物量模型建立采用毛竹眉径（D1.5）与器官生物量一元回归统计模型。

表 9-51　毛竹器官生物量及器官因子相关性

项目	眉径（$D_{1.5}$）	竹高（H）	D^2H	生物量				
				杆	枝	叶	根	总
眉径	1	.840 **	.943 **	.919 **	.548 **	.396 **	.370 **	.819 **
竹高	.840 **	1	.924 **	.759 **	.542 **	.234 *	.003	.556 **
D^2H	.943 **	.924 **	1	.891 **	.555 **	.326 **	.182	.721 **
树干	.919 **	.759 **	.891 **	1	.611 **	.456 **	.450 **	.913 **
树枝	.548 **	.542 **	.555 **	.611 **	1	.778 **	.214	.633 **
树叶	.396 **	.234 *	.326 **	.456 **	.778 **	1	.606 **	.687 **
树根	.370 **	.003	.182	.450 **	0.214	.606 **	1	.755 **
总生物量	.819 **	.556 **	.721 **	.913 **	.633 **	.687 **	.755 **	1

注：* 表示 0.05 水平显著相关，＊＊表示 0.01 水平极显著相关

2）毛竹器官生物量回归模型

竹秆生物量模型：采用不同回归模型形式对毛竹眉径（D1.5）与竹秆生物量建立一元回归统计模型。表 9-52 表明：毛竹眉径与竹秆生物量都具有较好的拟合效果，其中竹秆 - A、竹秆 - C 模型的调整确定系数 R_a^2 分别为0.843、0.868，表明两者高度相关，竹秆 - B、竹秆 - D、竹秆 - E、竹秆 - F 模型调整确定系数 R_a^2 分别为 0.795、0.755、0.710、0.770，两者显著相关。竹秆 - A、竹秆 - C 模型的估计值标准误（$S_{E,E}$）、平均预估误差（$M_{P,E}$）和总相对误差（$T_{R,E}$）大致相当，而两者模型的平均百分标准误差（$M_{P,S,E}$）、平均系统误差（$M_{S,E}$）差异较大，以竹秆 - C 模型的效果优于竹秆 - A 模型。

表9-52 毛竹竹秆生物量多曲线拟合

序号 模型形式	模型参数			拟合效果			评价指标			
	a	b	c	R_a^2	F	$S_{E,E}$	$M_{P,E}$	$M_{P,S,E}$	$T_{R,E}$	$M_{S,E}$
竹秆 – A $Y = aX + b$	2.367	– 11.5		0.843	414.4	1.85	3.83	34.41	0.00	22.62
竹秆 – B $Y = a\ln X + b$	20.39	– 34.5		0.795	300.2	2.12	4.37	18.36	0.01	– 5.42
竹秆 – C $Y = aX^2 + bX + c$	0.186	– 1.06	3.69	0.868	246.6	1.72	3.56	12.58	0.01	0.179
竹秆 – D $Y = aX^b$	0.078	2.166		0.755	238.2	0.25	0.52	13.42	2.46	2.724
竹秆 – E $Y = e^{(a + b/X)}$	4.231	– 17.7		0.710	189.8	0.27	0.57	15.17	3.43	3.397
竹秆 – F $Y = ae^{bx}$	0.945	0.247		0.770	259.3	0.24	0.50	14.1	1.75	2.508

竹秆 – A 模型：各参数 t 值分别为 20.356、– 10.242，检验显著，F 相伴概率值 $P < 0.05$，检验显著；

竹秆 – B 模型：各参数 t 值分别为 17.325、– 13.102，检验显著，F 相伴概率值 $P < 0.05$，检验显著；

竹秆 – C 模型：各参数 t 值分别为 3.614、– 10.109、8.853，检验显著，F 相伴概率值 $P < 0.05$，检验显著；

竹秆 – D 模型：各参数 t 值分别为 3.185、15.434，检验显著，F 相伴概率值 $P < 0.05$，检验显著；

竹秆 – E 模型：各参数 t 值分别为 29.18、– 13.777，检验显著，F 相伴概率值 $P < 0.05$，检验显著；

竹秆 – F 模型：各参数 t 值分别为 6.771、16.104，检验显著，F 相伴概率值 $P < 0.05$，检验显著；

综合考虑上述因素，选取二次项函数($\hat{y} = aX^2 + bX + c$)作为毛竹眉径与竹秆生物量预估最优模型，其模型表达式为：

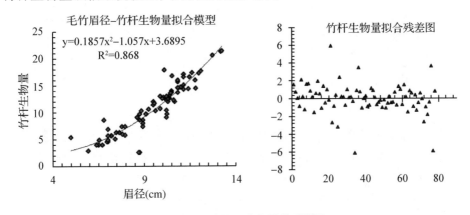

图9-16 毛竹竹秆生物量模型模拟

竹枝生物量模型：采用不同回归模型形式对毛竹眉径($D_{1.5}$)与竹枝生物量建立一元回归统计模型。结果表明：毛竹眉径与竹秆生物量拟合效果一般，其中竹枝 – C、竹枝 – D、竹枝 – E、竹枝 – F 模型的调整确定系数 R_a^2 分别为 0.530、0.532、0.507、0.527，表明两者显著相关，竹枝 – A、竹枝 – B 模型调整确定系数 R_a^2 分别为 0.496、0.461，两者低度相关。竹枝 – C、竹枝 – D、竹

枝 – E、竹枝 – F 模型的估计值标准误（$S_{E,E}$）、平均预估误差（$M_{P,E}$）、平均百分标准误差（$N_{P,S,E}$）差异不大，而竹枝 – E、竹枝 – F 模型与与竹枝 – C、竹枝 – D 模型的总相对误差（$T_{R,E}$）、平均系统误差（$M_{S,E}$）差异较大。因此，选取调整确定系数最高的竹枝 – D 模型为竹枝生物量最优回归模型。

表 9-53　毛竹竹枝生物量多曲线拟合

序号	模型形式	模型参数			拟合效果			评价指标			
		a	b	c	R_a^2	F	$S_{E,E}$	$M_{P,E}$	$M_{P,S,E}$	$T_{R,E}$	$M_{S,E}$
竹枝 – A	$Y = aX + b$	0.22	– 0.75		0.496	62.98	0.41	7.54	25.92	– 0.01	0.95
竹枝 – B	$Y = a\ln X + b$	1.90	– 2.87		0.461	54.81	0.43	7.82	27.86	– 0.01	2.28
竹枝 – C	$Y = aX^2 + bX + c$	0.03	– 0.35	1.77	0.530	36.58	0.39	7.28	25.65	– 0.01	0.27
竹枝 – D	$Y = aX^b$	0.04	1.53		0.532	69.90	0.30	5.58	26.47	– 0.01	4.48
竹枝 – E	$Y = e^{(a+b/X)}$	1.62	– 12.62		0.507	65.75	0.31	5.67	26.75	4.83	4.61
竹枝 – F	$Y = ae^{bx}$	0.24	0.18		0.527	71.33	0.30	5.54	26.24	4.24	4.44

竹枝 – A 模型：各参数 t 值分别为 7.936、– 2.769，检验显著，F 相伴概率值 P < 0.05，检验显著；

竹枝 – B 模型：各参数 t 值分别为 7.403、– 4.997，检验显著，F 相伴概率值 P < 0.05，检验显著；

竹枝 – C 模型：各参数 t 值分别为 2.356、– 10.426、1.606，检验显著，F 相伴概率值 P < 0.05，检验显著；

竹枝 – D 模型：各参数 t 值分别为 2.442、8.361，检验显著，F 相伴概率值 P < 0.05，检验显著；

竹枝 – E 模型：各参数 t 值分别为 9.147、– 8.109，检验显著，F 相伴概率值 P < 0.05，检验显著；

竹枝 – F 模型：各参数 t 值分别为 5.021、8.446，检验显著；F 相伴概率值 P < 0.05，检验显著；

竹秆 – F 模型：各参数 t 值分别为 4.891、6.704，检验显著，F 相伴概率值 P < 0.05，检验显著；

综合考虑上述因素，选取幂函数 $\hat{y} = aX^b$ 作为毛竹眉径与竹枝生物量预估的最优模型，其模型表达式为：

$$\hat{y} = 0.0412X^{1.5335}（\text{X 不单株毛竹眉径}）$$

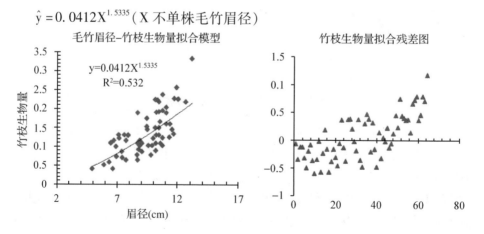

图 9-17　毛竹竹枝生物量模型模拟

竹叶生物量模型：毛竹眉径与竹叶生物量拟合效果一般，调整确定系数 R_a^2 区间为 $0.378 \sim 0.425$，表明两者呈低度相关。竹秆 – D、竹秆 – E 模型的调整确定系数 R_a^2 最高分别为 0.425，而模型的估计值标准误（$S_{E,E}$）、平均预估误差（$M_{P,E}$）、平均系统误差（$M_{S,E}$）、总相对误差（$T_{R,E}$）、平均百分标准误差（$M_{P,S,E}$）大致相当，差异极小。因此，选择整确定系数 R_a^2 最高的竹秆 – D 模型为竹叶生物量最优回归模型。

表 9-54　毛竹竹叶生物量多曲线拟合

序号　模型形式	模型参数			拟合效果			评价指标			
	a	b	c	R_a^2	F	$S_{E,E}$	$M_{P,E}$	$M_{P,S,E}$	$T_{R,E}$	$M_{S,E}$
竹叶 – A　$Y = aX + b$	0.15	– 0.27		0.397	41.21	0.35	7.56	26.21	0.01	0.18
竹叶 – B　$Y = a\ln X + b$	1.32	– 1.74		0.378	38.06	0.35	7.68	25.88	– 0.01	0.29
竹叶 – C　$Y = aX^2 + bX + c$	0.02	– 0.13	0.99	0.405	21.78	0.35	7.44	25.92	0.01	0.12
竹叶 – D　$Y = aX^b$	0.07	1.27		0.425	45.99	0.31	7.61	26.95	4.43	4.73
竹叶 – E　$Y = e^{(a + b/X)}$	1.27	– 10.62		0.424	46.07	0.31	7.76	27.00	4.56	4.71
竹叶 – F　$Y = ae^{bx}$	0.28	0.14		0.419	44.95	0.31	7.5	26.78	4.35	4.78

竹叶 – A 模型：各参数 t 值分别为 6.42、– 1.165，a 检验显著，b 检验不显著，F 相伴概率值 P < 0.05，检验显著；

竹叶 – B 模型：各参数 t 值分别为 6.169、– 3.677，检验显著，F 相伴概率值 P < 0.05，检验显著；

竹叶 – C 模型：各参数 t 值分别为 – 0.624、1.35、1.035，检验不显著，F 相伴概率值 P < 0.05，检验显著；

竹秆 – D 模型：各参数 t 值分别为 7.055、– 6.787，检验显著，F 相伴概率值 P < 0.05，检验显著；

竹叶 – E 模型：各参数 t 值分别为 29.18、– 13.777，检验显著，F 相伴概率值 P < 0.05，检验显著；

综合考虑上述因素，选取幂函数 $\hat{y} = aX^b$ 作为毛竹眉径与竹叶生物量预估的最优模型，其模型表达式为：

$$\hat{y} = 0.0647X^{1.2727}（X 为单株毛竹眉径）$$

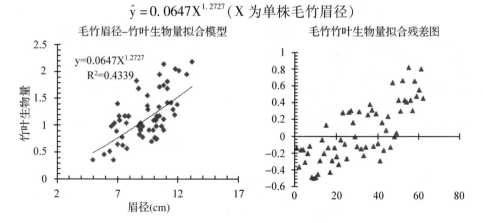

图 9-18　毛竹竹叶生物量模型模拟

竹鞭(根)生物量模型：毛竹眉径与竹秆生物量都具有较好的拟合效果，各模型的调整确定系数 R_a^2 均达到 0.800 以上，表明两者高度相关。其中以竹根 – B、竹根 – A、竹根 – D 模型调整确定系数 R_a^2 最高，这三个模型的评价指标差异不大，因此，选用调整确定系数 R_a^2 最高者为竹根生物量预测模型。

表 9-55　毛竹竹根生物量多曲线拟合

序号　模型形式	模型参数			拟合效果			评价指标			
	a	b	c	a. R^2	F	$S_{E,E}$	$M_{P,E}$	$M_{P,S,E}$	$T_{R,E}$	$M_{S,E}$
竹根 – A　$Y = aX + b$	1.24	– 5.31		0.860	362.89	0.88	3.75	15.69	– 0.01	3.11
竹根 – B　$Y = a\ln X + b$	10.55	– 17.09		0.820	269.53	1.00	4.26	42.11	0.01	– 30.89
竹根 – C　$Y = aX^2 + bX + c$	0.10	– 0.59	2.62	0.881	211.57	0.83	3.72	12.08	0.01	0.03
竹根 – D　$Y = aX^b$	0.08	1.92		0.850	336.25	0.16	0.70	12.75	1.28	1.33
竹根 – E　$Y = e^{(a + b/X)}$	3.49	– 15.57		0.808	249.62	0.19	0.78	14.24	1.93	1.77
竹根 – F　$Y = ae^{bx}$	0.73	0.22		0.863	372.50	0.16	0.66	12.48	0.88	1.20

竹根 – A 模型：各参数 t 值分别为 19.05、– 8.719，检验显著，F 相伴概率值 P < 0.05，检验显著；

竹根 – B 模型：各参数 t 值分别为 16.418、– 12.056，检验显著，F 相伴概率值 P < 0.05，检验显著；

竹根 – C 模型：各参数 t 值分别为 – 3.027、– 10.969、10.976，检验显著，F 相伴概率值 P < 0.05，检验显著；

竹根 – D 模型：各参数 t 值分别为 4.325、18.337，检验显著，F 相伴概率值 P < 0.05，检验显著；

竹根 – E 模型：各参数 t 值分别为 30.515、– 15.799，检验显著，F 相伴概率值 P < 0.05，检验显著；

竹根 – F 模型：各参数 t 值分别为 9.281、19.300，检验显著，F 相伴概率值 P < 0.05，检验显著；

综合上述因素，选取二次项函数 $(\hat{y} = aX^2 + bX + c)$ 作为毛竹眉径与竹根生物量预估最优模型，其回归模型表达式为：

$$\hat{y} = 0.1018X^2 - 0.5893X + 2.6153 \text{（X 为单株毛竹眉径）}$$

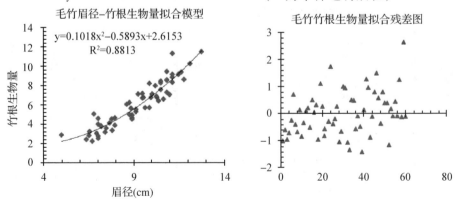

图 9-19　毛竹竹根生物量模型模拟

2. 毛竹林

（1）研究方法

1）毛竹林生物量计算

通过单株毛竹中筛选出的单株毛竹不同器官最优回归生物量模型，依据毛竹林样地内每一立竹检尺数据，按照下式计算、汇总得出毛竹林样地内各单株毛竹总生物量，计算得出不同密度毛竹林单位面积生物量数据。采用不同的回归模型形式对毛竹林密度 $N = n * hm^{-1}$ 与毛竹林单位面积生物量建立一元回归统计模型。

$$B_{i\text{总}} = B_{i\text{秆}} + B_{i\text{叶}} + B_{i\text{根}}$$

式中，$B_{i\text{总}}$ 为第 i 单株毛竹总生物量，$B_{i\text{秆}}$ 为第 i 单株竹秆生物量，$B_{i\text{枝}}$ 为第 i 单株竹枝生物量，$B_{i\text{叶}}$ 为第 i 单株竹叶生物量，$B_{i\text{根}}$ 为第 i 单株竹根生物量。

毛竹林样地内每一立竹生物量数据，按照下式汇总后得到毛竹林单位面积生物量 $B_{\text{林分}}$。

$$B_{\text{林分}} = \sum_{i=1}^{n} B_i$$

2）回归模型筛选与建立

为紧密结合 1988、1992、1997、2002 森林资源连续清查体系中对毛竹林的调查内容，自变量因子选取仅为毛竹林密度因子 $N = n * hm^{-2}$，回归模型的筛选与建立研究方法同 2.1.5。

（2）研究结果

采用不同的模型形式对毛竹林密度与单位面积生物量拟合效果差异较大，毛竹林－C、林分－D、林分－F模型均达到高度相关程度，以毛竹林－D、毛竹林－F模型拟合效果最优，两模型的相关模型评价指标差异不大。因此，毛竹林－D模型的拟合效果最优。

表 9-56　毛竹竹根生物量多曲线拟合

序号 模型形式	模型参数			拟合效果			评价指标			
	a	b	c	R_a^2	F	$S_{E,E}$	$M_{P,E}$	$M_{P,S,E}$	$T_{R,E}$	$M_{S,E}$
林分－A　Y = aX + b	0.04	− 24.33		0.789	112.99	17.4	10.7	32.45	0	− 2.01
林分－B　Y = alnX + b	54.83	− 361.66		0.627	51.34	23.13	14.23	33.2	0	− 10.71
林分－C　Y = aX² + bX + c	6.55E − 06	0.008	0.28	0.805	62.98	16.71	10.28	26.65	0	0.83
林分－D　Y = aX^b	0.0006	1.48		0.851	172.94	0.34	0.21	28.78	6.86	5.51
林分－E　Y = e$^{(a+b/X)}$	4.42	− 1266.23		0.584	43.13	0.57	0.35	47.49	21.43	16.35
林分－F　Y = ae^{bx}	6.16	0.0009		0.832	149.18	0.36	0.22	29.29	0.54	6.18

林分－A模型：各参数 t 值分别为 10.629、− 24.33，检验显著，F 相伴概率值 P＜0.05，检验显著；

林分 – B 模型：各参数 t 值分别为 7.165、–6.285，检验显著，F 相伴概率值 P < 0.05，检验显著；

林分 – C 模型：各参数 t 值分别为 0.512、1.858、0.018，检验不显著，F 相伴概率值 P < 0.05，检验显著；

林分 – D 模型：各参数 t 值分别为 13.151、1.183，a 参数检验显著，b 参数检验显著，F 相伴概率值 P < 0.05，检验显著；

林分 – E 模型：各参数 t 值分别为 27.054、–6.568，检验显著，F 相伴概率值 P < 0.05，检验显著；

林分 – F 模型：各参数 t 值分别为 12.214、6.313，检验显著，F 相伴概率值 P < 0.05，检验显著；

综合上述因素，选取幂函数 $\hat{y} = aX^b$ 作为毛竹林密度与毛竹林单位面积生物量预估最优模型，其回归模型表达式为：

$$\hat{y} = 0.0006X^{1.4779}（X 为毛竹林密度）$$

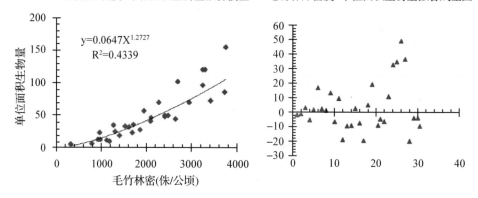

图 9-20　毛竹林分密度 – 单位面积生物量拟合模型

3. 杂竹林（除毛竹）

（1）研究方法

1）样地布设

杂竹生物量调查样地布设充分考虑不同竹种形态差异导致的生物量差异及建立模型的通用性，紧密结合森林资源连续清查样地调查资料，采取森林资源资料分析、文献调研和野外踏查相结合的方法布设调查样地。

表 9-57　杂竹生物量调查样地概况

所在县域	优势竹种	土壤类型	土层厚度（cm）	样地数量（个）
都江堰市	勃氏甜龙竹	山地黄壤	50	1
芦山县	勃氏甜龙竹	山地黄壤	70	1
天全县	勃氏甜龙竹	山地黄壤	50	1
峨边县	白夹竹、麻竹	山地黄壤	50	2

（续）

所在县域	优势竹种	土壤类型	土层厚度	样地数量
广安区	慈竹	中性紫色土	40	1
合江县	巴山木竹、绵竹、水竹	黄壤	50	3
邻水县	白夹竹	山地黄壤	40	2
犍为县	撑绿竹、硬头黄	山地黄壤	45	2
江安县	慈竹	黄壤	70	1
长宁县	慈竹	山地黄壤	25	1
达县	白夹竹	山地黄壤	60	2
绵竹市	白夹竹	山地棕壤	50	2
沐川县	水竹	山地黄壤	50	2
纳溪区	巴山木竹	黄壤	90	2
渠县	白夹竹	山地黄壤	60	2
万源市	巴山木竹	山地黄壤	40	1
旺苍县	巴山木竹	中性紫色土	20	1
通江县	巴山木竹	山地黄壤	55	1
兴文县	苦竹	山地黄壤	60	1
沙湾区	慈竹	黄壤	50	1
通桥区	慈竹	黄壤	90	1
叙永县	慈竹	黄壤	60	1
雁江区	麻竹	黄壤	60	1
宜宾县	水竹	山地黄壤	30	1
雨城区	水竹	山地黄壤	60	1
屏山县	慈竹、麻竹	山地黄壤	80	2
合计				37

2）样方（地）设置及采样

中小径（基径≤3.0cm）杂竹种类：采用样方调查法，森林资源连续清查样地不允许人为故意破坏，对样地周边杂竹林踏查的基础上，采用与样地相似杂竹林类型，设置1m×1m的标准杂竹样方，进行杂竹林株数、生长状况基本调查。采用"收获法"砍伐样方内杂竹，称取样方内杂竹全株地上部分鲜重；在杂竹样方中心位置设置30cm×30cm小样方，每10cm为一层，逐层挖出竹根，洗净泥土后滤干后称竹根鲜重质量。杂竹地上部分按不同器官鲜重一定比例混合取回300g以上样品，并秤取、记录样品鲜重，地下部分竹根200g以上样品，并秤取、记录样品鲜重。

大径级（基径＞3.0cm）杂竹种类竹类：采样样地调查法，设置25.82m×25.82m的样地，查数样地内竹丛数量，以标准竹丛为调查单元，进行杂竹竹丛株数、生长状况等基本调查，选定杂竹标准竹，采用"标准株法"伐倒后全株秤取鲜重质量，在该标准竹旁采用1/4法挖取竹根，并秤取其鲜重质量。杂竹地上部分按不同器官鲜重一定比例混合取回500g以上样品，并秤取、记录样品鲜重，地下部分竹根200g以上样品，并秤取、记录样品鲜重。

3）生物量测定

研究方法同林分样本生物量测定方法相同。

4）回归模型筛选与建立

为紧密结合森林资源连续清查调查体系中对杂竹林的调查内容，自变量因子选取仅为杂竹林密度因子。

（2）研究结果

采用不同的回归模型形式对杂竹林密度（$N = n * hm^{-2}$）与杂竹林单位面积生物量建立一元回归统计模型。采用不同的模型形式对杂竹林密度与单位面积生物量拟合效果一般，除杂竹-E模型外各模型仅到达低度相关。以杂竹-D模型拟合调整确定系数R_a^2最高，综合比较其余各项模型评价指标，该模型拟合效果最优，同时也能较好反映杂竹林密度与林分生物量之间的生态学规律，表9-58。

表9-58　杂竹林生物量多曲线拟合

序号	模型形式	模型参数			拟合效果			评价指标			
		a	b	c	R_a^2	F	$S_{E,E}$	$M_{P,E}$	$M_{P,S,E}$	$T_{R,E}$	$M_{S,E}$
杂竹-A	$Y = aX + b$	0.0001	14.09		0.52	39.04	6.89	8.45	22.61	0.01	-0.4
杂竹-B	$Y = a\ln X + b$	8.05	-54.53		0.50	37.02	6.99	8.57	27.15	0.01	4.16
杂竹-C	$Y = aX^2$ $+ bX + c$	-6.34E -09	0.001	10.76	0.52	20.66	6.84	8.38	20.92	0.01	-0.14
杂竹-D	$Y = aX^b$	0.70	0.35		0.59	51.36	0.26	0.32	21.11	3.76	3.35
杂竹-E	$Y = e^{(a + b/X)}$	3.23	-1804.16		0.33	18.53	0.33	0.41	29.36	6.30	5.57
杂竹-F	$Y = ae^{bx}$	1.71E -05	14.69		0.51	38.81	0.28	0.35	22.79	3.70	4.00

杂竹-A模型：各参数t值分别为6.248、7.955，统计显著，F相伴概率值P<0.05，检验显著；

杂竹-B模型：各参数t值分别为6.084、-4.285，统计显著，F相伴概率值P<0.05，检验显著；

杂竹-C模型：各参数t值分别为0.02、2.591、-3.401，统计显著，F相伴概率值P<0.05，检验显著；

杂竹-D模型：各参数t值分别为7.166、2.101，统计显著，F相伴概率值P<0.05，检验显著；

杂竹-E模型：各参数t值分别为45.895、-4.304，统计显著，F相伴概率值P<0.05，检验显著；

杂竹-F模型：各参数t值分别为6.23、13.771，统计显著，F相伴概率值P<0.05，检验显著；

综合上述因素，选取幂函数$\hat{y} = aX^b$作为杂竹林密度与杂竹林单位面积生物量预估最优模型，其回归模型表达式为：

$$\hat{y} = 0.06964X^{0.3547} \, (\text{X 为杂竹林密度})$$

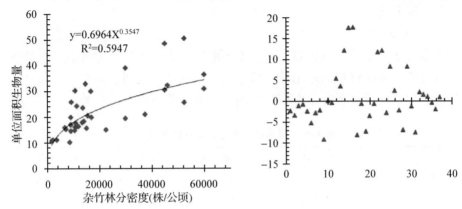

图 9-21　杂竹林分密度－单位面积生物量拟合模型

4. 凋落物

（1）研究方法

研究方法同林分凋落物层调查相同。

（2）研究结果

竹林林下凋落物（Y）与林分密度（X）相关性最高（$R^2 = 0.79$），拟合最优模型为：Y = 0.0354 * X^0.5210，散点图及拟合残差图如下：

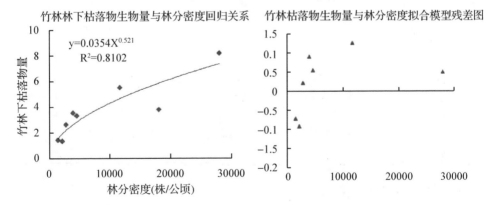

图 9-22　竹林林下枯落物生物量与林分密度回归关系图

（三）灌木林地

1. 灌木层

（1）研究方法

1）样地布设

灌木林生物量调查样地布设考虑不同灌木林类型生物量差异及森林资源连续清查统计成果资料的适用性，紧密结合样地调查资料，采取森林资源资料分析、文献调研和野外踏查相结合的方法布设调查灌木林样地。

表9-59　灌木林生物量调查样地概况

所在县域	优势灌木种	土壤类型	土层厚度（cm）	样地数量（个）
理 县	杂灌	山地褐土	40～60	6
白玉县	小叶杜鹃	山地棕壤	25	1
	小叶杜鹃	山地棕壤	30	1
马尔康县	高山杜鹃	山地暗棕壤	30～70	3
	高山栎	山地暗棕壤	40～60	2
西昌市	高山柏	山地黄棕壤	40～60	2
茂 县	辽东栎	山地棕壤	50	1
卧 龙	川滇高山栎	山地棕壤	45	1
红原县	高山柳	山地暗棕壤	30	1
壤塘县	窄叶鲜卑花	高山草甸土	35	1
阿坝县	窄叶鲜卑花	高山草甸土	30	1
南江县	灌状青冈	山地黄壤	60	1
渠 县	马桑	中性紫色土	20	1
剑阁县	马桑	紫色土	20	1
仪陇县	火棘/马桑	紫色土	25	1
邻水县	马桑/金山茱萸	山地黄壤	45	1
南部县	马桑	中性紫色土	35	1
华蓥山市	马桑/金山茱萸	山地黄壤	50	1
合 计				27

2）样方设置及采样

四川灌木林类型多样，灌木种类繁多，根据灌木林优势灌木种不同特点进行调查和取样：对于分枝明显的大型灌木类型（如：高山杜鹃、大花杜鹃、高山栎等），按照株（丛）数查数、标准株法累加，计算该类型单位面积生物量建立生物量模型；对于密集型分枝不明显的小型灌木类型（如：鲜卑花、小叶杜鹃、马桑等），采用样方"收获法"调查生物量计算建立该类型单位面积生物量建立生物量模型。

群落调查：在每个5m×5m的样方内，对灌木层进行详细调查。对全部灌木进行每木调查，逐株（丛）记录其种名、高度、基围、冠幅，如果植株高度足够，还需量测胸围，并记录其群落生长期（如花前营养期、花蕾期、开花期、果期、果后营养期、枯死期）。对于不能当场鉴定的植物需要当场采集标本。

地上生物量调查：此类型群落的灌木层地上生物量由标准株法获得。在样方外临近样方的位置，对优势种物种按照不同等级的基茎选取3~5株标准株（丛）测量其基围、高度和冠幅，并在收割后分部分（根、茎、叶，如能区分还应划分当年小枝），收割时需全根挖出，尽量收集完整；如根系过深（超过2m），采2m深并估算剩余根系生物量后进行校正。

根系挖出后，清除所有非根系物质（在有水的地方冲洗干净后晾干），对各部分称重并取样（样品多于100g取样100g），装入布袋（15cm×20cm）中保存，带回实验室烘干称重，以构建测量因子与生物量之间的关系，并利用群落调查的测量因子推算样地的地上生物量。并记录各标准株的根深和根长。

群落调查：在每个5×5m的样方内，对全部灌木进行分种调查。将每种灌木按其最大高度划分高度等级（2.5m以内每0.5m划分一个高度级；共3~5个高度等级，以实际高度值标识）。对于每一高度级的同一灌木种，逐丛记录其种名、最大高度、高度级（实际高度范围）、冠幅、估算其茎杆数量和平均基围，并记录其群落生长期（如花前营养期、花蕾期、开花期、果期、果后营养期、枯死期）。对于不能当场鉴定的植物需要当场采集标本。

地上生物量调查：此类型群落的灌木层地上生物量由收获法获得。在每个样方中，选取1m×1m代表性样方，将生物量进行收割，并将优势种分种、分部分称重（根、茎、叶，如能区分还应划分当年小枝）并取样（分部分样品多于100g取样100g），带回实验室烘干称重（复查样地的生物量收获应选择在样方外临近样方的位置进行）。注：如样方中灌木物种数超过5种，仅对优势度处于前5的物种进行分种，超过5种的以"其他种"标注。

灌木层植物样品：每个样地收集所有灌木种的样品，如果灌木物种在5个以内，所有种分种，如灌木种在5个以上，选取优势度前5的物种分种取样，其他种可混合。植物样品包括：根、茎＋枝＋花果、叶、当年小枝。如果所有项目齐全，物种丰富，灌木层植物采集样品数量为：24 个样品 = (5 + 1) × 4 = (5 个优势种 + 1 个其他种) × 4 (根、茎、叶、当年小枝)，每个样品重约100g。对于类型 A 和 C，收集物为标准株(丛)；对于类型 B，收集物为 3 个收获样方分种混合后取样；所有样品在杀青处理后，带回实验室分析。

3) 生物量测定

灌木林样品生物量测定方法与林分样品测定方法相同。

4) 回归模型筛选与建立

为紧密结合"连清"调查体系中对灌木林的调查内容因子，建立灌木林单位面积生物量与灌木林盖度之间的回归关系。因此，自变量因子选取仅为灌木林盖度。

(2) 研究结果

1) 不同灌木类型生物量

通过样品测定成果，推算不同灌木类型单位面积生物量，表 9-60 表明：不同灌木类型生物量平均值为 34.00 t/hm²，不同灌木类型之间差异较大，平均值变化范围17.99 t/hm²~92.69 t/hm²，其中栎类、高山柳单位面积生物量较高，分别为 62.70 t/hm²、69.75 t/hm²。

表 9-60　不同灌木林类型生物量统计特征

灌木优势种	样本数量	生物量统计特征					
		平均值	最小值	最大值	变化范围	标准差	标准误
杂灌	6	17.99	9.76	30.69	9.76 ~ 30.69	9.06	3.70
小叶杜鹃	2	43.71	38.26	49.17	38.26 ~ 49.17	7.72	5.46
高山杜鹃	3	34.70	18.43	57.36	18.43 ~ 57.36	20.24	11.68
高山柏	2	36.52	35.10	37.94	35.10 ~ 37.94	2.01	1.42
高山柳	1	—	69.75	69.75		—	—
窄叶鲜卑花	2	29.02	25.87	32.16	25.87 ~ 32.16	4.45	3.15
栎类	4	62.70	27.13	92.69	27.13 ~ 92.69	29.42	14.71
马桑	7	23.84	9.89	45.68	9.89 ~ 45.68	12.39	4.68
灌木类型	27	34.00	9.76	92.69	9.76 ~ 92.69	21.41	4.12

2) 灌木林生物量回归模型

紧密结合"连清"灌木林调查内容因子，采用不同的回归模型形式对灌木林盖度 P 与灌木林单位面积生物量建立一元回归统计模型。表 9-61 表明：

用不同的模型形式对灌木林盖度与单位面积生物量拟合效果较差，灌木林 –
A、灌木林 – B、灌木林 – C、灌木林 – E 模型调整确定系数低于 0.3，为微
弱相关；灌木林 – D、灌木林 – F 模型调整确定系数大于 0.4，为低度相关。
比较灌木林 – D、灌木林 – F 模型除调整确定系数外的其他模型评价指标差
异不大。因此，灌木林 – F 模型为灌木林盖度与生物量一元最优回归模型。

表 9-61

序号	模型形式	模型参数			拟合效果			评价指标			
		a	b	c	R_a^2	F	$S_{E,E}$	$M_{P,E}$	$M_{P,S,E}$	$T_{R,E}$	$M_{S,E}$
灌木林 – A	$Y = aX + b$	63.53	– 11.89		0.289	11.57	18.05	17.4	36.48	0.01	1.93
灌木林 – B	$Y = a\ln X + b$	36.44	47.41		0.266	10.44	18.34	17.68	46.99	0.01	10.96
灌木林 – C	$Y = aX^2 + bX + c$	70.85	– 27.4	14.4	0.272	5.85	18.27	17.61	36.93	0.01	0.07
灌木林 – D	$Y = aX^b$	45.54	1.29		0.409	19.07	0.48	0.46	38.86	12.16	10.97
灌木林 – E	$Y = e^{(a+b/X)}$	4.37	– 0.67		0.384	17.2	0.49	0.46	39.82	11.62	10.91
灌木林 – F	$Y = ae^{bx}$	5.8	2.2		0.442	19.8	0.48	0.46	39.82	11.62	10.91

灌木林 – A 模型：各参数 t 值分别为 3.401、– 0.853，a 参数检验显著，b 参数检验不显著，F 相伴概率值 P <
0.05，检验显著；

灌木林 – B 模型：各参数 t 值分别为 3.23、8.7，检验显著，F 相伴概率值 P < 0.05，检验显著；

灌木林 – C 模型：各参数 t 值分别为 0.635、– 0.19、0.329，a、b、c 参数检验均不显著，F 相伴概率值 P < 0.05，
检验显著；

灌木林 – D 模型：各参数 t 值分别为 4.367、6.998，检验显著，F 相伴概率值 P < 0.05，检验显著；

灌木林 – E 模型：各参数 t 值分别为 4.45、2.717，统计显著，F 相伴概率值 P < 0.05，检验显著；

灌木林 – F 模型：各参数 t 值分别为 16.468、– 4.147，统计显著，F 相伴概率值 P < 0.05，检验显著；

　　综合考虑上述因素，选取指数函数为（$\hat{y} = ae^{bX}$）灌木林盖度与单位面积生
物量预估的最优模型，其模型表达式为：$\hat{y} = 5.7953e^{2.1959X}$（X 为灌木林盖度）

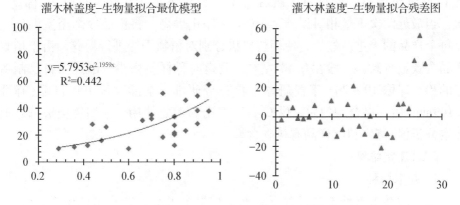

图 9-23　灌木林盖度 – 生物量拟合最优模型和残差分析图

2. 凋落物层

（1）研究方法

研究方法同林分凋落物层调查相同。

（2）研究结果

灌木林下凋落物生物量（Y）与林分郁闭度（X）显著相关，相关系数 $R^2 =$ 0.66，回归方程 $Y = 10.980 \ln(X) + 56.485$，回归散点图及拟合残差图如下：

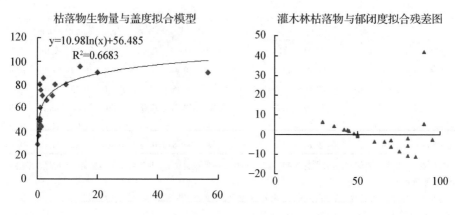

图 9-24　枯落物生物量与盖度拟合模型和残差分析图

三、植物含碳率

（一）测定方法

野外采集的植物样品使用烘箱在105℃恒温下杀青30min，再在85℃恒温下烘5h进行第一次称重，然后在85℃恒温下继续烘烤，每隔2h称重1次，当最近两次重量相对误差≤5.0%时停止烘烤，将样品冷却至室温后测定每个样品的干重。然后，使用粉碎机分别对植物干样进行粉碎。由于植物样品含碳量较高，一般在0.40左右，测定时称样量极少。因此需将已制备好的粉碎样取10～20g于瓷研钵中再充分研细，全部通过100目筛（筛孔0.149mm）后，混合均匀后，供C、N、P分析测定使用，采用燃烧法（碳/氮元素分析仪）测定植物样品有机碳含率。

（二）测定结果

1. 乔木树种

由不同乔木树种各器官含碳率测定结果中可知，针叶树种树干、树枝、树叶、树根平均含碳率分别为 48.82%、50.20%、49.32%、45.69%，均高于阔叶树种不同器官平均含碳率。比较不同乔木树种各器官含碳率，柏木树干含碳率最高为 50.63%、冷杉树枝含碳率最高为 51.67%，云杉树叶含碳率最高为 51.34%，高山松树根含碳率最高为 49.87%。

表 9-62　不同优势树种各器官含碳率 单位:%

优势树种(组)	树干(含皮)	树枝	树叶	树根	平均值	变异系数
云杉	47.41	51.23	51.34	44.83	48.70	5.52
冷杉	48.48	51.67	51.16	44.65	48.99	5.59
铁杉	48.57	50.69	48.66	43.42	47.84	2.51
云南松	48.74	51.39	47.94	42.97	47.76	6.62
柏木	50.63	48.25	48.17	46.16	48.3	6.41
落叶松	48.67	50.57	50.05	48.96	49.56	2.14
马尾松	48.94	50.28	49.97	40.86	47.51	3.77
油杉	49.27	49.56	48.79	47.51	48.78	4.63
高山松	49.29	51.57	49.89	49.87	50.16	2.89
华山松	48.15	50.34	49.26	48.79	49.14	2.52
杉木	48.86	46.62	46.76	44.52	46.69	3.03
针叶平均	48.82	50.20	49.32	45.69	48.49	4.14
桦类(红桦、白桦等)	47.92	48.59	48.54	47.27	48.08	3.13
栎类(高山栎、辽东栎)	47.29	48.42	48.92	47.65	48.07	3.16
杨属(高山杨、青杨等)	46.58	47.23	46.15	44.89	46.21	2.59
桉属(巨桉、直干桉)	48.99	48.39	49.21	43.82	47.60	2.77
柳属(垂柳、高山柳)	48.77	48.95	47.53	45.67	47.73	0.56
樟、楠(润楠、香樟等)	47.56	49.87	45.87	44.72	47.01	3.08
软阔(桤木、喜树等)	47.89	46.35	47.70	44.07	46.5	7.08
硬阔(青冈、木荷等)	47.59	48.81	45.19	44.69	46.57	5.03
经济林木(核桃、板栗)	43.78	44.97	42.59	42.97	43.58	5.05
阔叶平均	47.37	47.95	46.86	45.08	46.82	3.58
总体平均	48.10	49.08	48.09	45.38	47.66	3.86

2. 竹类

(1)毛竹器官含碳率

下表列出经过统计分析的毛竹器官含碳率之间的差异及显著性检验。结果表明：毛竹各器官平均含碳率介于 43.08%～47.38% 之间，平均为 45.02%。各器官的碳含量高低排列依次为：竹秆＞竹枝＞竹叶＞竹根。差异性检验表明，毛竹各器官的碳含率差异显著。毛竹各器官平均含碳率：竹秆平均含碳率 46.66 ± 0.86%，竹枝平均含碳率 46.38 ± 0.19%，竹枝平均含碳率 44.48 ± 0.35%，竹根平均含碳率 43.08 ± 0.91%，全竹平均含碳率 45.15 ± 0.43%。

表 9-63　毛竹器官平均含碳率及显著性　　单位:%

器官	样本数量	平均值	变动范围	标准差	标准误	变异系数
竹秆	18	46.66	32.28 ~ 48.42	3.65	0.86	7.82
竹枝	17	46.38	44.99 ~ 48.39	0.77	0.19	1.63
竹叶	18	44.48	42.44 ~ 47.30	1.49	0.35	3.35
竹根	31	43.08	31.56 ~ 48.01	5.05	0.91	11.72
全竹		45.15	31.56 ~ 48.42	3.96	0.43	8.81

（2）杂竹器官含碳率

列出经过统计分析的杂竹器官含碳率之间的差异及显著性检验。结果表明：大径级杂竹类平均含碳率高于小径级杂竹种类，杂竹林平均含碳率为 42.45 ± 0.84%，差异性检验表明，各杂竹平均碳含率存在一定的差异。

表 9-64　杂竹林平均含碳率及显著性　　单位:%

竹种	器官	平均值	变动范围	标准差	标准误	变异系数
慈竹	竹秆	46.25	39.82 ~ 48.15	3.35	0.79	7.24
	竹枝	45.78	37.92 ~ 47.65	3.65	0.92	7.97
	竹叶	43.53	40.84 ~ 47.60	2.32	0.84	5.33
	竹根	41.81	35.48 ~ 46.51	6.98	0.97	16.69
苦竹	竹秆	44.62	42.82 ~ 47.15	0.56	0.09	1.26
	竹枝	42.18	38.92 ~ 44.65	3.86	0.91	9.15
	竹叶	41.89	36.84 ~ 43.60	2.59	0.86	6.18
	竹根	40.37	35.48 ~ 46.51	7.98	0.57	19.77
麻竹	竹秆	45.52	40.52 ~ 47.15	5.46	0.12	11.99
	竹枝	43.38	41.92 ~ 44.65	3.86	0.34	8.9
	竹叶	40.59	38.84 ~ 43.60	9.34	0.86	23.01
	竹根	40.37	39.48 ~ 43.51	7.48	0.77	18.53
巴山木竹	/	41.56	34.57 ~ 43.59	2.56	0.88	6.16
水竹	/	39.89	33.89 ~ 42.78	3.59	0.98	9
绵竹	/	42.56	41.29 ~ 45.89	2.69	0.42	6.32
杂竹全竹	/	42.45	33.89 ~ 48.15	7.57	0.84	17.83

3. 林下灌、草

（1）林下灌木含碳率

针叶林中林下灌木的叶、枝干、根的含碳率分别为46.054%、46.907%、45.157%，而阔叶林中各部位的含碳率分别为44.792%、46.038%、44.970%。

表9-65　不同森林林下灌木综合碳含量　　　　　　单位：%

项目	针叶林			阔叶林		
	灌木叶	灌木枝干	灌木根	灌木叶	灌木枝干	灌木根
样本量	55	55	55	36	39	36
均值	46.054	46.907	45.157	44.792	46.038	44.970
中位数	46.007	46.952	45.592	45.214	46.467	45.114
标准误	0.327	0.165	0.325	0.473	0.411	0.294
最小值	41.408	43.295	37.349	38.672	33.80	40.228
最大值	52.83	49.166	49.975	51.35	52.33	47.744

（2）林下草本含碳率

在对林下草本含碳率分析得到，针叶林中草本地上部分、地下部分的含碳率分别为41.82%、37.11%；阔叶林中林下草本地上部分与地下部分的含碳率分别为41.59%、38.59%。

表9-66　林下草本碳含量　　　　　　单位：%

项目	针叶林		阔叶林	
	草本地上	草本地下	草本地上	草本地下
样本量	51	56	37	42
均值	41.82	37.11	41.59	38.59
中位数	42.07	38.74	41.66	39.12
标准误	0.40	0.94	0.45	0.69
最小值	28.18	16.66	36.18	29.04
最大值	46.11	46.69	51.96	45.66

4. 灌木优势种

对灌木优势种含碳率测定可知，各灌木优势种不同器官平均含碳率介于46.54%~47.29%之间，全株平均含碳率46.86%，变异系数为9.79%，比较不同灌木优势种含碳率，木质化灌木林（高山杜鹃、栎类）的各器官含碳率相比而言比一般灌木含碳率高。

表 9-67　灌木优势种各器官含碳率　　　　　　单位:%

灌木种类	灌木种类含碳率平均值			全株平均	变异系数
	枝、干	叶	根		
杂灌木	44.12	46.24	45.88	45.63	13.54
山茶	45.22	44.12	46.95	44.96	5.02
野樱桃	48.32	49.59	47.69	48.53	1.99
眼睛泡	48.96	48.15	46.51	47.87	2.61
悬钩子	44.82	41.92	42.57	43.10	3.53
五加皮	46.29	44.71	46.18	45.73	1.93
荀子	46.96	46.48	45.1	46.31	2.14
桃金娘	48.24	51.69	48.71	49.55	3.78
沙棘	49.53	48.19	45.61	48.22	3.99
三棵针	48.26	46.98	46.99	47.46	4.21
蔷薇	48.17	48.42	46.58	47.60	4.88
木姜子	45.34	43.79	43.1	44.08	6.20
花楸	45.91	43.65	50.11	46.56	7.04
小叶杜鹃	48.60	50.02	47.87	48.79	4.81
高山杜鹃	49.12	52.20	49.47	50.75	5.68
高山柏	44.84	—	47.58	46.21	4.19
高山柳	47.94	48.61	48.42	48.30	4.88
锦鸡儿	51.82	50.69	49.58	50.70	2.91
栎类	46.60	50.87	47.04	48.34	4.50
黄荆	45.99	44.84	46.10	45.76	2.01
灌木平均	46.54	47.29	46.63	46.86	9.79

5. 凋落物

原状其他、半分解枝、半分解其他样品分别测定含碳率，结果显示凋落物枝含碳率高于凋落物其他，原状样品高于半分解样品，即原状枝 – C% > 半分解枝 – C% > 原状其他 – C% > 半分解其他 – C%，各部分含碳率介于 41% ~ 48% 之间，均值为 44.32%。

表 9-68　凋落物含碳率　　　　　　　　　　单位:%

项目	样本数	最小值	最大值	平均值	标准差
半分解其他	54	25.35	51.07	41.88	5.91
半分解枝	54	19.50	53.10	44.01	7.85
原状其他	55	26.51	50.21	43.46	4.95
原状枝	58	39.45	52.70	47.71	2.55
总　计	221	19.50	53.10	44.32	5.97

四、森林土壤有机碳模型

(一)研究方法

运用系方差分析、特征值分析等方法对四川省森林土壤有机碳最大值、最小值、平均值、标准差、变异系数等进行分析计算,再紧密结合四川省森林资源连续清查调查样地"系统抽样"的实际,在四川森林资源连续清查布点调查基础上,选取土壤有机碳调查样地。

(1)样地数量

系统抽样的三个关键特征值:估计精度、可靠程度与变异系数,参考《四川森林土壤》中有关森林土壤有机碳研究成果资料,综合得出森林土壤有机碳算术平均变异系数($CV = 117.68$)、估计精度90%($\Delta = 10\%$)、可靠程度95%($t_a = 2.00$),按照下式计算土壤有机碳调查样地数量,样地数量 n = 554,保险系数确定为 P = 5%,N = 582 个。

$$n \frac{t_a^2 \times CV^2}{\Delta^2}$$

$$N = n * (1 + P)$$

表 9-69　《四川森林土壤》土壤有机碳特征统计值

深度	计数	最大值	最小值	平均值	方差	标准差	变异系数
0 - 20	32	45.77	0.54	7.64	66.97	8.18	107.07
20 - 40	86	12.49	0.42	4.45	8.52	2.91	65.39
40 - 60	81	11.47	0.30	2.61	3.64	1.90	72.80
60 - 100	108	7.36	0.06	1.43	1.22	1.10	76.92
>100	98	4.25	0.06	0.90	0.50	0.70	77.78
算术平均		16.27	0.28	3.41	16.08	4.01	117.68

（2）样地选取

结合四川森林资源连续清查样地布设的实际情况，全省森林资源连续清查有效备选样地6050个（除去目测样地、遥感判读样地等），抽样582个，样地抽中比例（落实比例）为11。

$$k \frac{6050}{582} = 10.3 \approx 11$$

将备选样地号按升序进行排列，采用机械选点的方法选取土壤有机碳调查样地，即从1开始，按11间隔顺序选择，直到选择到582个为止，即1、12、23、34……。

（3）调查方法及样品采集

采用"土钻法"调查林地土壤有机碳，紧密结合森林资源连续清查样地布设，找到样地西南角后，详细记录样地基本情况因子。由样地西南角开始，测设样地四角点（4个点）、样地边界中心点（4点）、及样地中心点（1个点），共计9个取样点，按照土壤层次0~20cm，20~40cm，40~60cm，60~100cm分四层土壤分别取样。除去石块、杂草等杂物，依次称各调查样点各层次土壤净重，然后将各调查样地分不同层次充分混匀后，取500g样品放入布袋中，带回用于有机碳含量测定，取100g样品用于测定土壤含水量和校正石砾含量（四层土壤样品，分别装入）。

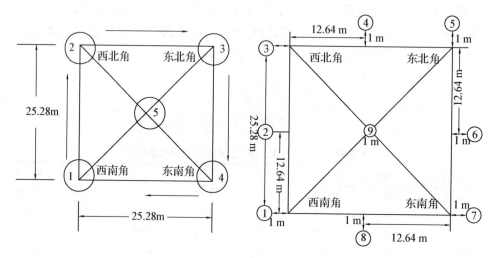

图9-25　土壤有机碳样点取样示意图

（4）室内分析测定

首先剔除土壤以外的侵入体（如植物残根、昆虫尸体和砖头石块等）和新生体（如铁锰结核和石灰结核等），尽快风干。风干土样用木棍压碎后先过 10 目（2cm 筛孔），以四分法取适量样品磨细过 60 目（0.2cm 筛孔）或 100 目（0.15cm 筛孔）。

土壤质地的测定：使用激光粒度分析仪 Master 2000（0.2 ~ 2000μum）测定 2cm 以下土壤颗粒组成，根据颗粒组成结合中国土壤颗粒成分分级标准定义土壤质地名称。

pH 测定：水溶液浸提 - 电位法（参照 GB - 7859 - 87），水土比 2.5∶1 与中国生态系统研究网络要求的水土比一致，因为不同的水土比会影响到测定结果，也可以按送检单位要求测定。

土壤有机碳的测定：土壤有机碳采用稀盐酸去除无机碳后用 C/N 元素分析仪（德国元素公司的 Vario Max）仪直接燃烧法测定。

（5）数据整理与模型建立

根据不同森林类型生物量回归模型及含碳率参数，计算得到森林资源连续清查样地中样地地上碳密度，建立土壤有机碳密度与样地地上碳密度、相关气象因子、空间信息的回归模型。并利用地统计的方法，将残差值进行空间地统计的分析，利用 Kring 插值，对残差进行修正。得到残差分布的空间图，对回归结果进行修正。

残差表示回归模型不能解释的部分，利用地统计分析残差是否具有空间自相关，克里金（Kring）插值是一种空间局部估计的方法，建立在变异函数理论及结构分析的基础之上，在有限区域内对区域化变量取值进行无偏最优估计的一种方法，通过空间的相关性对残差进行修正，从而改进模型。

（二）研究结果

1. 土壤有机碳模型

选取多因子采用"逐步回归"的方法得到最优回归模型式：SoilC = log（vegC）+ elev^2 + soilD + Tavg + K（R^2 = 0.49），相关参数见下表，其模型回归参数为：

SoilC = 24.609 * log（VegC）- 5.782 * elev^2 + 0.363 * soilD - 7.924 * Tavg

表 9-70　多因子与土壤有机碳密度拟合回归模型

多因子变量	回归参数	标准差	t - 检验值	Pr(> | t |)
K	97. 104	48. 144	2. 017	0. 047
log(vegC)	24. 609	6. 645	3. 704	—
elev^2	− 5. 782	2. 021	− 2. 861	0. 006
soilD	0. 363	0. 172	2. 107	0. 039
Tavg	− 7. 924	2. 307	− 3. 434	0. 001

K：常数项；VegC：地上生物量碳；elev：海拔；soilD：土壤深度；Tavg：平均温度

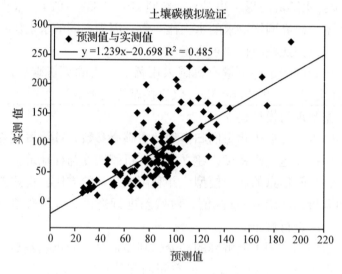

图 9-26　土壤有机碳模拟图

第四节　基于森林连清体系的森林碳估算

一、研究背景

以气候变暖为主要特征的全球气候变化问题，已经成为国际社会日益关注的热点，也是事关经济社会可持续发展的重大问题。森林碳储量是森林固碳能力的重要指标，也是评估区域森林碳平衡的重要参数。随着政府部门、社会大众对生态环境问题的日益关注和陆地碳/氮循环、森林生产力等科学问题的深入研究，世界各国越来越重视对森林生物量及碳储量的计量与监测。欧洲的许多发达国家，如德国、法国、英国、西班牙、意大利、瑞士、瑞典、芬兰、挪威、冰岛、俄罗斯等，在近期各自的森林资源清查中均增加有关森林生物量及碳储量的调查因子；美洲的美国、加拿大、巴西等国家，也非常重视森林生物量及碳储量的监测；大洋洲的澳大利亚、新西兰依托各自的森林资源清查体系，初步开展了全国生物量和碳储量估算；目前，亚洲开展森林生物量及碳储量计量与监测的国家相对较少，但日本、韩国、尼泊尔和菲律宾等国家已经开展了相关的应用研究工作。因此，以森林清查数据为基础测算全国或地区尺度的森林生物量是目前国际各个国家的努力方向。

　　我国国家级森林资源监测体系已有 30 多年的历史，积累了大量的以省为单位的森林资源连续清查数据。目前，森林资源连续清查数据除用于统计国家林业行政主管部门规定的报表以外，很少用于相关的科学研究和决策分析。我国已进行了全国范围系统的连续 7 次森林清查，获得了大量宝贵的包括人工林和天然林的森林资源资料。充分利用这些连续的大面积森林资源清查资料，结合已有的森林生产力模拟结果，提出评估不同森林类型现实生产力的技术和方法，不仅有助于弥补景观至区域乃至全球尺度的生产力资料的不足，也有助于了解全球变化对区域尺度生产力的动态影响，而且为区域尺度生产力模型的验证及碳平衡的估算提供了基础。近年来，学者一方面积极探索建立适合国家、区域尺度的通用性生物量模型，另一方面建立了单株生物量模型，但是，当应用已建立的模型预测生物量时，存在建立模型的样本采集区域与模型应用区域是否一致的问题，即模型的适用性问题，从而影响区域特别是大尺度的生物量的估算精度。因此，基于森林资源清查样地、样木信息的森林生物量监测和评估，建立适合较大区域范围的通用性立木生物量模型成为必然发展趋势。

　　我国的国家及各省区编制的森林资源清查统计资料并没有提供气候条件和立地条件等环境因子信息，提供的有关测树因子信息也极为有限，因而利用这些森林资源清查资料来估算林分生物量及碳储量时，能提取的有效信息较少，只有各类土地面积统计数据、分优势树种和龄组的森林面积、蓄积量统计数据。因而，目前国内研究人员仅能使用森林资源连续清查数据通过材积 - 生物量转化法等对国家或区域尺度的碳储量进行估算，但不同方法测算的结果存在很大差异，且没有提供测算结果估计的精度和区间。另外，从评估内容看，没有将乔木、毛竹林等主要测算对象细化至单株生物量及碳储量，从评估对象看，很多研究不包含森林的林下植被（包括下木层、灌木层、草本层)生物量和碳储量,仅估计了林分总生物量及碳储量,无法反映出林木不同器官生物量及碳储量,更加无法对林下植被(林下木层、灌木层、草本层、凋落物层)的生物量及碳储量进行计量。因而,目前基于森林资源清查成果统计资料基础上的碳计量在计量结果估计精度、计量内容的细化程度、计量对象等方面远远不足。

二、数据来源

研究基础数据来自四川省1988、1992、1997、2002、2007、2012年六期森林资源连续清查样地、样木信息。四川省森林资源连续清查采用正方形样地(面积0.0667hm²),各期调查的主要技术标准基本统一,各期调查均包含的树种/树种组有云杉、冷杉、落叶松、柏木、马尾松、桦木、栎类、樟楠、杨树、桉树、软阔和硬阔等15类主要优势树种(组),2007年以后增加针叶混交林、针阔混交林、阔叶混交林3个树种组;每木检尺记录的立木类型、检尺类型、树种和胸径,样地优势树种/树种组划分与树种/树种组划分标准相同。包括样地调查、样木(竹)调查和灌木、草本样方调查3个主要方面。

样地调查:所有样地均通过全球定位系统(GPS)导航定位,样地调查内容因子共有85项,包括样地属性因子、立地因子、林分因子、生态因子和植被因子等。

样木(竹)调查:样地内胸径≥5.0cm的生长正常乔木树种(含乔木经济树种)、胸径≥5.0cm的毛竹,均要每木(竹)检尺。样木(竹)记载因子包括样地号、样木号、立木类型、检尺类型、树种名称、胸径或眉径等。

样方调查:样方调查对象为下木、灌木、草本。样方一般设于样地西南角向西3m处.形状为边长2m×2m的正方形。调查样方所代表的植被类型原则上与样地一致,样方调查内容包括:下木层(胸径<5cm,高度≥2m的

乔木幼树)的树种名称、平均高度等;灌木层(灌木树种及高度<2m的乔木幼树)的主要种名称、平均高、盖度;草本层的主要种名称、平均高、盖度。

(二)数据处理

研究所涉及森林资源连续清查基础数据较多,参考各期《四川省森林资源连续清查细则》(1988、1992、1997、2002、2007、2012年,四川省林业厅)中对各期碳储量计量所必须的样地调查因子(样地类型、优势树种、灌木覆盖度、草本覆盖度等)、样木(样竹)调查因子(立木类型、检尺类型、树种信息、胸径或眉径等)进行定义分析、规范化等处理,整理集成系统化、标准化的各期森林资源连续样地、样木基础信息数据库。

(三)碳储量计量

研究全省区域尺度生物量及碳储量计量按照"样木—样地—总体"分层次计量的技术路线。采用单株生物量模型、单位面积生物量模型计量各总体样地尺度不同计量对象层次的碳储量,应用系统抽样统计方法,将样地水平的碳储量计量结果转换到全省宏观尺度,评估全省各总体碳储量。

1. 林分

林分生物量及碳储量计量对象既包括森林植被地上部分,也包括地下部分,即乔木层(竹林、经济林称为"优势层"),也包括下木、灌木层、草本层、枯倒木生物量及碳储量和土壤层碳储量。

乔木层:以林分样地调查资料为基础数据,采用第七章中各优势树种(组)单株立木生物量空间扩展方程计量清查样地内不同树种单株活立木(包括枯倒木、枯死木)器官生物量及碳储量,单株乔木生物量及碳储量汇总后得到不同树种林分样地生物量及碳储量。

林下灌木:林下灌木层是指林分中除乔木层(优势层)外的林下灌木(包括森林资源连续清查中未到达检尺径阶的林木),以林分样地调查林下因子为基础,采用上述第三节中林下灌木生物量模型计量各林分类型样地生物量及碳储量。

林下草本:以林分样地林下草本调查因子为基础,采用上述第三节林下草本生物量模型计量各林分类型样地生物量及碳储量。

凋落物层:以林分样地凋落物调查因子为基础,采用上述第三节林下凋落物生物量模型计量各林分类型样地生物量及碳储量。

土壤层:以林分样地土壤有机碳调查资料为基础数据,采用上述第三节森林土壤有机碳模型计量不同林分样地碳储量(土壤计量深度为1m)。

2. 竹林

森林资源连续清查调查中将竹林归类为毛竹林、杂竹林两大林分类型，按竹林调查因子详细程度计量不同对象碳储量。

毛竹林：2012 年、2007 年毛竹林样地有详细的单株毛竹眉径调查因子，采用第七章中毛竹单株生物量模型计量单株毛竹生物量及碳储量，单株汇总后毛竹林样地尺度生物量及碳储量；2002、1997、1992、1988 年毛竹林缺少毛竹样竹检尺信息，因此采用上述第三节毛竹林生物量模型，计量毛竹林样地尺度生物量及碳储量；毛竹林林下灌木、草本层碳储量计量采用第七章中落叶阔叶林分林下灌木层、草本层凋落物层生物量模型；土壤层碳储量计量采用上述第三节森林土壤有机碳模型计量。

杂竹林：杂竹林生物量以杂竹样地调查因子为基础数据，采用上述第三节杂竹林生物量模型计量杂竹样地生物量及碳储量；土壤层碳储量计量采用上述第三节森林土壤有机碳模型计量。

3. 经济林

样地调查资料为基础数据。采用单位面积生物量参数计量经济林样地生物量（单位面积生物量采用国家林业局《林业碳计量附录参数》为 37.75 t/hm^2），平均碳含率采用 0.47（IPCC 公布乔木林平均含碳率），经济林林下灌、草本层、凋落物层未纳入计量对象；土壤有机碳储量计量采用上述第三节森林土壤有机碳模型计量。

4. 疏林地

疏林地乔木层立木生物量及碳储量计量方法与林分立木生物量及碳储量计量方法相同，林下灌木层、草本层、凋落物层生物量及碳储量计量采用上述第三节落叶阔叶林分林下灌木层、草本层、凋落物层生物量及碳储量计量方法相同；土壤层碳储量计量采用上述第三节森林土壤有机碳模型计量。

5. 灌木林地

以灌木林样地调查基本因子资料为基础数据。采用第七章中灌木林地生物量模型计量灌木林样地灌木层生物量及碳储量；采用第七章中落叶阔叶乔木林林下草本层、凋落物层计量模型计量灌木林样地草本层、凋落物层生物量及碳储量；土壤层碳储量计量采用上述第三节森林土壤有机碳模型计量。

6. 其他林地

其他林地(无立木林地、宜林地等地类),植被主要为零星乔木、毛竹,样地中散生乔木、毛竹生物量及碳储量计量方法与林分、毛竹林计量方法相同;样地林下灌木层、灌木层、草本层、凋落物层与林分计量方法相同;土壤层碳储量计量采用上述第三节森林土壤有机碳模型计量。

7. 非林地(四旁树)

非林地四旁树碳储量计量方法同林分样地立木生物量及碳储量计量方法相同,即单株立木生物量及碳储量累加值,得到该样地四旁树生物量及碳储量。

8. 总体抽样计量

采用系统抽样统计方法,将样地水平的微观尺度碳储量计量测算结果转换到全省宏观尺度,评估全省各总体生物量及碳储量计量值、计量精度及计量区间,各抽样指标计算公式为:

$$\hat{Y} = \frac{N}{n} \sum_{i=1}^{n} y_i$$

$$\hat{S} = N \sqrt{\frac{1}{n(n-1)} \Big(\sum_{i=1}^{n} y_i^2 - \frac{1}{n} \Big(\sum_{i=1}^{n} y_i \Big) \Big) \Big(1 - \frac{n}{N} \Big)}$$

$$E_a = \frac{t_a \times S_y}{\bar{y}} \times 100\%$$

$$P_a = 100\% - E_a$$

$$(\bar{Y} - N t_a s_y, \bar{Y} + N t_a s_y)$$

公式中:y_i 为抽样样地调查生物量及碳储量,n 为抽样调查样地数,N 为总体样本数,t_a 为可靠性指标,S_y 为样本标准误。

(四)不确定性分析

采用本报告第二章中计量不确定性分析中和差关系误差传递(各地类面积相加求得全省面积,各大碳库相加汇总求得全省总碳储量,各树种、各龄组相加求得林分各类面积、蓄积以及各类碳库)、乘除关系误差传递(活立木总蓄积(单位面积蓄积与面积相乘求得全省活立木总蓄积)和各类计量模型中的乘积关系公式计算其不确定性。

第五节 基于过程模型的森林碳计量方法

一、研究思路

以四川省森林碳计量为目标，开发基于 IPCC 第三层次方法学的碳计量方法，分析四川省 1988~2010 年间，森林碳库的空间分布和时间动态。总体上，本研究的技术路线可以分为三个部分（如图 9-27）。首先是模型数据的准备以及模型的建立。主要包括气候数据插值，太阳辐射模拟，土壤碳密

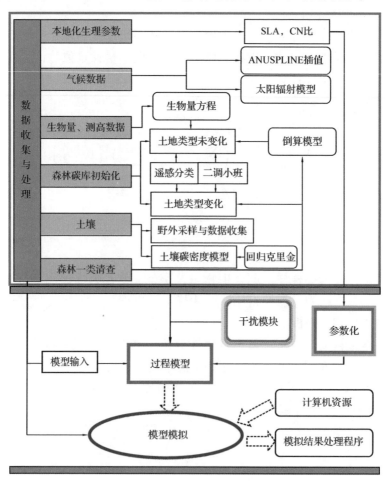

图 9-27 研究思路和技术路线图

度模型，生物量方程的建立，植物生理生态参数，土地利用变化图，森林各类碳储量空间化，基础林业调查资料的收集和整理。其次，在数据准备的基础上，以生态过程模型为基础，开发土地利用变化模拟模块，模拟土地利用类型变化对森林碳循环造成的影响。并根据四川省的树种对模型进行调试和参数化。最后，将一千多万的计算单元拆分计算，分析模型模拟结果并制作专题图集。

二、模型驱动数据处理

（一）气候数据

气候数据是过程模型的主要驱动，大气—植被—土壤中重要的一个环节。模型需要的气候数据包括降水、最高温度、最低温度、平均温度、相对湿度、日照时数以及太阳总辐射。利用国家气候站点多年的逐日观测数据进行插值。本研究共选择四川省及其周边区域的 61 个站点，时间尺度为 1988~2010 年逐日，辐射站点总共 13 个，空间分布情况如图 9-28。插值的空间分辨率设定为 500m×500m。插值软件为 ANUSPLINE，该软件基于局部薄板样条函数的对多变量数据进行分析和插值的工具（刘志红等，2008），它能够对数据进行合理的统计分析和数据诊断，并可以对数据的空间分布进行分析进而实现空间插值的功能（Hutchinson，1998）。研究表明，利用平滑

图9-28　气象站与辐射站点分布

样条法对降水的插值效果明显优于其他方法(钱永兰等,2010),广泛应用于澳大利亚和欧美等国的各类气候研究。因此,本研究采用 ANUSPLINE 进行气候数据的插值。

1. 插值结果评价

利用 ANUSPLINE 软件插值得到四川省逐日的最高温度、最低温度、相对湿度、降雨以及日照时数。插值结果对比如表 9-71。平均绝对误差(MAPE)利用逐日的实测和预测值计算,公式如下:

$$MAPE = 100\% \times \left(\sum \left| \frac{y_{obs} - y_{pre}}{y_{obs}} \right| \right)/N$$

其中,独立验证的 10 个站点,各气候变量的逐日预测值与实测值的相关系数范围 0.72 ~ 0.97,具有较高的相关性。MAPE 范围 12.1% ~ 56.8%,降雨相对误差最大。RMSE 范围 0.97 ~ 5.2。最高温度均值低估 11.4%,最低温度均值高估 14.3%,日照时数的均值低估 0.7%,相对湿度低估 1.6%。降雨的模拟在逐日的尺度上具有较大的随机性,对每日是否有降雨不易模拟。在逐日的尺度上会产生偏差相对较大,平均相对误差为 56.8%,而在较长时间的尺度上,比如年尺度上则差异不大,年均降雨实测为 954mm,预测 939.6mm,低 1.5%。降雨均值低估 11.6%(表 9-71)。

表 9-71　气候变量插值结果对比(独立站点验证)

气候变量	平均值	最大值	最小值	MAPE	RMSE	相关系数
日最高温度预测值(℃)	22.6	40.3	-7.4	35.9	3.4	0.87
日最高温度实测值(℃)	25.5	46.5	-1.8			[0.82 - 0.99]
日最低温度预测值(℃)	3.2	18.3	-19.3	29.5	1.4	0.97
日最低温度实测值(℃)	2.8	17.7	-21.0			[0.94 - 0.99]
降雨预测值(mm)	2.3	114.2	0	56.8	5.2	0.72
降雨实测值(mm)	2.6	95.1	0			[0.58 - 0.85]
相对湿度预测值(%)	66.8	98	14.9	12.1	0.97	0.81
相对湿度实测值(%)	67.9	105	14.8			[0.63 - 0.91]
日照时数预测值(%)	5.60	12.9	0	31.5	1.9	0.81
日照时数实测值(%)	5.56	16.0	0			[0.69 - 0.91]

最后,将所有 61 个站点一起用于气候数据的插值,进行原样本验证。原样本验证逐日预测值与实测值的相关系数范围 0.93 ~ 0.99,具有较高的相

关性。MAPE 范围 6.06% ~ 55.78%，最低温度相对误差最大。RMSE 范围 0.13 ~ 1.42。最低温度均值高估 3.4%，日照时数的均值低估 1.6%，其他小于 0.1%。温度相差 5% 左右。各站点的实测值与预测值对比见表 9-72。

表 9-72　气候变量插值结果对比（原站点验证）

气候变量	平均值	最大值	最小值	MAPE	RMSE	相关系数
日最高温度预测值（℃）	16.89	42.64	-23.65			
日最温高度实测值（℃）	16.88	43	-24.9	7.74	1.42	0.99
日最低温度预测值（℃）	6.12	29.77	-39.75			
日最低温度实测值（℃）	6.12	32.8	-41.9	24.69	0.31	0.95
降雨预测值（mm）	2.61	330.5	0			
降雨实测值（mm）	2.76	362.3	0	55.78	4.55	0.8
相对湿度预测值（%）	69.61	102	8.13			
相对湿度实测值（%）	69.69	100	5	6.06	0.53	0.93
日照时数预测值（%）	4.86	16.21	0			
日照时数实测值（%）	4.94	14	0	20.36	0.13	0.93

（2）插值结果

计算逐日降雨、最高温度、相对湿度、日照时数，1988 ~ 2010 年的多年平均值，其空间分布如图 9-29 ~ 9-32。全省年均降雨量在 561 ~ 1339mm 之间。最高区在四川盆地中心区和东北部的秦巴山脉区，低值区分布在西北高原区，总体上呈从东南向西北递减的趋势。日最高温度多年均值 -1.3 ~ 27℃，高值区主要分布在四川盆地、攀枝花，低值区分布在西北部高原区，与海拔相关性较高。日最低和日均温的空间分布与日最高温度相似。日照时数分布范围从 2 ~ 10h，四川盆地区和盆周区日照时数小于 5h，随着海拔的升高，日照时数也逐渐升高。相对湿度分布范围从 54% ~ 83%。空间分布上呈现明显的梯度分布，从东向西逐渐降低。

（二）太阳辐射

太阳辐射是地球表层系统生物、物理、化学过程的主要能量来源，也是生态、水文等过程模型的重要驱动因子之一，准确地估算太阳辐射对于生态系统碳循环、植物生长、水分蒸发蒸腾等生态过程的模拟至关重要。随着研究区域尺度的不断扩大，生态过程模型在碳循环、水分循环以及生态价值评估等方面的应用也更加广泛。而此类模型往往需要逐日或更小尺度的气象数

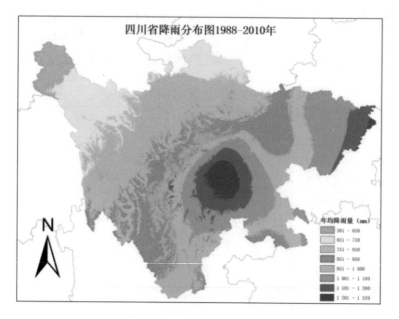

图 9-29 降雨量空间分布图

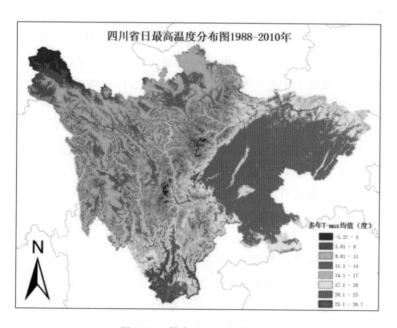

图 9-30 最高温度空间分布图

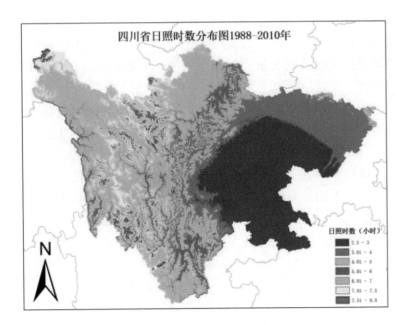

图 9-31 日照时数空间分布图

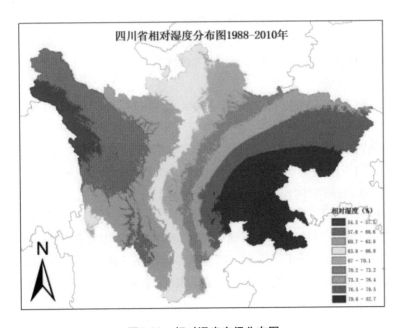

图 9-32 相对湿度空间分布图

据，比如逐日的降雨、温度、相对湿度等和太阳辐射数据（Wang，1990；Thornton，2002）。由于太阳辐射观测数据的缺乏，以及太阳辐射本身的复杂性，准确的模拟大区域以及更短时间尺度（逐日或更低）的太阳辐射数据具有较大的难度。

目前国内外对于太阳辐射的研究有很多。何洪林等（2003）基于 GIS 建立了太阳辐射的潜在模型，基于线性插值实现太阳辐射的空间化。朱莉芬等（2005）进行了 1km 栅格的全国太阳辐射的模拟，考虑了 DEM 及微地形的影响。童成立等（2005）进行了逐日太阳辐射的模拟，根据站点的位置和日照时数可以计算出太阳辐射值。刘玉洁等（2012）利用 PRISM 模型制作了全国 1km 的逐月的太阳总辐射栅格数据。另外，对理想大气太阳辐射与实际太阳辐射之间的比值同日照时数的关系也有大量的研究，可用于对理想大气条件下太阳辐射模拟值进行校正（Bakirci，2009）。不过，对于生态模拟中太阳辐射的计算，需要较高空间分辨率和更短时间尺度的太阳辐射数据。并且由于计算资源的限制，大部分的辐射计算都是采用较为简单的经验公式。由于我国的辐射站点数量有限，也存在地域应用的限制。根据极少的站点直接进行空间的插值也会产生很大的偏差。本研究综合考虑太阳辐射的传输过程，建立晴空太阳辐射模型。并结合气象资料插值后的 500m × 500m 逐日数据（相对湿度、温度、日照时数）作为输入，将日照百分率校正参数时空化，从而构建了四川省逐日 500m 的太阳辐射空间数据集。

1. 数据与方法

本研究研究区为四川省。模型的输入变量包括每日最高温度，最低温度，相对湿度以及日照时数。气候数据来自国家气象站点多年的逐日观测数据。太阳辐射观测数据来自中国辐射日值数据集，选取四川及其周边 13 个辐射站点，用于模型的验证和辐射比参数的获取，如表 9-73。

2. 太阳辐射模型构建

在理想大气条件下，太阳辐射经过臭氧层与大气的吸收，以及大气微尘的散射作用，进入近地面的太阳辐射可以分为直射辐射和散射辐射。直射辐射考虑臭氧层、大气分子的散射、气溶胶、以及水汽吸收对太阳辐射透射的影响，从而计算到达近地面的太阳辐射。散射辐射主要考虑瑞利散射，气溶胶散射以及向下的多次漫反射。

为了获取区域化的太阳辐射数据，基于太阳辐射常数，考虑辐射传输的过程，计算出直射辐射以及散射辐射值，最后求和得到太阳辐射的总量。由于这种情况下计算的太阳辐射只考虑理想的大气条件，并不考虑云干扰对地球近地面辐射量的影响。因此，这样计算出的辐射值偏大，基本上与晴天的辐射量接近。为了得到更加接近于实际情况的太阳辐射量，根据气象站点的日照时数，建立实测辐射与晴空辐射的比值同日照百分率的线性关系。然后，再根据该关系对模拟的辐射进行调整，得到最终的太阳辐射值。

① 直射辐射

直射辐射的计算采用 Bird 以及 Hulstrom 的太阳辐射计算公式（Bird and Hulstrom，1981a，1981b；Iqbal，1983）：

$$I_n = 0.9751 \times E_0 \times I_{SC} \times \tau_r \times \tau_o \times \tau_g \times \tau_w \times \tau_a$$

$$E_o = 1 + 0.033\cos(2\pi d_n/365)$$

$$\tau_r = e^{(-0.0903 m_2^{0.84}(1.0 + m_a - m_2^{1.01}))}$$

$$\tau_g = e^{(-0.0127 m_2^{0.26})}$$

$$\tau_o = 1 - [0.1661 U_a(1.0 + 139.48 U_3)^{-0.3035} - 0.002715 U_3$$
$$(1.0 + 0.044 U_3 + 0.0003 U_3^2)^{-1}]$$

$$\tau_w = 1 - 2.4959 U_1/[(1.0 + 79.034 U_1)^{0.628} + 6.385 U_1]\tau_a$$
$$= e^{[-k_2^{0.873}(1.0 + k_2 - k_2^{0.7088})m_2^{0.0102}]}$$

$$k_a = 0.2758 k_{a\lambda|\lambda=0.38\mu m} + 0.35 k_{a\lambda|\lambda=0.5\mu m}$$

$$U_1 = W \times m_r$$

$$U_2 = L \times m_r$$

$$m_r = \frac{1}{\cos\theta_z + 0.15(93.885 - \theta_z)^{-1.253}}$$

$$m_a = m_r \times (p/1013.25)$$

$$\sin\beta = \cos\theta_z = \sin\emptyset \cdot \sin\delta + \cos\emptyset \cdot \cos\omega$$

$$\delta = (0.006918 - 0.399912 \times \cos(\Gamma) + 0.07025 \times \sin(\Gamma) -$$
$$0.006758 \times \cos(2\Gamma) + 0.000907 * \times \sin(2\Gamma) -$$
$$0.002697 * \times \cos(3\Gamma) + 0.00148 * \times \sin(3\Gamma))$$

其中，ISC：太阳常数，值为 1367 W/m^2；E_o：地球偏心校正因子；τ_r：经过瑞利散射后的透射辐射比率；τ_o：经过臭氧层吸收后的透射辐射比率；τ_g：经过混合均匀的大气吸收后的透射辐射比率；τ_w：经过水气吸收后的透射辐射比率；τ_a：经过气溶胶后的透射辐射比率；W：可降水气厚度；L：臭氧层厚度；U_1：对水气的总的压力校正后的相对光学路径长度；U_3：对臭氧的总的光传播长度；$k_{a\lambda|\lambda=0.38\mu m}$：0.38 微米的气溶胶垂直光学深度，值为

0.3538；$k_{a\lambda \mid \lambda = 0.5\mu m}$：$0.5\mu m$ 的气溶胶垂直光学深度，值为 0.2661；k_a：气溶胶的光学厚度；m_r：相对光学空气质量；m_a：本地的相对光学空气质量；$\varnothing$：纬度；δ：太阳赤纬；θ_z：天顶角；β：太阳高度角。

② 散射辐射

散射辐射包括瑞利散射、气溶胶散射以及向下多次漫射辐射

A. 瑞利散射

$$I_{dr} = 0.79 \times E_o \times I_{SC} \times \cos\theta_z \times \tau_o \times \tau_g \times \tau_w \times \tau_{aa} \times 0.5 \times \tau_o \frac{1 - \tau_r}{1 - m_a + m_a^{1.02}}$$

其中，τ_{aa}：经过气溶胶吸收作用之后透射辐射比率。

B. 气溶胶散射

$$I_{da} = 0.79 \times E_o \times I_{SC} \times \cos\theta_z \times \tau_o \times \tau_g \times \tau_w \times \tau_{aa} \times F_c \times \frac{1 - \tau_{as}}{1 - m_a + m_a^{1.02}}$$

其中，τ_{aa}：经过气溶胶散射作用之后透射辐射比率。F_c：向上散射占总散射的比率。

C. 多次反射散射

$$I_{dm} = (I_n + I_{dr} + I_{da})\rho_g\rho_a / (1 - \rho_g\rho_a)$$

其中，ρ_g：地面反照率；ρ_a：无云天空反照率。

最终，太阳总辐射等于直射辐射和散射辐射的总和。

3. 辐射比参数的计算

由于模型假设的是理想大气条件下的总辐射，并未考虑实际有云的条件下，日照时数对太阳辐射的影响。根据四川省 9 个辐射站点 20 年的逐日数据，建立实际辐射与模拟辐射比值同实际日照时数与日长比值之间的关系，用于辐射的校正。Angstrom 于 1924 年提出辐射比与日照时数比率的关系，如下式：

$$\frac{H}{H_c}$$

其中，H：为辐射的观测值；H_c：计算得到的无云的水平面的辐射；R_d：观测到的实际日照时数；N_d 为日长。

4. 太阳辐射空间插值

在模型应用时，考虑两种方法，方法一为先将气候数据插值到空间上，再利用辐射模型计算出太阳辐射；方法二为先计算出气候站点的太阳辐射，再直接利用 ANUSPLINE 软件插值到空间上。对这两种方法进行对比。平均

绝对误差的计算公式为：

$$\mathrm{MAPE} = 100\% \times \left(\sum{}^{?} \left| \frac{y_{obs} - y_{pre}}{y_{obs}} \right| \right) / N$$

5. 太阳辐射模拟结果与讨论

① 晴空太阳辐射模拟

温度和相对湿度用于计算空气中可降水的厚度，调整经过水汽吸收后的透射辐射比率，气候数据的插值结果也会影响到太阳辐射模拟的结果。日照时数作为关键的因素，用于对模拟的理想条件的太阳辐射总量进行调整，因此，对实际的太阳辐射模拟影响较大。

利用 ANUSPLINE 软件插值得到四川省逐日的最高温度、最低温度、相对湿度以及日照时数。利用 10 个独立站点对模拟结果进行验证，逐日预测值与实测值的相关系数范围 0.93 ~ 0.99，具有较高的相关性。MAPE 范围 6.06% ~ 24.69%，最低温度相对误差最大。RMSE 范围 0.13 ~ 1.42。最低温度均值高估 3.4%，日照时数的均值低估 1.6%，其他均小于 0.1%。尽管相对湿度的最小值预测相差达到了 60%，但模拟值和实测值均小于 10%（5% 和 8.13%）。温度相差 5% 左右。因此，整体插值效果较好，插值结果对比如表 9-72。插值结果的空间分布如图 9-29 ~ 9-32。ANUSPLINE 是在气候插值中广泛使用的插值软件，在国内研究中也取得了较好的插值效果。钱永兰等（2010）利用 ANUSPLINE 对全国 1961 ~ 2006 年的温度降雨进行了插值，发现平均温度的插值平均绝对误差在 0.8℃，降雨误差在 6.4mm。

根据建立的太阳辐射模型，通过输入气候数据以及位置信息可以计算得到逐分钟的直射辐射、瑞利散射、气溶胶散射、多次反射散射以及总辐射。该模拟的辐射是在晴空条件下计算得到，实际太阳辐射的最大值可以理解为晴天无云条件下的辐射。假设每个站点多年中总有一日为晴天，因此，根据每个站点逐天多年的最大值与模拟的太阳辐射进行对比，验证模型模拟结果的可靠性。验证结果，13 个站点年均太阳辐射总量预测值为 8594MJ，略高于太阳辐射多年最大值的平均值 8062MJ，高 6.6%。说明本模型模拟晴空条件下的辐射具有较好的效果，如图 9-33。实际观测值的最大值与模拟的值线性拟合后，所有站点数据的总体相关性 R^2 为 0.81（0.78 ~ 0.97），其中 R^2 最高的甘孜州 0.97，峨眉山站点最低位 0.78，其他站点 R^2 均大于 0.87。从图 9-33 中可以看到成都、重庆、绵阳和泸州实测值明显偏低。主要原因可能与这几个站的云量较高有关，而甘孜州为高原气候，晴天数较多，逐日观测值的多年最大值也越接近晴空条件下的辐射值，这也说明对于云较多的区域20年的最大值可能不能完全代表晴空辐射。另外，海拔较高的几个站点，比如甘孜、果洛、昌都、红原等，实测最高值高于理论晴空值，说明理论值计算时，大气层厚度以及吸收比率等经验参数高于实际值，导致模拟值偏低。而海拔较低的几个市州，比如成都、重庆、泸州等则可能相反。因此，模型的改进需要海拔对考虑某些参数影响。总体上，13个站点晴空辐射验证也说明，本研究建立的太阳辐射模型能够对晴空条件下对太阳辐射进行较好的模拟。

②晴空太阳辐射模拟的校正

晴空条件下，太阳辐射的模拟值要远高于观测值，尤其是在云量较多的区域。可以根据实际的日照时数对晴空辐射进行校正。表9-73为利用13个辐射站点的逐日数据，拟合实测辐射与晴空辐射的比值同日照百分率的线性关系。其中，a，b为经验模型的参数。对整个四川省而言，利用所有的13个站点数据拟合总的关系式。其中a为0.262，b为0.756，R^2为0.76。最终，根据Angstrom公式实际得到的辐射比与日照时数的关系式，对模型模拟结果进行校正，13个站点太阳辐射值的实测值年均为5030 MJ（3134～6663 MJ），预测值为5023 MJ（3574～6245 MJ）。实测值与预测值对比如图9-25，R^2为0.79（0.62～0.89），平均绝对误差（MAPE）为23.3%，对于逐日的插值效果较好。此外，采用先计算站点的太阳辐射，再直接利用ANUSPLINE插值的方法进行对比（方法二）。结果表明，平均绝对误差为36.1%，R^2为0.61。误差高于方法一，原因可能是插值时的太阳辐射并不是实测值，误差累加将更大。另外，气候要素用于计算可降水汽厚度，在太阳辐射的计算过程中，并不是主要的决定因素。晴空辐射理论值已经由太阳辐射传输过程决定，并且模型模拟的理论值与实测值很接近。因此，先进行气候要素的插值，再进行太阳辐射的模拟具有更高的精度。

国内也有学者对区域的太阳辐射进行了模拟。童成立等（2005）模拟逐日太阳辐射，全国9个站点的实测与预测值相关系数为0.81～0.93。刘玉洁等（2012）的研究表明青藏高原地区每年最高可达9000 MJ/m^2，低值出现在川黔地区，年均2000 MJ/m^2。吴其重等（2010）利用中尺度气象模式结合最优插值法，表明全国年均辐射总量为5648 MJ。另外，四川西部等高原区太阳辐射在6000 MJ以上。本研究的中的高值区亦处于西南高原区，最高年总量在6000 MJ以上，通量超过500 W/m^2。

　　根据插值得到的500m分辨率的气候数据，计算全省逐日的太阳辐射。图9-33为全省多年500m栅格的太阳辐射模拟结果，单位为W/m^2。模拟的通量范围为210－524 W/m^2，太阳辐射的空间分布与海拔之间具有显著的线性相关性（$R^2=0.89$，$P<0.001$），并且随着海拔的增加而增加。从空间上来看，整体上从东向西呈阶梯状上升趋势，四川盆地和边缘区太阳辐射最低，小于300 W/m^2，主要可能由于盆地区长期的多云天气导致。川西高原区为高值区，普遍在400 W/m^2以上。这与高原地区的晴朗天气条件有关。模拟结果如图9-33。校正后太阳辐射模拟值与观测值的相关性低于晴空下的太阳辐射，受到实际日照时数校正的影响。因此，以后的研究中考虑更多因素（比如辐射比校正因子本身栅格化的模拟）将会提高太阳辐射模拟的精度。

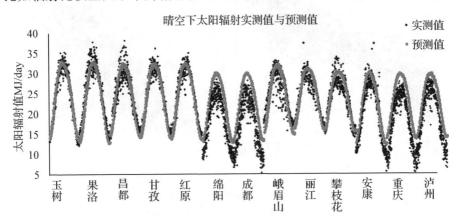

图9-33　日总辐射实测值与模拟值比较

表9-73　13个辐射站点及建立的辐射比参数

区站号	站点名	纬度	经度	海拔	a	b	R^2	年份
56029	玉树	33.02	97.02	3925	0.357	0.614	0.556	1991～2009
56043	果洛	34.47	100.25	3733	0.326	0.732	0.824	1993～2010
56137	昌都	31.15	97.17	3303	0.345	0.653	0.613	1991～2010
56146	甘孜	31.62	100	3384	0.435	0.588	0.634	1994～2010
56173	红原	32.8	102.55	3489	0.298	0.763	0.653	1994～2010
56196	绵阳	31.45	104.75	457	0.272	0.675	0.59	1991～2010
56294	成都	30.67	104.02	504	0.208	0.759	0.806	1991～2003
56385	峨眉山	29.52	103.33	3025	0.339	0.679	0.652	1991～2010
56651	丽江	26.87	100.22	2392	0.344	0.661	0.747	1991～2010

（续）

区站号	站点名	纬度	经度	海拔	a	b	R²	年份
56666	攀枝花	26.58	101.72	1154	0.245	0.7	0.814	1992~2010
57245	安康	32.72	109.03	275	0.226	0.714	0.764	1991~2010
57516	重庆	29.58	106.47	248	0.209	0.727	0.644	1991~2010
57602	泸州	28.88	105.43	292	0.187	0.828	0.839	1991~2010
所有站	—	—	—	—	0.262	0.756	0.755	1991~2010

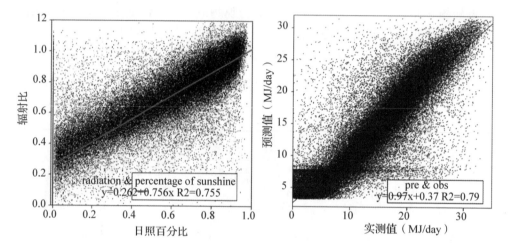

图9-34　13个站点建立辐射比与日照百分率之间的关系（左），
以及13个站点逐日的实测辐射与模拟的辐射对比（右）。

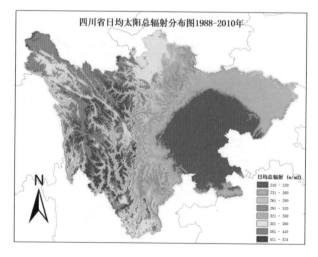

图9-35　1988－2010年日均太阳总辐射空间分布图

6. 小结

本研究采用 ANUSPLINE 软件进行气候插值，作为太阳辐射模型的输入，并根据太阳辐射传输过程建立太阳辐射模型。辐射的校正利用 13 个站点数据拟合总的关系式。其中 a 为 0.262，b 为 0.756，R^2 为 0.76。通过修改辐射比参数，便可应用于不同的区域。利用 13 个站点验证模拟结果，取得了较好的效果（$R^2 = 0.79$，系数为 0.97）。本研究的太阳辐射结果可应用于生态过程模型的驱动，也可应用于其他领域。另外，可以根据未来的气候，预测未来的太阳辐射变化，从而进行未来碳循环的模拟。从模型的角度，本模型可以扩展为生态模型的子模块，成为模型输入的一部分。另外，对于辐射比校正因子栅格化的模拟，仍需进一步的研究。

（三）生物量方程

森林生物量及其变化的估算是当前陆地生态系统碳计量的主体内容之一。在众多的生物量模型中，基于单木的异速生长模型是生物量模型中应用最广泛的经验模型（曾伟生和唐守正，2010；王天博和陆静，2012）。1932年，Huxley 最初提出了树木相对生长的概念，即通过对树木样本资料的统计分析，归纳出异速生长关系，最后将异速生长规律通过数学模型表达。后来，Kittredge（1944）拟合了生物量与胸径的关系。近年来的研究钟，逐渐引入了树高、木材比重、材积等因素对模型进行改进和进一步完善（唐守正等，2000；Milena and Markku，2005；Basuki et al.，2009）。以往的大量研究结果表明，以胸径的平方同树高乘积的形式估算生物量是最佳形式，而以胸径估算生物量的精度略低，但这种方法使用起来比较方便，以至于被学者们广泛应用于对树木生物量的估算（王维枫等，2008；王天博和陆静，2012；赵庆霞等，2013）。另外，树木的胸径–树高关系反映了植物在垂直和水平方向上生长之间的权衡，在光环境、气候和立地条件下，即使树木的胸径相同，树高也会有所不同，因而其生物量之间也会存在较大的差异（Peng et al.，2004）。这就使得仅利用树木胸径来估算其生物量具有一定的局限性，尤其对于大区域的碳计量来说可能并不适用。随着研究区域的不断扩展，目前很多研究通过整合大量文献资料来建立广义的、适用范围更大的异速生长方程（Wirth，2004；Lutz and Christoph，2006）。通过整合分析可以建立适用范围较广的生物量模型，可能能够很好地模拟整个区域的均值。本研究广泛收集了四川省的主要树种信息，在此基础上，建立单木生物量方程更适应于区域碳计量。

1. 数据

本研究收集了33个树种的生物量实测数据，以及覆盖全省的多期森林资源连续清查（"连清"）的测高数据。生物量数据集，包括1310株样木（小样本），调查因子有胸径、树高以及干、枝、根、叶的生物量（千克），其中记录了898株样木的空间位置信息。根据树种特性将生物量数据分为15个树种组（表9-74）。收集的全省测高数据共14876株（大样本），该数据集来自于四川森林清查资料。调查因子包括树种、胸径、树高、经度、纬度，以及林分信息，数据来自四川省林业调查规划院。为了更加准确的建模，胸径树高样本根据树种和海拔又进行了细分，划分为30个建模总体，每个建模总体仍与15个树种组对应。大样本详细信息见表9-74。

2. 建立基于 D^2H 的生物量模型

本研究建立了四川省15个树种的生物量模型，根据公式 $(y = a \cdot (D^H)^b)$，建立树木各器官的生物量回归模型。树干、枝、叶、根生物量模型如表9-75~9-78。为大区域的森林生物量估算提供了计量手段。各树种的干生物量模型的平均系统误差（MSE）为 -13.13%（ -28.9%~3.53%），平均百分标准误差（MAPE）为29.93%（11.4%~42.9%）；枝的 MSE 为 -10.89%（ -31.7%~18.62%），MAPE 为48.04%（11.3%~75.1%）；叶的 MSE 为 -6.33%（ -21.1%~23.0%），MAPE 为52.45%（25.1%~83.4%）；根的 MSE 为 -10.76%（ -28.2%~33.3%），MAPE 为42.16%（14.4%~61.3%）。从 MSE 来看，模型的预测值均偏高，总体系统误差不大，树干 MSE 最高为 -13.13%，其次是枝、根和叶。树叶生物量方程的 MAPE 最高，其次是枝、根和干。所有的模型均是显著的，干、枝、根、叶的生物量模型 R^2 均值分别为0.90，0.78，0.83，0.71。树干的拟合要优于树木其他部位的拟合（Luo et al.，2002）。

（四）模型碳库初始化

区域森林生物量的估算可以利用平均生物量法、生物量扩展因子法，基于森林资源一类清查数据进行估算（方精云，2000；郭兆迪等，2013；Pan，2011）。这种基于样本总体的碳计量，虽难能够计算不同时期森林碳库的变化，但是难以估算森林碳储量的空间分布。基于 IPCC 第三层次框架的过程模型模拟方法以更高精度和全面性在碳计量方面具有较大的优势。利用过程模型进行区域模拟需要考虑各森林小班的初始碳库量，一般的做法是利用 spin-up 方式，将模型运行至平衡态，以模型达到平衡时的各类碳库作为模型的初始值（Chiesi et al.，2007）。然而，这种方式在碳计量时则是不合适的，将会大大的高估生态系统的各类碳储量，不符合森林的实际情况。因此，森林资源空间化的估算也显得尤为重要。为了进行四川省碳储量的空间化估算，本研究利用森林资源规划设计调查（简称二类调查），结合森林多期一类清查，遥感解译的土地利用数据，以及生物量模型估算1988以及2010年两期森林碳库的空间分布情况。

表9-74　四川立木生物量建模总体

树种组	样本量	胸径（cm）	树高（m）	海拔（m）	包含树种
S1	307	17.6[1.8，78.3]	12[1.4，44]	3282[2460，4161]	云杉、冷杉、铁杉 Picea asperata，Abies fabri，Tsuga chinensis
S2	41	13[1，41.2]	9.1[0.8，14.7]	2343[1593，3207]	云南松、思茅松 Pinus yunnanensis，Pinus kesiya
S3	54	8.8[0.2，16.4]	7.4[0.3，13.2]	510[266，1106]	柏木、侧柏等 Cupressus funebris，Platycladus orientalis
S4	61	14.8[1.3，29.5]	12.6[1.9，21]	1057[376，1679]	杉木、柳杉、水杉 Cunninghmia lanceolata，Cryptomeria fortunei，Metasequoia glyptostroboides
S5	66	14[1.2，37.4]	10.9[1.6，22]	596[308，1236]	马尾松 Pinus massoniana
S6	92	14.8[1.5，44.3]	11.2[1.5，24.5]	3626[3238，3890]	落叶松 Larix gmelinii
S7	18	14[6.7，26.7]	10[4.8，15.9]	——	华山松、油松等 Pinus armandii，Pinus tabulaeformis
S8	133	16.4[1.5，60.8]	11.5[2，27.5]	3408[1620，3920]	红桦、白桦、糙皮桦等 Betula albosinensis，Betula
S9	71	16.6[1.8，44.2]	10.7[1.9，27.6]	2860[200，3730]	高山栎、石栎等 Quercus semicarpifolia，Lithocarpus glaber
S10	29	19.4[1.5，36.2]	15.1[2，22.3]	357[320，392]	香樟、油樟等 Cinnamomum camphora，Cinnamomum longepaniculatum
S11	57	14.2[1.5，28.2]	15.4[2，21.5]	410[320，1920]	楠木 Phoebe zhennan
S12	30	18.9[7.5，33.8]	14.2[3.5，23.4]	1732[1600，2790]	山杨、白杨等 Populus davidiana，Populus alba

（续）

树种组	样本量	胸径（cm）	树高（m）	海拔（m）	包含树种
S13	248	8.4[2.9, 18.7]	10.6[3.1, 20.5]	817[618, 1720]	巨桉、直干桉等 *Eucalyptus grandis*，*Eucalyptus maidenii*
S14	24	11.5[4.5, 23]	12[3.9, 20]	821[260, 2029]	丝栗、青冈、木荷等 *Castanopsis fargesii*，*Cyclobalanopsis glauca*，*Schima superba*
S15	79	7.5[1, 26.4]	7.9[1.2, 23.1]	828[100, 2204]	桤木、椴树、檫木、槭树等 *Alnus cremastogyne*，*Tilia tuan*，*Sassafras tzumu*，*Aceraceae*

表 9-75　单木树干生物量拟合（kg）

参数	S1	S2	S3	S4	S5	S6	S7	S8	S9	S10	S11	S12	S13	S14	S15
a	0.0735	0.141	0.0752	0.0362	0.0347	0.238	0.3635	0.0461	0.0472	0.0284	0.1059	0.0498	0.0912	0.029	0.0398
b	0.8466	0.6959	0.7772	0.9126	0.9247	0.687	0.5826	0.8479	0.8413	0.9493	0.8208	0.8831	0.7986	0.9604	0.9386
R^2	0.93	0.94	0.82	0.88	0.91	0.94	0.98	0.75	0.89	0.93	0.88	0.93	0.94	0.86	0.97
SEE	0.5	0.71	0.29	0.26	0.19	0.22	0.46	0.25	0.16	0.27	0.37	0.42	0.37	0.16	0.4
TRE (10^{-17})	8.51	5.73	1.75	-29.4	-18.5	-4.31	-2.43	-17.7	18.3	0.88	-13.3	13.4	-15.1	13.2	-24.4
MSE	-5.52	-1.63	-2.1	-1.72	-4.09	-0.04	10.97	-5.81	-0.29	-3.39	-4.65	9.59	-25.35	-0.08	-0.1
MAPE	19.92	18.22	10.66	9.96	6.14	4.58	32.73	12.89	5.89	6.98	40.87	38.66	42.9	3.37	9.84

表 9-76　单木树枝生物量拟合（kg）

参数	S1	S2	S3	S4	S5	S6	S7	S8	S9	S10	S11	S12	S13	S14	S15
a	0.0665	0.0349	0.1317	0.0728	0.015	0.0474	0.0047	0.0114	0.0271	0.0257	0.0207	0.0423	0.0638	0.0079	0.0373
b	0.7169	0.7164	0.529	0.5699	0.8166	0.618	0.9834	0.8854	0.7687	0.7968	0.7735	0.7713	0.549	0.9124	0.7287
R^2	0.7	0.64	0.9	0.8	0.9	0.7	0.67	0.84	0.83	0.84	0.74	0.89	0.69	0.75	0.84
SEE	0.89	0.9	0.49	0.5	0.63	0.96	0.65	0.88	0.77	0.75	0.67	0.44	0.48	0.62	0.68
TRE (10^{-16})	-16.2	-0.213	-1.79	2.93	-5.39	-10.2	4.28	-2.68	-1.28	-7.54	-5.65	10.4	-12.7	4.82	-4.13
MSE	-11.89	-17.54	-9.53	-6.15	-27.54	-9.06	-5.11	-22.6	-26.45	-2.86	18.62	-0.14	-1.31	-10.09	-31.69
MAPE	39.52	52.46	34.32	36.06	52.2	75.14	47.58	68.21	66.41	43.44	41.16	11.29	37.36	50.2	65.26

表 9-77 单木树叶生物量拟合(kg)

参数	S1	S2	S3	S4	S5	S6	S7	S8	S9	S10	S11	S12	S13	S14	S15
a	0.043	0.0578	0.2205	0.1656	0.0263	0.031	0.0051	0.0076	0.0465	0.0312	0.0271	0.1318	0.217	0.0164	0.0889
b	0.6821	0.57	0.4404	0.4384	0.6604	0.5661	0.9249	0.734	0.5449	0.6505	0.6093	0.4315	0.2665	0.7005	0.4166
R^2	0.7	0.71	0.85	0.58	0.82	0.82	0.86	0.81	0.7	0.86	0.62	0.56	0.49	0.68	0.63
SEE	0.86	0.61	0.51	0.66	0.71	0.64	0.35	0.82	0.78	0.56	0.7	0.61	0.57	0.55	0.67
TRE (10^{-16})	-7.32	4.58	-10.2	2.7	-5.34	-5.52	-2.52	-3.04	-13.5	-3.41	12.3	7.92	-13.1	-6.25	-10
MSE	-6.83	-9.29	-1.3	-1.48	-17.49	-14.1	-2.56	-15.91	-14.71	22.99	-21.07	-3.67	4.88	-5.21	-9.24
MAPE	39.79	49.58	38.94	36.82	61.46	60.81	25.1	68.36	66.95	68.11	83.41	44.14	45.48	42.43	55.38

表 9-78 单木树根生物量拟合(kg)

参数	S1	S2	S3	S4	S5	S6	S7	S8	S9	S10	S11	S12	S13	S14	S15
a	0.0345	0.0723	0.1011	0.0577	0.0525	0.014	0.0048	0.0184	0.0773	0.0086	0.1408	0.1157	0.0342	0.0051	0.0876
b	0.7994	0.581	0.5461	0.6238	0.7136	0.8206	1.0287	0.8186	0.7186	0.9625	0.6558	0.6272	0.7237	1.0082	0.6115
R^2	0.88	0.58	0.79	0.74	0.65	0.93	0.95	0.89	0.89	0.98	0.84	0.9	0.89		0.76
SEE	0.56	0.82	0.78	0.65	1.2	0.54	0.23	0.67	0.55	0.32	0.42	0.43	0.17	0.42	0.74
TRE (10^{-16})	-7.49	5.56	7.59	-7.23	-7.19	1.89	-6.95	-9.74	8.43	2.29	1.1	9.02	-0.767	7.35	4.88
MSE	-11.79	-8.88	-6.21	-9.16	-28.2	-16.13	33.25	-22.97	-22.46	-17	-4.72	-6.68	-0.74	-12.22	-27.49
MAPE	38.93	61.34	49.55	45.21	54.28	42.93	46.88	55.29	45.25	43.95	17.57	29.83	14.35	35.72	51.36

1. 数据

① 遥感影像(TM)土地利用分类

本次研究收集的数据为美国陆地卫星 30 米 TM 数据 35 景，数据来源于中国科学院计算机网络信息中心国际科学数据镜像网站（http：//www.gscloud.cn）。参考森林资源规划设计调查和全国土地利用调查专题土地利用分类标准确立土地利用分类体系，采用了计算机初分类和人工目视解译相结合的方法进行遥感图像的信息提取。土地利用分类体系采用二级分类：一级共 6 大类，主要根据土地的自然生态和利用属性进行划分，包括林地、耕地、草地、水域、建设用地和未利用地；并结合现有森林资源分布情况，将林地进一步划分为 5 个二级地类，包括有林地、竹林、灌木林地、经济林地和其他林地，主要根据覆盖特征来进行划分，共计 200 多万个图斑

（土地利用分类图来源于四川省林业调查规划院）如图9-36。

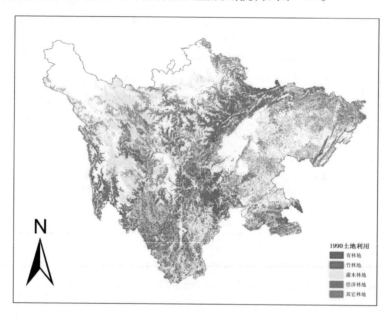

图9-36　1990年土地利用类型图

② 森林资源规划设计调查数据（简称二类调查）

该数据集是以国有林业局（场）、自然保护区、森林公园等森林经营单位或县级行政区域为调查单位，以满足森林经营方案、总体设计、林业区划与规划设计需要而进行的森林资源调查。数据来源于四川省林业调查规划院。包括的土地利用类型主要有有林地、疏林地、灌木林地、其他林地、耕地、牧草地、水域、未利用地和建设用地。一共1700多万个小班，每个森林小班包括森林起源，地类，树种，蓄积，平均株数，平均胸径，坡度，坡向等量化信息。按照181个县存储。全省调查面积48874704.1hm^2。其中林地23973602.6hm^2，占调查面积的49.1%；非林地23687998.2hm^2，占48.9%；森林覆盖率30.79%。全省林地中，有林地14908133.4hm^2，占林地面积的62.19%；疏林地200043.3hm^2，占0.83%；灌木林地7573744.2hm^2，占30.07%；未成林地292132.6hm^2，占1.22%；苗圃地2169.8hm^2，占0.01%；无立木林地222562.9hm^2，占0.93%；宜林地774816.4hm^2，占3.23%；林业生产辅助用地1213103.3hm^2，占4.82%。

③ 森林资源连续清查数据

森林资源连续清查（简称"一类调查"或"连清"），是以省（区、市）为单位，以数理统计抽样调查为理论基础，通过设置固定样地并进行定期复查，四川省森林资源连续清查体系始于 1979 年"四五"清查，根据对森林面积与蓄积、人工林面积与蓄积的抽样精度要求，在四川范围内（包括重庆市）布设了 23588 个地面调查样地。1988 年第一次复查时，将全省分为金沙江雅砻江原始林区、盆周西缘陡险山区和其余区域 3 个副总体分别布设样地、分别调查方法进行复查。前两个副总体限于交通等条件限制，采用资料推算方法进行资源更新；余下部分样地 2/3 为固定，1/3 为临时，固定与临时都进行地面调查，为体系优化与完善做基础。1997 年第 3 次复查时，首次引入 GPS 和遥感。

　　1988 年体系经 1992、1997 年两次复查检验，抽样体系表现出了不能完全满足国家宏观决策和四川林业发展的客观需求，故 2002 年在第四次复查工作中，对抽样体系进行了进一步优化完善研究，将原三个副总体合并为一个总体，统称四川省总体，以 4km×8km 和 8km×8km（平均 6km×8km）两种间距进行样地布点，共计布设 10098 个样地。自 2002 年第 4 次复查开始，除融合土地退化（沙化、荒漠化）监测外，还增加了有关森林生态监测内容。调查因子增加了流域、沙化、荒漠化土地类型与程度、湿地类型、林层结构、经济林集约度、森林生活力、森林病虫害等级、森林分类区划、地类变化原因、四旁树覆盖面积、样地西南角点地类等，样地调查因子增加至 53 项，产出森林资源数据统计表增加至 49 个。至 2012 年第 6 次复查，遥感技术、全球定位技术、地理信息系统技术以及野外数据采集记录等现代高新技术得到普遍应用。

　　连清调查的样木信息主要包括样地信息和样木信息。样地信息包括样地位置，优势树种，起源，平均胸径，平均树高，平均年龄等。样木信息包括样木的树种，胸径，检尺类型，样木的位置等。连清数据来自于四川省林业调查规划院。

　　2. 方法

　　依据 2012 年森林资源规划设计调查数据的平均胸径、树种类型、地理位置、株树，基于异速生长方程生物量模型计算出每个小班各部分的生物量，从而获取 2012 年森林碳储量的空间分布。然而，1988 年没有森林二调数据，遥感分类数据中只有土地类型而没有空间属性信息。因此，无法根据土地利用分类数据直接计算出 1988 年的碳储量。本研究结合一类调查数据，二类调查数据，遥感分类数据对 1988 年的碳储量空间分布进行估算。首先，将1988年和2012年的空间图进行叠加，获取两期的土地利用类型信息。其次，根据一清数据计算从1988年到2012年样地类型不变的各树种类型生物量的变化，从而推算出土地类型未发生变化部分1988年的碳储量。对于发生土地利用类型转换的林班，利用1988年类型平均值替代。

① 叠加分析及处理

将TM分类的土地利用图与二调图进行叠加分析，拆分为181个县进行批处理。叠加后的数据含有1988和2012两期的植被类型；融合小于1亩的细碎多边形；根据龄组、地类和树种代码进行斑块合并，合并后小班的株数为所有小班之和，胸径根据面积加权平均；提取每个小班的经度、纬度、海拔、土壤质地信息；导出属性表，为下一步生物量的计算做准备。最终得到斑块个数为11396135个的计算单元。

② 异速生长方程

建立并改进传统的异速生长方程，将传统方法建立的异速生长方程扩展到四川省的区域尺度上。用于森林小班根、干、枝、叶碳储量的计算，详见第三章第四节。

③ 生物量反推函数

选择连清数据中的有林地样地，样地的分布覆盖全省范围，包括1988年和2012年两期调查数据，按照树种建立两个时期生物量之间的关系，如表9-79。将该方程应用到林斑图中，根据2012年的生物碳密度(x)计算1988年的生物碳密度(y)。灌木、竹林、草地按照类型法可以得到每个空间斑块的根干枝叶总量。不同类型碳密度引自区域林业碳汇/源计量体系开发及应用研究报告(2013)。

表9-79 树干、枝、叶、根反算模型($y=ax+b$)(1988－2012年)

优势树种	树干			树枝			树叶			树根		
	R^2	a	b	R^2	a	b	R^2	a	b	R^2	a	b
云杉、冷杉、铁杉	0.66	1346.68	0.60	0.70	270.17	0.60	0.73	103.52	0.61	0.68	323.79	0.60
云南松、油杉	0.53	502.71	0.48	0.51	110.45	0.43	0.45	66.58	0.34	0.53	66.92	0.52
柏木	0.80	-632.04	0.73	0.64	-47.49	0.46	0.40	21.31	0.22	0.62	-38.20	0.49
杉木、柳杉	0.39	73.78	0.59	0.52	-13.84	0.77	0.45	17.62	0.89	0.48	-6.69	0.69
马尾松	0.40	46.40	0.64	0.27	28.25	0.45	0.32	15.88	0.46	0.31	34.72	0.45
落叶松	0.79	182.00	0.64	0.66	57.47	0.83	0.65	23.78	0.85	0.76	57.11	0.72
其他松类	0.72	52.97	0.48	0.74	-6.88	0.53	0.69	18.52	0.46	0.72	7.98	0.51

（续）

优势树种	树干			树枝			树叶			树根		
	R^2	a	b	R^2	a	b	R^2	a	b	R^2	a	b
桦类	0.66	432.89	0.66	0.69	11.53	0.71	0.67	8.83	0.67	0.70	13.05	0.70
栎类	0.88	−123.92	0.76	0.84	−17.38	0.76	0.69	28.44	0.59	0.88	−51.21	0.74
杨属	0.59	100.84	0.41	0.66	−151.98	0.67	0.59	16.56	0.39	0.52	65.20	0.39
硬阔	0.68	294.49	0.75	0.66	44.03	0.71	0.60	35.03	0.52	0.64	71.43	0.69
软阔	0.76	78.91	0.70	0.82	14.55	0.64	0.68	22.98	0.44	0.79	38.32	0.60

3. 结果

1988 年和 2012 年土地利用类型分为林分、竹林、灌木林、其他林地、草地、农田以及其他地类。结合遥感土地利用分类，二调森林小班数据，异速生长方程，生物量反算模型计算每个斑块的根、干、枝、叶、凋落物、土壤碳库，作为模型模拟的初始化数据。计算结果以林班为最小计算单元，将全省拆分为 181 个县，最终合并为整个四川省。碳库分为生物量碳、土壤碳、凋落物碳以及总碳。各部分结果如表 9-80：

林地生物量碳库 1988 年为 61733 万吨，2012 年为 82417 万吨。其中，林分两个时期分别为 53121，72487 万吨；疏林地分别为 1215 万吨，1512 万吨；竹林为 199，581 万吨；灌木林地为 7198，7837 万吨。

林地凋落物碳库 1988 年为 1797 万吨，2012 年为 2404 万吨。其中，林分两个时期分别为 1389，1917 万吨；疏林地分别为 34 万吨，59 万吨；竹林为 11，33 万吨；灌木林地为 362，394 万吨。

林地土壤碳库 1988 年为 211017 万吨，2012 年为 241862 万吨。其中，林分两个时期分别为 127261，142829 万吨；疏林地分别为 3350 万吨，7057 万吨；竹林为 2415，7057 万吨；灌木林地为 77991，84919 万吨。

林地总碳库 1988 年为 274546 万吨，2012 年为 326683 万吨。其中，林分两个时期分别为 181771，217233 万吨；疏林地分别为 4599 万吨，8628 万吨；竹林为 2625，7671 万吨；灌木林地为 85552，93151 万吨。其他各部分碳库见表 9-80。

表 9-80　林地各碳库储量 1988 年与 2012 年(单位：万吨)

	年份	树叶	树干	树根	生物量碳	凋落物碳	土壤碳	总碳
林分	1988 年	3406.89	41537.80	8176.25	53120.84	1389.47	127260.70	181771.01
	2012 年	5274.45	56106.86	11105.49	72486.81	1917.43	142828.70	217232.94
疏林地	1988 年	70.74	967.11	177.19	1215.04	33.63	3349.98	4598.65
	2012 年	121.90	1176.29	214.15	1512.18	59.01	7056.77	8627.95
竹林	1988 年	14.10	150.06	34.56	198.71	11.37	2414.56	2624.64
	2012 年	41.20	438.60	101.01	580.81	33.23	7057.45	7671.48
灌木	1988 年	448.98	5503.57	1260.03	7198.09	362.08	77991.36	85551.53
	2012 年	488.86	5992.45	1371.96	7837.49	394.24	84919.31	93151.04
总量	1988 年	3940.71	48158.54	9648.02	61732.68	1796.54	211016.60	274545.82
	2012 年	5926.42	63714.20	12792.61	82417.29	2403.91	241862.22	326683.42

(五)野外调查与土壤碳模型

1. 土壤调查

土壤碳是一个巨大的碳库。为了获取全面合理的土壤数据，在全省范围内进行了大规模的土壤采样工作。土壤采样的布设从森林连续清查样地的位置中选取。这样除了土壤信息外，还可以同时获取详实的样地信息，比如林分密度、平均树高、样地年龄以及植被碳密度等，为建立土壤碳模型提供数据基础。结合四川森林资源连续清查样地布设的实际情况，全省森林资源连续清查有效备选样地 6050 个(去掉目测样地、遥感判读样地等)，作为抽样总体。全省覆盖选择了 312 个样地。样地树种类型包括云杉、冷杉，云南松、油杉，柏木、杉木、柳杉，马尾松，落叶松，华山松、高山松、油松，桦木、栎类、杨树，桉树，阔叶混，硬阔类，软阔类，板栗、核桃、柑橘类覆盖了四川省主要的乔木类型。灌木包括国家特别规定灌木(栎灌、柳灌、高山杜鹃、柏类灌木)，一般灌木林地(马桑、悬钩子等)以及竹林(毛竹、慈竹、楠竹)，耕地、草地。

针对四川省森林特点，样地土壤收集方法分为"土钻法"和"挖坑法"两种。对于土钻法，主要是针对样地中石块较少、土层条件相对较好的样地。土钻更能够发挥其作用。野外实际采样点分布和采样情况如图 9-37。

A 土钻法：

采用"土钻法"调查林地土壤有机碳，结合"连清"样地森林资源调查样地布设，找到样地西南角后，详细记录样地基本情况因子。由"连清"样地

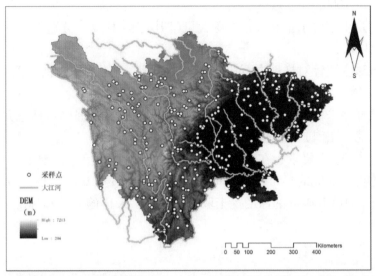

图 9-37　采样点分布和野外采样情况

西南角开始，测设样地四角点（4 个点）、样地边界中心点（4 点）、及样地中心点（1 个点），共计 9 个取样点，按照土壤层次 0~20cm，20~40cm，40~60cm，60~100cm 分四层土壤分别取样（如图 9-38）。除去大石块、杂草等杂物，依次称各调查样点各层次土壤净重，然后将各调查样地分不同层次充分混匀后，取1000g样品放入布袋中，带回用于有机碳含量测定，取100g样品用于测定土壤含水量和校正石砾含量(四层土壤样品，分别装入密封袋)。

B挖坑法：

挖坑法主要针对样地中石块非常多的情况，此时利用土钻难以取土，可以采用该方法进行取样。

布设样地采样点(图9-39)，确定5个采样点。依据样地任意角(西南、西北、东北、东南)，按正常样地形状，落实样地实际边界及位置。按"四角、样地中心点"要求，在相应位置外侧1m处分别标记样地土壤采集点。取土、称重。挖坑的标准为30cm×30cm，分别按照0~20cm、20~40cm、40~60cm、60~100cm的深度挖土取样，称重，采样的方法和标准与土钻法相同。

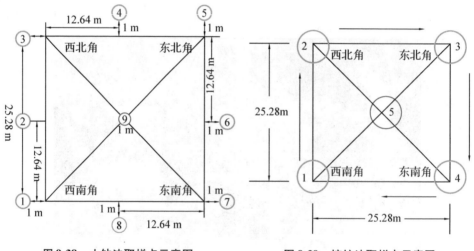

图9-38　土钻法取样点示意图　　　　图9-39　挖坑法取样点示意图

2. 凋落物采样

凋落物分为原状和半分解两类，每类又分为枝和其他部分(包括叶、果)。在样地4个角点和1个中心点(图9-39)周围1m范围内收集凋落物，在每个点首先用30cm×30cm的钢圈向下压，记录凋落物厚度，挑拣出枝和其他部分分开装入塑封袋，分别称量并记录鲜重。

将所取5个点原状、半分解的枝和其他部分凋落物分别混匀后取样，取原状的枝和其他部分、半分解的枝和其他部分共4个样品分别装入塑封袋，标记清楚(样地号、原状或半分解、枝或其他部分、日期)，称量并记录取样鲜重。若无原状凋落物,则将半分解的枝和其他部分分别混匀后取样,共2个,称量并记录取样鲜重。回到室内后,将样品放在通风处摊开晾干,以防发霉。(如果湿度很大,可用吹风机吹干)。

(3)植物采样

根据调查样地中的优势树种,选择标准样木。钻取三个树芯,取新枝,树叶,分别放入信封中。并标记基本信息。针对扁平状树叶,用扫描仪扫描树叶面积,并记录叶片数量及相应面积;将扫描后的树叶放入信封存放(20~30g),标记清楚样地号、植物种、叶片数量、叶片面积、日期。

针对针叶树(如高山松等),将一束(两针、三针、四针)针叶按其自然形态,用游标卡尺分别在一束针叶的下部(靠近基部处),中部和上部分别测量,进行记录;测量后的树叶放入信封存放(20~30g),标记清楚样地号、植物种、叶片数量、日期。

(4)测定方法

野外采集的植物样品使用烘箱在105℃恒温下杀青30min,再在85℃恒温下烘5h进行第一次称重,然后在85℃恒温下继续烘烤,每隔2h称重1次,当最近两次重量相对误差≤5.0%时停止烘烤,将样品冷却至室温后测定每个样品的干重。然后,使用粉碎机分别对植物干样进行粉碎。由于植物样品含碳量较高,一般在0.4左右,测定时称样量极少。因此需将已制备好的粉碎样取10~20g于瓷研钵中再充分研细,全部通过100目筛(筛孔0.149mm)后,混合均匀后,供C、N、P分析测定使用。采用燃烧法(碳/氮元素分析仪)测定植物样品有机碳含率。土壤有机碳测定方法与林分样品测定方法相同,校正石砾含量、土壤含水率、土壤PH值、土壤机械组成等土壤相关指标参照LY-200x测定。

(5)土壤模型

土壤有机碳是陆地生态系统最大的碳库,约占其总碳储量的2/3。森林土壤碳约占全球土壤碳的39%(Lal,2005)。土壤碳库发生很小的变化都会对生态系统的碳汇/源产生较大的影响。四川森林是中国西南林区的主体部分,因此,弄清森林土壤碳库的储量和变化具有重要的意义。目前,国内外对土壤碳的估算也有很多的方法。包括土壤类型法(Batjes,1996),根据不同土壤类型采样数据获取分类单元的土壤碳储量,再根据土壤类型图计算区域上的土壤碳;生命带研究法(Post and Mann,1990),根据不同植被类型对应的土壤碳密度,各类型还可包含多个土壤类型,从而对区域土壤碳进行推算，但是由于土地利用方式的变化，将会为该方法带来更多的不确定因素；土壤模型法，由于森林土壤有机碳受到多种因素的影响，也可以建立土壤碳密度与其周围环境，气候变量，土壤属性，地形地貌等因素的关系（Burke，1989；黄从德，2009）。另外，根据土壤属性的空间自相关性可以利用回归结合克里金插值的方法估算土壤碳密度，从而提高模拟精度（Delhomme，1978；Ahmed and De Marsily，1987；Hengl et al.，2007）。

由于土壤圈受到大气圈、水圈、岩石圈和生物圈的交互作用和影响，土壤有机碳的变化也涉及土壤生物化学的多个过程。土壤碳库的变化也表现为连续、缓慢和长期的过程。因此，要获取土壤的长期变化需要进行长期连续的野外观测。但是，长期的森林调查需要花费大量的人力物力。本研究对四川森林碳库的调查，是在基于四川省"连清"样地设置，其中很多样地分布在高海拔以及不易到达的山区，进行土壤碳密度的调查尚属首次。因此，无法直接从调查中获取1988年的土壤碳密度。而生态过程的模拟需要获取初始年份森林土壤碳密度。在模型中一般采用spin-up过程对模型碳储量进行估算，得到生态系统达到平衡态的情况下的土壤碳密度，一般与实际情况有较大的出入。在本研究中，试图获取更加接近实际情况的土壤碳密度对模型进行初始化。

① 数据

土壤碳数据来自于野外调查样地的土壤碳密度，一共312个样地，包括森林，灌木，草地。为了获取1988年的土壤初始信息，建立土壤碳与地上植物碳密度，气候，林分信息，土壤属性以及地形地貌之间的关系，并假定该关系不随时间而变化，将其应用到1988年。由于土壤碳主要来自于地表不同植被的凋落物的分解，土地利用类型方式的变化将会对土壤碳密度产生较大影响（顾成军，2013；Chaplot，2009）。因此，从312个样地中，选择土地利用方式未发生变化的森林样地建模。一共79个，详细信息见表9-81。并将其残差值进行空间地统计的分析，利用Kring插值，对残差进行修正。最终应用到全省范围。

表9-81 土壤调查样地信息

变量	平均值	最小值	最大值	标准差
土壤碳密度（t/ha）	85.3	25.2	212.9	39.3
生物碳密度（t/ha）	49.1	10.8	227.2	37.8
降雨（mm）	933.5	719.6	1219.7	136.9

（续）

变量	平均值	最小值	最大值	标准差
平均温度（℃）	10.9	1.0	18.4	5.2
最高温度（℃）	17.3	10.3	22.9	3.5
土壤深度（cm）	51.8	11.4	100.0	20.1
纬度	30.6	27.2	32.8	1.7
经度	103.6	100.1	108.3	2.2
海拔（m）	2079.3	310.0	4150.0	1281.5
坡度	25.0	0.0	48.0	10.4
平均胸径（cm）	17.8	0.0	52.6	10.0

② 回归法建立土壤模型

建立土壤碳密度与各个因素之间的多元线性关系，利用 R 语言进行逐步回归筛选变量，最终统计上显著的模型变量包括生物碳密度 vegC，海拔，土壤深度，平均温度，$R^2 = 0.48$。模型参数如表 9-82，模拟值与实测值以及残差，如图 9-40：

表 9-82　土壤模型 I 的主要参数

	Estimate	Std. Error	t value	Pr（>｜t｜）
（Intercept）	97.104	48.144	2.017	0.047
log（vegC）	24.609	6.645	3.704	0.000
海拔^2	−5.782	2.021	−2.861	0.006
土壤深度	0.363	0.172	2.107	0.039
平均温度	−7.924	2.307	−3.434	0.001

预测值与实测值

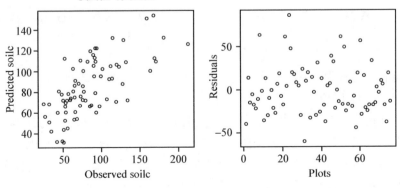

图 9-40　土壤模型 I 的实测值、预测值以及残差

③ 回归－克里金法建立土壤模型

利用模型的残差，进行地统计分析。残差表示线性模型不能解释的部分，利用地统计分析残差是否具有空间自相关，通过空间的相关性对残差进行修正，从而改进模型。克里金（kring）插值是一种空间局部估计的方法。建立在变异函数理论及结构分析的基础之上，是在有限区域内对区域化变量取值进行无偏最优估计的一种方法。

在地统计学中，半变异函数可以定义为：

$$\gamma(h) = \frac{1}{2N(h)} \sum_{i=1}^{N(h)} \left[Z(x_i) - Z(x_i + h) \right]^2$$

其中，$\gamma(h)$ 是半变异函数，h 为两样本点空间分割距离；$Z(x_i)$ 为 x_i 处的实测值；$Z(x_i + h)$ 为 $Z(x_i)$ 在 x_i 处距离偏离 h 的实测值；$N(h)$ 为分割距离是 h 时样本点的对数，如图 9-41。计算模型 2 拟合残差的半变异函数并进行曲线拟合，如图 9-42。

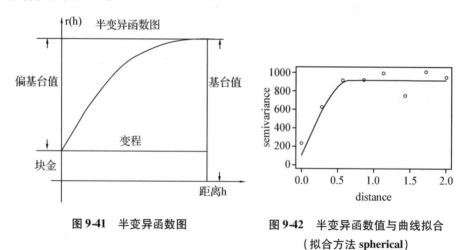

图 9-41　半变异函数图　　　图 9-42　半变异函数值与曲线拟合
（拟合方法 spherical）

其中，变程为 0.67，块金值为 101.58，基台值为 812.60。

④ 小结与讨论

本研究的土壤模型采用回归克里金的方法建立。土壤采样的样地与四川省一清样地相对应。土地利用类型的差异是土壤碳密度空间分布的主导因子（顾成军，2013），为了分离这种差异对建模的影响，所有用于建模的样地在 1988～2012 年间，均未发生土地利用类型的变化。建模时不考虑人类干扰的影响。对于发生类型变化的样地或者森林小班，假定只发生一次转换，则在转化前为森林类型的，按照该模型计算。其他类型，按照类型法以平均值代替。由于采样次数和样本数的限制，本研究的模型采用了空间代替时间的办法，假定建立的该种关系是稳定的，可以用于 1988 年，从而估算出土壤碳库的变化。因此，在未来的研究中，对土壤碳的多次采样和全区域的覆盖，将是森林土壤碳估算发展亟待解决的问题。

（六）植物碳氮比参数

1. 植物比叶面积的测定

比叶面积是过程模型中的一个关键参数。该参数会影响到叶面积、叶子碳库的计算。为了获取本地化参数，野外调查了主要优势树种的比叶子面积。阔叶树种利用扫描仪扫描计算叶子的面积，针叶树种利用游标卡尺测量每一束针叶的长度，基部、中部以及顶部的直径，再利用近似圆柱体的方法计算每束针叶的表面积。每束一般为 2、3、5 针。采样时间为 2011 年 6～9 月。每次取样至少 2 个重复，阔叶树叶子取样鲜重一般超过 20g，针叶树每个重复取样 50 束左右。所有测量的叶子，称重烘干，测量 C/N 比，计算其净碳量，比叶面积指数定义为叶子干重与叶子面积的比值。如表 9-83。

表 9-83　树种比叶面积（SLA）

	云杉	云南松	杉木	马尾松	樟树	杨	栎类	青冈	桦类	软阔	高山松	灌木
SLA	8.2	4.7	6.7	7.2	19.7	13.7	6.1	5	8.5	22.4	7.4	10.4
Std. err	1.2	0.5	1.2	0.3	1.8	0.5	0.9	0.6	0.6	9.9	0.7	2.4

（2）植物 C/N 比的测定

野外采集的植物样品使用烘箱在 105℃ 恒温下杀青 30min，再在 85℃ 恒温下烘 5h 进行第一次称重，然后在 85℃ 恒温下继续烘烤，每隔 2h 称重 1 次，当最近两次重量相对误差 ≤5.0% 时停止烘烤，将样品冷却至室温后测定每个样品的干重。然后，使用粉碎机分别对植物干样进行粉碎。由于植物样品含碳量较高，一般在 0.40 左右，测定时称样量极少。因此需将已制备好的粉碎样取 10～20g 于瓷研钵中再充分研细，全部通过 100 目筛（筛孔 0.149mm）后，混合均匀后，供 C、N、P 分析测定使用，采用燃烧法（碳/氮元素分析仪）测定植物样品有机碳含率。

植物 C/N 比的测定包括森林、灌木、竹林。将四川省的森林树种按照树种特性划分为 15 类。包括 43 个乔木树种，涉及 167 个森林样地。由不同乔木树种各器官含碳率测定结果中可知，针叶树种树干、树枝、树叶、树根平均含碳率分别为 48.82%、50.20%、49.32%、45.69%，均高于阔叶树种不同器官平均含碳率。比较不同乔木树种各器官含碳率，柏木树干含碳率最高为 50.63%、冷杉树枝含碳率最高为 51.67%，云杉树叶含碳率最高为 51.34%，高山松树根含碳率最高为 49.87%。在一清调查样地中采样，得到四川省各类型叶子、树枝、树干、细根的 C/N 比。如表 9-84。

表9-84　乔木树叶、树枝、树芯、细根 C/N 比（均值/std. err）

树种	树叶 C/N 比	树枝 C/N 比	树芯 C/N 比	细根 C/N 比
云冷杉	36.3/(1.4)	76.3/(7.5)	265.8/(63.3)	45.1/(1.6)
云南松	32.8/(1.2)	71.3/(17.4)	455.8/(7.9)	51.1/(4.6)
杉木	24.9/(2.5)	46.6/(13.2)	220.1/(1.8)	
马尾松	33.2/(1.6)	87.7/(23.4)	298/(61.2)	56.1/(16.9)
樟树	17/(4.2)	84.9/(8.3)		
白杨	21.7/(8.4)	95.6/(33.6)	129.6/(7.7)	
柏木	36.6/(2.4)	78.9/(8.4)	263.7/(43.7)	52.2/(8.7)
落叶松	22.5/(3.7)	88.0/(8.7)	324.8/(52.3)	
桉树	22.5/(4.6)	80/(11)		
栎类	28.1/(3.5)	62.2/(4.4)	181.7/(31.2)	
桦木	18.7/(1.2)	46.6/(8.8)	215.7/(20.4)	43.6/(2.0)
其他软阔	15.2/(1.1)	56.9/(6.5)	169.6/(31.7)	30.9/(5)
其他松类	38/(2.4)	84.6/(12.7)	245/(26.5)	46.1/(2.3)
硬阔	28/(4.2)	55.4/(7.0)		

对灌木优势种含碳率测定可知，各灌木优势种不同器官平均含碳率介于 46.54%~47.29% 之间，全株平均含碳率 46.86%，变异系数为 9.79%，比较不同灌木优势种含碳率，木质化灌木林（高山杜鹃、栎类）的各器官含碳率相比而言比一般灌木含碳率高。主要灌木种的碳氮比参数如表 9-85。

表9-85　灌木种干枝、根和叶子的 C/N 比

灌木种	叶 C/N 比/std. err	干枝 C/N 比/std. err	根 C/N 比/std. err
杜鹃 Rhododendron simsii	29.3/2.8	71.3/12.6	100.3/15.8
高山柏 Sabina squamata	25.2	78.7	144.2
高山杜鹃 Rhododendron lapponicum	33.4	85.3	105.5
高山栎 Quercus semicarpifolia	31.5	67.4	90.9
高山柳 Salix cupularis	23.2/1.9	67.2/5.4	72.7/7.8
枸子木 Cotoneaster hebephullus	20.9/0.5	84.6/14.9	100.3

（续）

灌木种	叶 C/N 比/std. err	干枝 C/N 比/std. err	根 C/N 比/std. err
灌状栎 *Chenii Nakai*	32.8/3.7	80.1/12.5	111.6/4.3
花楸 *Sorbus alnifolia*	17.7	59.6	106.6
黄荆 *Vitex negundo*	22.6	14.7	70.1
锦鸡儿 *Caragana sinica*	19.7	71.5/1.7	67.9
马毛树 *Casuarina equisetifolia*	24.2	182.2	44.5
木姜子 *Litsea pungens*	150	48.7	45.8
南烛 *Vaccinium bracteatum*	32.7/1.8	61.3/23.3	132.5/18.4
蔷薇 *Rosa multiflora*	26/3.9	93.3/11.5	65.8/26.4
三颗针 *Berberis diaphana*	17.5/0.9	47.6/3.8	46.6/3.8
沙棘 *Hippophae rhamnoides*	13.2	28.7/1.4	147.1
山茶 *Camellia japonica*	42.3	105.1	102.1
桃金娘 *Rhodomyrtus tomentosa*	410	69.9	46.8
铁仔 *Myrsine africana*	44.9	105.6	1130
五加皮 *Lysionotus aeschynanthoides*	180	51.4	58.5
悬钩子 *Rubus corchorifolius*	210	58.2	47.8
眼睛泡 *Procris wightiana*	18.6	73.1	990
野樱桃 *Cerasus pseudocerasus*	18.9	58.9	91.7
其他灌木 other shrub species	26.6/4.3	68.5/6.5	75.2/7.3
平均值	25.7/1.8	72.2/6.4	86.9/6.3

　　毛竹各器官平均含碳率介于 43.08% ~ 47.38% 之间，平均为 45.02%。各器官的碳含量高低排列依次为：竹秆＞竹枝＞竹叶＞竹根。差异性检验表明，毛竹各器官的碳含率差异显著。毛竹各器官平均含碳率：竹秆平均含碳率 46.66 ± 0.86%，竹枝平均含碳率 46.38 ± 0.19%，竹枝平均含碳率 44.48 ± 0.35%，竹根平均含碳率 43.08 ± 0.91%，全竹平均含碳率 45.15 ± 0.43%。大径级杂竹类平均含碳率高于小径级杂竹种类，杂竹林平均含碳率为 42.45 ± 0.84%，差异性检验表明，各杂竹平均碳含率存在一定的差异。其碳氮比参数如表 9-86。

表 9-86　竹子树叶、树枝 C/N 比

竹子	树叶 C/N 比/std. err	树枝 C/N 比/std. err
慈竹 *Neosinocalamus affinis*	18.4/3.2	61.3/(2.2)
箭竹 *Fargesia spathacea*	16.2/0.9	54.3/4.1
木竹 *Bambusa rutila*	18.9/1.3	30.0/4.4
楠竹 *Phyllostachys heterocycla*	16/2.2	104.4/(7.4)
水竹 *Phyllostachys heteroclada*	15.7/1.3	35.3/2.1

（七）其他模型输入数据

1. 土壤资料与 DEM 数据

利用中国 1∶100 万土壤空间（94000 个图斑）和属性（7292 个土壤剖面）一体化数据库（Shi et al.，2002；Yu et al.，2005），可以分别生成不同层次的土壤属性空间分布数据。该数据集空间分辨率为 2km×2km。主要有土壤质地、深度等如图 9-43。DEM 数据是 90m 分辨率（数据来源于中国科学院计算机网络信息中心国际科学数据镜像网站，http：//datamirror. csdb. cn）。本数据集利用 SRTM3 V4. 1 版本的数据进行加工得来，是覆盖整个中国区域的空间分辨率为 90m 的数字高程数据产品。

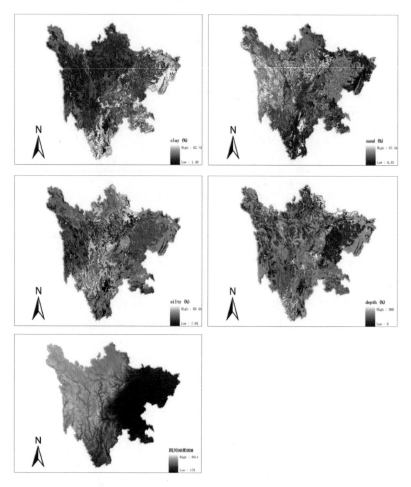

图 9-43 四川省土壤砂粒、粉粒、粘粒、土壤深度以及 DEM 空间分布

2. 四川省土壤类型图

四川省土壤类型图包括 9 个土纲，25 个土类，110 个亚类。土类包括紫色土、水稻土、红壤、岩石、燥红土、黄棕壤、石灰（岩）土、棕壤、赤红壤、山地草甸土、黑毡土（亚高山草甸土）、暗棕壤、棕色针叶林土、新积土、潮土、粗骨土、沼泽土、泥炭土、黄壤、草毡土（高山草甸土）、褐土、黄褐土、寒冻土、石质土、草甸土。数据来源于四川省林业调查规划院。如图 9-44。

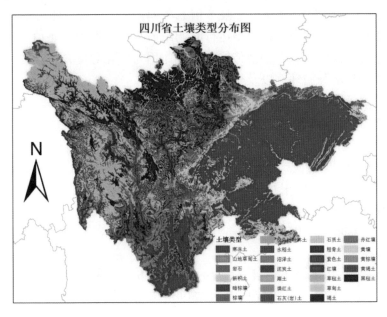

图 9-44　四川省土壤类型分布图

三、生态过程模型

以 Biome - BGC 模型（版本 4.2）为基础，采用目前国际上生态系统模型发展的最新成果，发展了一套针对四川森林生态系统特点的多源、多尺度数据与模型的融合平台。以下结合 Biome - BGC 模型，对该模拟平台进行详细介绍。Biome - BGC 模型属于陆地生物地球化学循环模型，支持多种生态系统类型，包括森林、灌木和草地，并且可用于林分和区域大尺度的模拟。该模型获得了广泛的应用，被用于美国、欧洲、加拿大乃至全球尺度，进行碳循环模拟。此外，该模型还可以很好的和遥感数据相结合，被用于 MODIS产品的验证和融合（Mu et al. , 2007）。该模型是基于生态过程的一维单点模型，所有的计算都是基于空间栅格尺度。因此，无论基于林分还是大区域，在栅格内是均匀的。另外，每个格点与周围点之间没有交互，不考虑空间上能量和物质的交换。植被分类是以不同的功能型为基础。另外，不考虑植被的动态变化，也不考虑不同功能型之间的竞争，属于静态植被类型。时间尺度以天为步长。模型运行分为两种方式。可以在 .ini 文件中输入初始化的最大叶子碳库，最大树干碳库，凋落物碳库以及土壤碳库。在没有初始值的情况下，给叶子碳从一个很小的值开始，先调用 spin-up 模块，当达到平衡条件时（多年土壤碳变化差异小于某个值），模型停止运行，此时的通量和碳库保存在 restart 文件中，在模型运行时调用该文件，作为初始值。模型的主要模块包括物候期计算，辐射传输，光合作用与气孔导度，呼吸作用，产物分配，蒸散与水分循环，以及土壤分解。

（一）物候期计算

植物物候是指植物受气候和其他环境因子的影响而出现的以年为周期的自然现象，包括植物的发芽、展叶、开花、叶变色、落叶等（陆佩玲等，2006）。在过程模型中，物候期决定了植物何时开始生长、更新、凋落。植物的物候受到温度（彭东升和赵守边，1986；竺可桢和宛敏渭，1999；Rodrigo and Herrero，2002；Linkosalo et al.，2006）、水分（Wielgolaski，1966；Jolly，2004）、光（Isikaw，1954；Schaber，2003）以及养分（Sigurdsson，2001；徐雨晴等，2004）的影响。

在 Biome-BGC（White et al.，1997；Thornton，1998；Biome-BGC Theoretical Basis，2010）中，物候期参数可以做为常数输入，也可以根据积温，水分计算。具体来讲，常绿林不考虑，对于落叶林和草地则分别计算。主要是计算生长季开始与结束，展叶期开始与结束，凋落期开始与结束的日期。对于乔木而言，生长季开始需要满足两个条件：

$$\sum soil\_\,T > e^{4.795 + 0.129 \cdot T}$$

$$daylength > 39300s$$

soil_ T 为土壤温度，T 为多年日均温，并且需要日长大于 39300 秒。生长季结束的条件是：北半球而言，日期超过第 182 天；日长小于 39300 秒；土壤温度小于 2℃ 或者小于 9、10 月的土壤均温，此时开始凋落。之后，再根据计算得到的生长期确定碳的转移与树木的更新。

（二）辐射传输

树冠是乔木进行辐射收支、光合、呼吸的主要部位，其大小、结构、形状及其在林分中的分布形式很大程度上决定了树木个体的各组分产量、活力以及生产力，并反映了树木在林分中的长势情况（刘兆刚等，2005）。早期生态学家已认识到，树木存在着大量的形态与发育方面的重复，利用这些重复的分化，许多树种可以被划分成少数几组形态（邬荣领，2002）。不同树木的树冠形状也具有较大的相似性，这为模型的假设提供了依据。在林分模型中，冠层的形状一般比较简单化，主要是为了计算辐射的吸收，以及降水的截留量。陆地生态系统过程模型则更简单，一般不考虑冠层的形状，仅根据叶面积指数 LAI 来计算辐射的收支。单株模型一般会详细的考虑冠层的形状，叶子密度的分布，叶子的倾角等详细的形态特征，在计算叶子吸收的辐射量以及光合方面能够更精确。

冠层辐射传输模块采用两叶模型（Two – leaf model）（Norman，1982），即将叶子分为阳叶与阴叶。阳叶是指某一时刻太阳能够直接照射到的叶面积，而阴叶是林冠或样地中此时得不到太阳直射光的叶面积。此类模型中对冠层的考虑比较简单，实际上，整个冠层分成阳叶和阴叶，阳叶的叶面积指数最大为 1。计算阳叶、阴叶 LAI 与 SLA 的方法：

冠层的 LAI：利用叶子总碳量乘以冠层的平均 SLA，得到冠层的 LAI。

$$LAI = leafC \cdot avgSLA$$

阳叶的 LAI：$LAIsun = 1 - e^{-LAI}$，如图 9-45 所示；阴叶的 LAI：

$$LAIshade = LAI - LAIsun$$

阳叶的 SLA：$SLAsun = (LAIsun + LAIshade/r)/leafC$；

阴叶和阳叶的 SLA 比值为给定的常数：$r = SLAshaed/SLAsun$；

阴叶的 SLA：$SLAshade = SLAsun \cdot r$

在计算辐射吸收时，根据整个冠层的总 LAI，以及光衰减系数计算整个冠层吸收的 PAR，再根据衰减系数作为阳叶吸收光的比例，进行阳叶和阴叶吸收辐射的分配。如图 9-45。

（三）光合作用与气孔导度

1. 光合作用

绿色植物吸收阳光中的能量，同化 CO_2 和水，制造有机物质并释放氧气的过程，称为光合作用（潘瑞炽等，2008）。在早期的光合作用建模中，是根据试验或者半经验的方法得到最大光合速率，再利用环境响应系数进行调整（Johnson and Thornley，1983）。光响应曲线，利用经验的关系计算植物的光合作用。在 1980 之后，Farquhar 与 Caemmerer 发表了光合作用的机理模

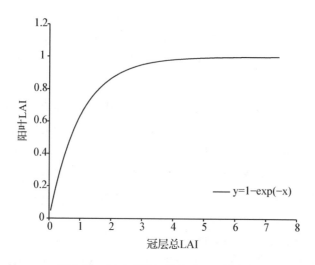

图 9-45 阳叶叶面积随总叶面积的变化

型。此后，逐渐的被人们接受，广泛的应用到了生态模型中。

根据 Farquhar 光和作用模型计算光合：

（1）光和速率受到空气中 CO_2 向细胞内扩散的影响。扩散的速度跟叶子气孔的导度、大气中 CO_2 分压，以及叶子内 CO_2 分压有关。

$$Av \; or \; Aj = g \cdot (Ca - Ci)$$

其中，g 是气孔对 CO_2 的导度。

（2）光合速率受到 Rubisco 酶的羧化速率的限制。CO_2 在酶的作用下与底物 RuBP 结合，当其浓度较低时，Rubisco 酶的能力决定了 CO_2 与 RuBP 结合的速率。当光合速率受到 Rubisco 酶的限制时，意味着底物的再生能力不受限制，总有足够的量与 CO_2 结合，随着 CO_2 浓度的增加，羧化的速度增加，光合速率受到细胞间 CO_2 浓度的限制（Lambers et al.，2008）。

$$Av = \frac{V_{cmax} \cdot (C_i - \Gamma^*)}{C_i + K_c \cdot \left(1 + \dfrac{O_2}{K_o}\right)}$$

（3）当 CO_2 浓度增加到一定程度时，即使有足够 Rubisco 酶的情况下，可能还会受到底物 RuBP 的限制，而底物的再生要受到电子传递的影响。因此，在此阶段，细胞间的 CO_2 浓度已经不是限制因子。该阶段受到电子传递的限制，从而影响到其结合 CO_2 分子速率。

$$Aj = \frac{J_{max} \cdot (C_i - \Gamma^*)}{4.5 \cdot C_i + 10.5 \cdot \Gamma^*} - R$$

$$J_{max} = 2.1 * V_{max} \quad （Wullschleger，1993）$$

由方程 I，II，III，根据 A_v，A_j 计算二者的最小值，可以得到光和速率。其中 V_{cmax} 可以根据叶子中的氮含量，以及叶子中 Rubisco 酶的含量计算得到。另外，除了以上两个限制条件以外，还会受到光合作用的产物利用中磷酸盐的释放率引起的对光合作用的限制。该限制机理仍不清楚，因而，当前的模型都是利用前两个限制条件。

2. 气孔导度

目前在各类模型中广泛应用的气孔导度模型主要是经验和半经验模型。主要以 Jarvis 模型为代表的与多种环境因子的多元非线性模型，以及 BBL 为代表建立的气孔导度与光合速率以及环境因子的线性模型。在 Biome – BGC 中应用的是 Jarvis 模型，不需要与光合产物的计算联立求解。

Jarvis 模型（Jarvis，1976）考虑气孔导度与环境因子的关系，假设气孔导度对各个环境因素的响应是独立的，即气孔导度与叶片温度 T，水汽饱和差 VPD，CO_2 浓度，光量子密度以及叶子水势等有关。

$$g = f(T) \cdot f(VPD) \cdot f(CO_2) \cdot f(Q) \cdot f(\psi)$$

另外，之后基于 Jarvis 模型，发展了多种改进模型（Damour and Simonneau et al.，2010）。

$$g_s = g_{smax} \frac{1}{1 + \dfrac{VPD}{Do}}, \quad （Lohammer \ et \ al.，1980）$$

$$g_s = g_{smax} - a \cdot VPD, \quad （Monteith，1995）$$

$$g_s = g_{smax} \cdot f(Q) \cdot f(T_1) \cdot f(VPD), \quad （White \ et \ al.，1999）$$

$$g_S = g_{smax} \cdot \min(f(Q)，f(VPD)), \quad （Noe \ and \ Giersch，2004）$$

模型中 g_s 是 g_{smax} 与 Q，VPD 的各自响应方程的最小值的函数。

于贵瑞等根据白天潜在气孔导度 PSC 与气孔相对开度 RDO 的最优化结合，改进了 Jarvis 模型（Yu and Nakayama et al.，1996）。王玉辉和周广胜依据野外实测资料对国际上两类代表性气孔导度模型验证表明，Jarvis 模型比 Ball 模型更适于羊草叶片气孔导度模拟。据此建立了适用于羊草草原的羊草叶片气孔导度对环境因子的响应模型（王玉辉和周广胜，2001）。

Ball – Berry 模型（Ball et al.，1987）是当前应用最为广泛的模型之一，其中对气孔导度的计算：

$$g = g_0 + g_1 \cdot A \cdot RH/C_s$$

g_0，g_1，A 是光和速率，RH 是空气的相对湿度，Cs 是叶子表面 CO_2 浓度。后来，Leuning 对 Ball – Berry 模型进行了改进，即 Ball – Berry – leuning 模型（Leuning，1995）。该模型引入 CO_2 补偿点 Γ，针对气孔导度对水汽差的变化，引入了 VPD 对气孔导度的影响。计算公式如下：

$$g = g_0 + (a \cdot A)/((C_s - \Gamma)(1 + VPD/VPD_0))$$

g_0，a 是输入参数，Γ 是 CO_2 补偿点，A 是光和速率，VPD 是饱和水气压差，Cs 是叶子表面的 CO_2 浓度。Yu et al.（2004）以 BBL 模型为基础构建了反应生理响应的 Jarvis 类模型，能够直接模拟气孔导度对环境变量的响应，同时具有相关的生理机制，即体现气孔导度与 An 的线性相关性。

$$g_s = a \frac{V_{c\,max}\alpha Q\eta}{(V_{c\,max}\alpha Q + V_{c\,max}\eta C_a + \alpha Q\eta C_a)} \frac{1}{(1 + D/D_0)} \frac{\psi - \psi_0}{\psi_m - \psi_0}$$

Vcmax 为单位叶面积 Rubisco 酶最大羧化能力，α 为初始光化学效率，η 为 CO_2 响应曲线的初始斜率。ψ 是土壤水势，a 是常数。

（四）呼吸作用

呼吸作用是指生物体内的有机物质通过氧化还原而产生 CO_2 同时释放能量的过程。植物的呼吸作用包括有氧呼吸和无氧呼吸（潘瑞炽等，2008）。影响植物呼吸的主要因素包括：植物组织年龄与形态特征、温度、水分、氧气浓度、机械损伤、CO_2 浓度（Baker，1992）等。

植物的呼吸作用包括维持呼吸与生长呼吸。McGree 和 Thornley 于 1970 年首次将呼吸分为这两部分。生长呼吸用于新生组织的生长，而维持呼吸则用于维护现有植物组织的需求。人们对于生长呼吸的消耗量与 GPP 的比值是否为一个常数，进行深入的研究。一部分人倾向于认为生长呼吸消耗与 GPP 之比值是一个常数（Gifford，2003；Van Oijen et al.，2010）。另一方面，通过对呼吸作用机理的深入研究发现生长呼吸与 GPP 的比值更可能是变化的（Thornley and Cannell，2000）。维持呼吸是呼吸作用的主要部分，当生长呼吸为 0 时可以得到维持呼吸的值（比如，当树木处于休眠状态时，生长呼吸为 0）。

当前对于呼吸的理解是基于 McCree（1970）给出的呼吸计算公式：

$$R = kP + cW$$

R 代表24 小时的呼吸（$kg\,CO_2\,m^{-2}\,d^{-1}$），P 是总光合产物（$kg\,CO_2\,m^{-2}\,d^{-1}$）。W 是植物的生物量（$kg\,CO_2$ 当量），k 是常数，c 表示每天（d^{-1}）。通过实验得到 k = 0.25，c = 0.015 d^{-1}。由此可以得到：

$$\frac{R}{W} = 0.25 \cdot \frac{P}{W} + 0.015$$

认为 c 是维持呼吸系数。通过该模型将呼吸分为组织生长呼吸与维持呼吸。然而，此公式中将维持呼吸视为固定值是不合适的（Loomis，1970）。比如，利用一个较低的值，根据实际得到的产量，该呼吸速率远远低于实际值。假如利用一个较高的值，模拟出的产量要远远低于实际的产量。之后人们发现，通过将维持呼吸的系数调整为变量可以解决此问题。Ryan（1991）通过研究发现植物的维持呼吸与其体内的氮含量有很好的线性关系。Seginer（2003）假设维持呼吸速率是随着植物的结构生物量而变化。Van Oijen（2010）假设维持呼吸等于生长呼吸，从而建立了一个仅与生长呼吸相关的呼吸模型。植物呼吸的机理过于复杂，因而很难建立机理的模型对植物的呼吸进行模拟（Gifford，2003；Thornley，2011）。

目前在模型中一般利用固定比率来计算生长呼吸，比如 0.25（Ryan，1991）。利用植物组织的碳或氮的量，根据 Q_{10} 值进行调整。比如：Biome - BGC 中，根据 Ryan 的方法，认为维持呼吸与氮的量成正比，再根据温度进行调整，但是其 Q_{10} 值是一个定值。

（五）产物分配

目前已知有多种因素影响植物碳的分配。环境因子比如光照、水分、养分、温度以及 CO_2 等的影响，生物因子比如遗传特性、生长阶段以及密度竞争等都会影响到光合产物的分配比例（平晓艳等，2010）。这种分配比例及其对植物生长的反馈作用会对植物的生活史对策、群落结构和进化策略产生重要影响（Enquist and Niklas，2002）。

植物光合产物分配已成为植物生态学和遗传学研究中的热点问题。然而，植物光合产物分配机理的研究远落后于光合、呼吸及叶片生长等方面的研究（Cannell and Dewar，1994；Grechi et al.，2007）。目前仍未形成统一的结论，这也限制了对光合产物分配的准确模拟，影响了陆地生态系统生产力与碳收支的准确评估（Friedlingstein et al.，1999；Litton et al.，2007）。

对于根来说，在贫瘠的土壤上对根的分配要比在肥沃的土壤上更多。这些碳大部分进入真菌中以增强其获得营养的能力。在许多老龄林，北方高纬度地区寒冷气候的土壤中，往往富含有机碳。干旱胁迫也会影响到地下碳的分配，此时，树木会给根分配更多的生物量以获取水分。Farrar 通过总结碳分配的四种假说。认为是功能平衡假说是一个比较好的根部碳的分配方案。

该假说认为地上和地下两部分需要不同的资源（即 C 和 N），每一部分所需要的资源比例相对稳定，根系的生长取决于地上部分 C 的供应和本身 N 的获取，根和地上部分的生长在功能上达到平衡（Farrar，2000；于水强等，2006）。

Biome–BGC 中将 GPP 扣除掉维持呼吸以及生长呼吸（为下年的生长而贮存的碳 30%）采用固定的比例进行叶子，茎，根的分配。White et al. 通过查阅大量的相关文献得到了不同类型生态系统各部分的分配比例，如表 9-87。

表 9-87　Biome–BGC 中的分配系数

分配比	针叶林	阔叶林
细根：叶子	1.4	1.2
树干：叶子	2.2	2.2
新活木：树干	0.071	0.16
粗根：树干	0.29	0.22

具体的分配还需要考虑植物各个部分的 C/N 比，根据可利用的氮素进行碳的分配。可利用的氮包括：1）N 沉降以及共生与非共生矿化的氮；2）植物本身由于凋落而养分回流的氮；3）凋落物以及土壤有机碳在分解过程中矿化的氮。

需求的氮包括：1）根据植物固定的分配比，以及 C/N 比计算得到植物总体需求的 N；2）土壤分解中，由于不同碳库之间的转化，C/N 比的变化导致仍需要固定的氮，以维持新转移库中的碳氮比。

当氮素能够满足需求时，植物体需求的氮为减去养分回流的部分。土壤为分解过程中需要固定的部分。当氮素不能满足要求时，根据植物和土壤的需求比例对可利用的氮进行分配，假如植物中分配到的氮，可以满足植物的需求，则可分配的光和产物不变，多余的氮假如有径流的话将会淋溶掉。否则，根据 NPP 计算多余的碳，将多余的碳从植物净光合中扣除。

（六）蒸散与水分循环

水分是影响树木生长的重要条件和基础，树木水分的蒸腾有着内在的机制。植物通过根部从土壤中吸收水分，经过树干到达叶片，再由气孔到达大气中，参与大气的湍流交换，最终经过降雨回到土壤中。即土壤–植被–大气的连续体（Philip，1996）。植物从土壤中吸收的水分 90% 通过蒸腾的方式散失掉(黄锡荃,1985)。因而对于树木水循环的关键的部分是对树木蒸发和蒸腾的计算。

Penman 于 1948 年首次提出 Penman 公式,将能量平衡原理与空气动力学原理结合起来,用于计算潜在的蒸发量。于 1953 年又提出叶片气孔的蒸腾计算方法,之后 Covey 将其推广到整个植被冠层的表面。1965 年,Monteith 在他们的基础上提出了冠层蒸散计算方法,即 Penman – Monteith 公式。在目前的生态过程模型中得到了广泛的应用。

$$\lambda E = \frac{\Delta(R_n - G) + \rho_a C_p \dfrac{e_s - e_a}{r}}{\Delta + \gamma\left(1 + \dfrac{r_s}{r_a}\right)}$$

R_n 是净辐射,G 是土壤热通量,$e_s - e_a$ 代表空气的水蒸汽压差,ρ_a 是在一定气压下的平均空气密度,C_p 是空气的比热,Δ 表示饱和水汽压差的随温度变化的斜率,γ 湿度常数,r_s 和 s_a 分别是植被层和空气阻抗。

模型中水分循环部分主要包括冠层的蒸发与蒸腾,地表的蒸发与径流。

1. 水分截留

生态系统的水来源只考虑降水,不考虑相邻位置径流的输入。需要冠层的截留系数,截留量的计算方法:

最大截留量:MaxInt = Int_ coef · Prcp · allLAI;

MaxInt 是最大截留量;Int_ coef 是截留系数,表示每天单位总 LAI 单位雨水所截留的水量。降雨若小于最大截留量,则全部被留在冠层中。否则,剩余部分将成为土壤水。温度小于 0,则所有的降水按照降雪处理,不进行截留。

2. 融雪

融雪模块参考 Biome – BGC,包括雪的融化和升华,融化的雪成为土壤水的一部分,升华的雪则进入到环境中。

首先计算雪表面得到的入射辐射。根据雪的辐射吸收率,穿过冠层到达地面的辐射以及日长计算得到。在温度大于 0 时,计算由温度和辐射造成的融雪,由雪变成水,成为土壤水。温度小于 0 时,计算升华的量,该部分不成为土壤水,而是直接扣除掉。

RNsonw = SWTrans · day1 · 0.6 · 0.001;单位是 $KJ/m^2/day$;

Tmelt = tcoef · T;

$$\mathrm{Rmelt} = \frac{\mathrm{RNsnow}}{\mathrm{LH_{fus}}};$$

$$\mathrm{melt} = \mathrm{Tmelt} + \mathrm{Rmelt};$$

当温度小于 0 时，只有雪的升华，该部分升华的雪将被扣除掉。

$$\mathrm{Rmelt} = \frac{\mathrm{RNsnow}}{\mathrm{LH_{sub}}};$$

$$\mathrm{molt} = \mathrm{Rmelt};$$

其中 LH_ fus 是熔化潜热；LH_ sub 是升华潜热；

3. 裸地与冠层蒸发以及径流

冠层截留的水首先进行蒸发，假如白天未蒸发完，则认为其掉落成为土壤水。蒸发完则考虑冠层的蒸腾，利用叶子的气孔导度、表皮导度、边界层导度，来计算叶子的导度。原则是气孔与表皮并联，二者与边界层串联。公式如下：

$$\mathrm{gleaf} = \mathrm{bl} \cdot (\mathrm{s} + \mathrm{c})/(\mathrm{bl} + \mathrm{s} + \mathrm{c})$$

bl 是边界层导度，s 是气孔导度，c 是表皮导度。降水减去截留的水进入地面，成为土壤水，假如土壤饱和则成为径流。根据 Penman – monteith 公式计算土壤和冠层的蒸发：

$$\frac{s \cdot RAD + \left(\dfrac{\rho \cdot C \cdot VPD}{r_{HR}} \right)}{\left(\dfrac{Pa \cdot C \cdot r_{y}}{lhvap \cdot \varepsilon \cdot r_{HR}} \right)}$$

r_v 表示蒸汽阻力，r_h 是潜热阻力，$lhvap$ 是蒸发潜热，Pa 是气压，C 是空气比热，ε 摩尔重量比值，0.6219。r_{HR} 是由辐射传热阻力和湍流阻力（利用潜热阻力 R_h 代替）并联得到。计算裸地蒸发时，r_v 和 r_h 是相同的。计算冠层蒸发时 r_h 是边界层导度，r_v 是整个冠层的边界层导度。计算蒸腾时 r_v 是冠层的导度（利用三个导度计算得到）。

计算裸地蒸发时，需要设置一个代表干湿的计数器，根据降水多少判断干燥的程度：首先，假如降入土壤中的水大于潜在蒸发，那么，认为实际的蒸发是潜在蒸发的 60%。当降入土壤中的水少于潜在蒸发时，根据干湿程度计算实际的蒸发量：

$$E_{real} = \frac{0.3}{dsr^{2}} \cdot E$$

假如此时的进入土壤中的水大于该实际蒸发，那么实际蒸发就等于此时降入土壤中的水分，并将计数器减1。否则，按照实际蒸发计算。

（七）土壤分解

土壤的碳分解是指有机物质的逐步降解过程，是生态系统碳循环的主要环节。它包括碎裂、混合、物理结构改变、摄食、排出和酶作用等过程。参加这个过程的生物都称为分解者，主要包括土壤动物和微生物。经过碎裂、异化和淋溶将有机碳分解成矿物质。另外，这些生物在分解的过程中有些具有特异性，只分解某一类物质，另一些则无特异性，对整个分解过程都起作用（尚玉昌，2002）。土壤动物和微生物在分解过程中要释放 CO_2，森林土壤的 CO_2 通量占森林生态系统呼吸总量的 40~80%（Law and Ryan et al.，1999）。因而，在模型中研究土壤的碳分解具有重要的意义。

另外，研究表明，有机体中的碳氮维持在一定的比例（Luo et al.，2004），氮素亦是生物化学反应酶、细胞复制和大分子蛋白的重要组成元素，有机质的形成需要一定数量的氮，植物吸收同化碳、氮的过程密切相关。碳氮循环的相互作用影响着森林生态系统的生产力，它们之间的相互耦合作用已经被大部分模型所考虑。

氮的循环最早由 Lohnis(1913) 提出。主要包括氮的固定、氨化作用、硝化作用、以及反硝化作用。固氮主要包括大气氮沉降，生物固氮，人类活动，施肥等。氨化作用主要是指胺类，经过生物代谢释放的过程。硝化作用是由土壤微生物把氨和某些胺类，氧化为硝态氮的过程。反硝化作用则是将硝酸盐等复杂的含氮化合物转化为 N_2、NO 以及 N_2O 的过程。由于氮循环的复杂性，在模型中独立的氮循环模拟比较少。

根据有机质分解的难易程度该模型把土壤有机碳划分为四个碳库（SOM1，SOM2，SOM3，SOM4），。分解速率分别为 0.07，0.014，0.0014，0.0001（单位：1/day）。凋落物碳库分为四个库，易分解碳库（Lit1），纤维素碳库（Lit2），木质素碳库（Lit3），粗木质部残体（CWD），分解速率分别为 0.7，0.07，0.014 以及 0.001（单位：1/day）。易分解碳库分解后成为 SOM1，纤维素分解后成为 SOM2，木质素分解后成为 SOM3。SOM1 分解后成为 SOM2，SOM2 分解后成为 SOM3，SOM4 分解后返回大气中（如图 9-46）。

分解速率跟温度和水分相关。分解过程中，根据不同碳库的碳氮比，计算土壤中氮的矿化和硝化。从而计算生态系统中可用的氮。根据分配模块计算生态系统需要的氮，根据可用的氮对地上地下碳库进行分配和调整。

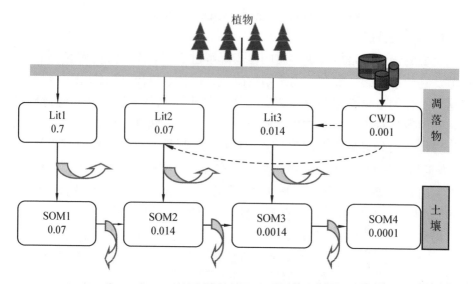

图 9-46　Biome – BGC 中土壤分解库以及分解和转移速率

(八)土地利用变化模

干扰在生态系统的动态变化过程中发挥着重要作用,可以分为自然干扰和人为干扰。自然干扰主要包括干旱、虫害、火灾、风灾、地震灾害以及泥石流等造成的影响。人为的干扰主要表现在森林的砍伐、放牧、工业污染等。目前陆地上80%的生态系统都已经受到了来自人类的各种干扰,随着人类社会经济的迅速发展,特别是近代以来人类对自然生态环境掠夺式的开发和利用,使得人为干扰要远远大于自然条件下的各种灾害的干扰强度。近年来,对干扰的研究成为国内外生态系统研究领域的热点之一。干扰特征由干扰类型决定,一般可以用干扰频率、恢复速率、干扰事件的影响的空间范围来描述。另外,对干扰的模拟还需要考虑不同的尺度下的影响。大尺度的干扰事件会掩盖小尺度事件。

在生态过程模型中模拟干扰事件对生态系统的影响,也是目前模型发展需要考虑的一个重要方面。从某种程度上讲,模型中加入干扰才能更接近于现实的生态系统。但是由于干扰的类型、强度、以及干扰后生态系统的恢复状态和速度都具有较大的不确定性,因而对干扰的模拟也一直是一个难题。

在本模型中,试图模拟干扰对生态系统的影响,尤其是土地利用方式的变化对生态系统的影响。土地利用类型的改变,包含了人为的以及天然的对森林造成的各种类型的干扰和破坏。包括病虫害、火灾、泥石流、滑坡、雪灾、地震、人为砍伐等因素。当干扰强度大时，可能会引起土地利用类型的变化。干扰强度小时，虽然森林遭到了破坏，但类型不变。在土地利用类型变化中，包含了一部分火灾以及其他类型灾害造成的干扰。而未发生土地利用类型变化的样地，可以根据森林连续清查样地计算得到各类森林的死亡率，作为干扰因素一起考虑。在 Biome - BGC 模型中没有考虑干扰的影响，只是提供了一个简单的火扰的处理，而在实际的模拟中，从 1988~2012 年由于人类活动或者自然演替，植被覆盖类型在不断的发生动态变化。原模型是一个静态植被模型，也就是不考虑植被类型的变化。因此，该模拟平台增加了干扰模块（如图 9-47，改进后的模型结构图），考虑土地利用类型即植被覆盖的变化，并进行不同的处理。干扰模块如图 9-48。

干扰模块主要考虑土地利用变化、以及砍伐模拟。其中，

① 土地利用变化部分，首先根据遥感影像解译出土地利用图，计算 1990~2000 年的土地利用类型变化图。根据空间上的变化位置以及转移方

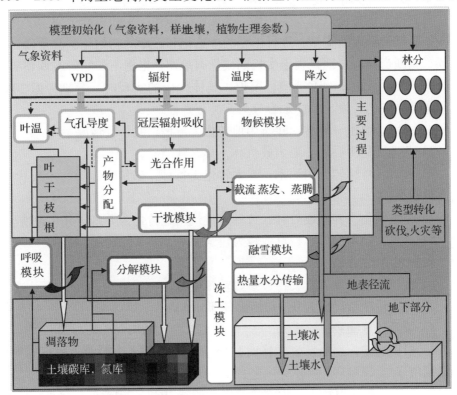

图 9-47　改进后的模型结构图

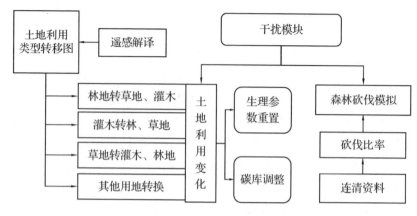

图 9-48 干扰模块结构图

式，作为模型的输入。因此，每个模拟的林班均带有类型转移的信息，只考虑一次转移，比如由林地转成非林地，或由非林地转成林地。在模型模拟时，首先确定该林班是否发生转移，假如发生转移，先随机产生发生变化的时间，根据转移后的类型，进行模型的参数化和碳库的初始化，并重新计算物候，判断当前的日期是属于生长期或是凋落期，根据不同的阶段调整碳库的分配。之后按照新的类型进行模拟。具体代码的实现时，分别考虑 20 类不同类型之间的转换，具体来看分为 5 类分别处理：

1）乔木、灌木、竹林、建筑用地转化为草地，共 4 种情况；

2）草地转化为乔木、灌木或竹林，共 3 种情况；

3）乔木或竹林转化为灌木，乔木转化为竹林，建筑用地转灌木或竹林，共 5 种情况；

4）灌木转化为乔木或竹林，竹林、建筑用地转化为乔木，共 4 种情况；

5）森林，灌木，竹林，草地转为建筑用地，共 4 种情况。

转换之后需要做：

1）重新读取生理参数，将各参数重新赋值；

2）将通量变量设定为 0，初始化各部分的碳库；

3）重新计算物候；

4）根据物候，判断发生转换时是处于生长季的哪个阶段，根据不同的阶段赋值。

② 在森林砍伐模块中，根据连清森林调查 1988～2012 年六期调查数据，计算各类型树木平均砍伐死亡率。该死亡率是前一期保留木中死亡木的总碳

储量与总样木的碳储量的比值。

(九)冻土模块

在高海拔和高纬度地区，冻土对土壤温度和水分的影响很大，从而影响到土壤理化过程和微生物活动，进而影响到植物的水分与养分供应，最后影响到生态系统的碳氮循环。遗憾的是目前大部分生态系统模型都没有单独考虑冻土的变化，尤其是水分相变引起的土壤水热状况的改变。为了使模型平台使用于青藏高原等高海拔地区，该模拟平台开发了一个新的冻土模块，其主要特点如下：

1. 冻土特性

冻土是在温度等于或低于零摄氏度，并且含有固态冰的土，按其冻结时间长短一般分为瞬时冻土、季节冻土、多年冻土。冻土在全球范围分布广泛，现代多年冻土分布的面积占全球陆地面积的 25%，包括季节性冻土在内要占到 50%。在北半球，多年冻土面积和季节冻土则要占大陆面积的 70%。

冻土对陆面过程和生态过程的影响巨大，不仅是因为其在全球范围内分布面积之广，更是因为它独特的成分——冰，土壤水分的另一种存在方式，影响了冻土的理化特性：(1)在土壤冻结和融化时会释放或吸收大量的潜热，从而影响能量在土壤层的分配；(2)土壤层中冰的存在会影响土壤中液态水的迁移，同时也会影响地表水的分配；(3)土壤层中冰的存在改变了土壤的物理性质。同时，冻土是气候变化的灵敏感应器，在未来气候变暖的情景下，冻土地区环境和冻土工程特性将发生显著变化。考虑到冻土在青海省的分布广泛、持续时间长等特点，本项目增加了冻土模块，以考虑冻土对土壤温度和水分的影响，从而对生态系统的各项功能造成的影响。

2. 本模型冻土子模块机理

近年来对冻土水热状况的模拟成为国内外研究的热点，研究内容也在不断深入。虽然一些学者对冻土应用于陆面过程模型进行了研究，但对冻融土壤中水热耦合运移进行模拟的研究仍然较少。目前冻融土壤模型大多关注土壤层，较少与其他生态过程结合。冻融土壤水热耦合模型参数化方案在生态过程模拟中的应用还很少。许多生态系统模型都是采用经验方程估算土壤温度，往往产生较大的偏差，因为土壤温度有很强的空间异质性。本项目依据实验点观测的土壤水热数据，建立了一个新的、数值稳定的、质量守恒和能量守恒的模型，在自然冻融条件下，采用适宜的参数化方案及时间步长，用全隐式差分格式求解含有相变的水热耦合方程来模拟冻融土壤的水热运移状况。该方法是 Celia 等针对非饱和土壤提出的水热运移耦合过程的扩展。在参数化方案中考虑了冰和未冻结水对土壤水热特性的影响。

(1)控制方程及参数化方案

土壤中的水分包括液态水和水汽。对于均质各向同性的垂直一维土壤来说，非饱和土壤的水分运移遵循 Darcy 定律，水汽的扩散以 Fick 定律来描述，结合流体连续方程及质量守恒定律，土壤水分运移方程可用修正的 Richards 方程式描述为：

$$\frac{\partial \theta_l(\psi)}{\partial t} + \frac{\rho_i}{\rho_l}\frac{\partial \theta_i}{\partial t} = \frac{\partial}{\partial z}\Big[K_{l\psi}(\theta_l,\theta_i)\frac{\partial \psi}{\partial z} - K_{l\psi}(\theta_l,\theta_i)\Big] + \frac{\partial}{\partial z}\Big[K_{lT}(\theta_l,\theta_i)\frac{\partial T}{\partial z}\Big] +$$

$$\frac{1}{\rho_l}\frac{\partial}{\partial z}\Big[D_{vT}(\psi,T)\frac{\partial T}{\partial z} + D_{v\psi}(\psi,T)\frac{\partial h}{\partial z}\Big] - S \tag{1}$$

式中，θ_l、θ_i 分别是体积未冻含水量和含冰量（m^3/m^3）；t 是时间（s），ρ_l、ρ_i 分别是液体水和冰密度（kg/m^3）；z 是土壤深度（向下为正，m）；K 为土壤导水率（m/s）；ψ 为基质势（m）；T 是土壤温度（℃）；D_{TV}、$D_{\psi V}$ 分别是热梯度和水势梯度引起的水汽扩散度（m^2/s）。式(1)右边第一项为水势梯度（基质势和重力势）引起水分的移动；第二项为温度梯度引起的水分移动；第三项为水汽由温度梯度和水势梯度引发的运移；最后一项为汇源项，表示植被根系的吸收（s^{-1}）。式(1)是高度非线性的，主要是因为导水率依赖于水含量和冰含量，而水含量、冰含量及水汽扩散率又依赖于水势和温度。

对于非冻结土壤，水分通量与水势梯度成正比，即水势梯度与导水度的乘积。基质势是含水量的函数：

$$\Psi = \psi_s \left(\frac{\theta_l}{\theta_s} \right)^{-b}$$

式中，ψ 为基质势（m），ψ_s 为饱和基质势（m），θ_s 为饱和含水量，b 为孔隙大小分布指数。非饱和导水度 K 由基质势决定，表示如下：

$$K = K_s \left(\frac{\psi_s}{\psi} \right)^n = K_s \left(\frac{\theta_l}{\theta_s} \right)^{bn}$$

式中，K_s 为饱和导水度（m/s），n = 2 + 3/b。

冻结土壤中水的迁移假定与非饱和未冻结土壤类似，基质势与导水度的函数关系被假定是有效的。基于这种假设的数值模拟结果与实验室观测相比显示，在冻结锋面后有太多的水积累，在向着冻结区的方向上非冻结区的含水量剧烈减少。Jame 和 Norum 认为土壤中冰的存在可能会增加对水流的阻力，引入阻挡因子的概念，假设它是冰含量的函数：

$$K = 10^{-E\theta_i} K_s \left(\frac{\theta_l}{\theta_s} \right)^{3+2b}$$

E 为冰对水流动的阻挡系数，大小应通过观测试验选择适当值（一般在 10 ~ 20）。Taylor 和 Luthin 在模式中使用相似方法得到较好结果。Shoop 和 Bigl 用经验公式 $E = 1.25 * (K_s - 3)^2 + 6$，产生较其他方法更好的模拟效果。

　　土壤中的平均热流密度可用 Fourier 定律定量描述，对于一维垂直方向的土壤热量变化能量平衡方程可描述为：

$$\frac{\partial C_p T}{\partial t} - L_f \rho_i \frac{\partial \theta_i}{\partial t} + L_0(T) \frac{\partial \theta_v(T)}{\partial t} = \frac{\partial}{\partial z} \left[\lambda \frac{\partial T}{\partial z} \right] - C_w \frac{\partial q_l T}{\partial z} -$$

$$C_v \frac{\partial q_v T}{\partial z} - L_0(T) \frac{\partial q_v(T)}{\partial z} - S$$

式中，左边第一项表示土壤显热能量的变化，第二、第三项分别表示相变带来的潜热变化。右边各项分别表示土壤传导、水分对流、水汽扩散的显热变化、水汽潜热变化及根系吸水相关的能量变化。C_p 为土壤体积热容（$J \cdot m^{-3} K^{-1}$），L_f 为冻结潜热（$J \cdot kg^{-1}$），L_0 为水汽体积潜热（$J \cdot m^{-3}$）。土壤体积热容 C_p 原则上可按土壤成分线性给出：

$$C_p = C_s(1 - \varphi) + C_w \theta_i + C_i \theta_i + C_v \theta_v \tag{2}$$

　　对冻结土壤导热率，采用 Johansen 的方案，具体可见文献。

　　土壤水在零度以下并非完全结成冰，有部分水和冰共存于土壤中，未冻结水含量主要取决于土质、外界条件以及冻融史，与负温保持动态平衡关系。有较多的经验函数关系描述不同的土壤类型下这种平衡关系，但是缺乏通用性。根据热力学定律，由于土壤基质势的影响，液态水与孔隙中的水汽处于局部平衡状态，在平衡条件下，忽略渗透势，温度和压力之间满足克劳修斯—克拉帕龙方程（Clausius – Clapeyron Equation），可以得出土壤水势与负温的函数关系：

$$\Psi = \frac{L_{il} T}{g T_0}$$

　　假设非冻土和冻土中水势 - 液态水含量函数关系相同，由式（1）和式（2）可得，在负温 T 下土壤中最大液态水含量为：

$$\theta_l = \theta_s \left[\frac{L_{il} T}{g \psi_0 T_0} \right]^{-1/b}$$

至于冰的含量，可认为在负温下超出最大液态水含量的水均转化为冰。

（2）边界条件

首先需要确定初始值和边界条件。土壤含水率、温度初始剖面根据实测资料插值给定。冻融土壤的水热运动状况主要由气象条件和地下水热条件决定。土壤表面与大气的热量交换可由地表能量平衡方程得出，即地表土壤热通量可表示为：

$$G = R_n - LE - H$$

式中，地表净辐射 R_n 与太阳总辐射 R_g、地表反射率 α、大气逆辐射 R_1、地面长波辐射有关，可表示为：

$$R_n = (1 - \alpha)R_g + R_1 - \varepsilon\sigma(T_s + 273.15)^4$$

式中，σ 为 Stefan – Boltzman 常数；ε、T_s 分别为地表比辐射率和温度（℃）。

式（6 – 50）中蒸发潜热通量 LE 可表示为：

$$LE = \frac{\rho C_p(e_s - e_a)}{r(r_a + r_s)}$$

式中，ρ 为参考高度 Z 处的空气密度；C_p 为空气定比热容；e_a、e_s 分别为空气和地表水汽压；Υ 为湿度计常数；r_a、r_s 分别为空气动力学阻力和地表蒸发阻力。

式（式6-49）中地表与大气间的显热通量 H 可表示为：

$$H = \frac{\rho C_p(T_s - T_a)}{r_a}$$

上边界水分通量（m·s^{-1}）：

$$Q_s = U_p - E - R_s$$

式中，U_p 为降水率（m·s^{-1}）；E 为蒸发率（m·s^{-1}），R_s 为地表径流。

对于裸土，上边界土壤，考虑地表阻抗，表面水汽蒸发通量（m·s^{-1}）

$$E = \frac{\rho_a}{\rho_l}\frac{q_s - q_a}{\gamma_a}$$

式中，q_s 土壤表面空气比湿，q_a 参考高度空气比湿。

有雪覆盖时，将雪表面设置为上边界，否则，地表为上边界。当地面有雪时需做雪盖层处理，雪的热导率及体积热容量与雪密度相关，用经验公式：

$$k_{snow} = 2.9 \times 10^{-6}\rho_{snow}^2$$

$$C_{snow} = 2.09 \times 10^{-3}\rho_{snow}$$

式中，ρ_{snow} 为雪密度($kg \cdot m^{-3}$)。

雪面的反射率(α_s)随着密度的增加而减小：

$$\alpha_s = \begin{cases} 1.0 - 0.247 \left[0.16 + 110 \left(\rho_s/1000\right)^4\right]^{\frac{1}{2}} & 50 \leqslant \rho_s \leqslant 450 \\ 0.6 - \rho_s/4600 & \rho_s > 450 \end{cases}$$

雪面辐射系数和粗糙度雪融化前分别为 0.98、0.005m，融化期间分别为 0.96、0.015。

下边界取在土壤6m深度处，令土壤含水量的变化梯度等于零，以重力流通量作为通量的下边界条件，即 $\partial\theta/\partial z = 0$。热边界确定有两种方案：给定土壤底层的温度 T；或给定土壤温度的梯度。本实验采用底边界热通量为零，即 $\partial T / \partial z = 0$。

3. 冻土模块的调试

利用加拿大通量站(SK-HJP02，经纬度：53.94°N，104.65° W，海拔579 米)冻土实测的温度和水分数据，对本模块各层土壤的温度和水分含量进行了调试和验证。结果表明，冻土模块模拟的温度在时间序列和数值的波动上与实测数据都具有较高的一致性。土壤温度在表层的温度波动较大，随着土层逐渐加深，土壤温度的波动逐渐变小。本冻土模块共分为 20 层，实测数据为 100cm，分为 4 层，分别进行验证，验证结果如图9-49。空气温度年均为 1.23℃。地下 10cm 实测值为 4.39℃，地下 0～10cm 预测值为 3.97℃，相关性 $R^2 = 0.86$；地下 20cm 实测值为 4.09℃，地下 10～20cm 预测值为 3.92℃，相关性 $R^2 = 0.90$；地下 50cm 实测值为 4.30℃，地下 20～40cm 预测值为 3.94℃，相关性 $R^2 = 0.92$，地下 40～60cm 预测值为 3.87℃，相关性 $R^2 = 0.958$；地下 100cm 实测值为 4.59℃，地下 50～100cm 预测值为 3.63℃，相关性 $R^2 = 0.962$。2005 年，0～100cm 土壤的实测温度为4.24℃，模拟预测值为 3.87℃，模拟的实测值与预测值的绝对平均误差为 10.8%。

将冻土模块加入到生态过程模型中，利用漠河气象站1997～2000 年气候与土壤温度数据对耦合的模型进行验证。漠河气象站空气温度 4 年平均为 -4.02℃，土壤表面温度为 -3.53℃。土层下 40cm 平均温度为 1.30℃，土层下 80cm 平均温度为 1.63℃，总平均为 -0.20℃。模型预测结果表明，耦合冻土模块之后土壤温度为 0.06℃，20～40cm 土壤温度为 0.17℃，80～100cm 土壤温度为 0.14℃，与实测值差异不大。未耦合冻土模块的模拟结果表明土壤温度平均为 -2.17℃，低于实测值。时间序列上耦合冻土模块之后模拟趋势较好，如图9-49：

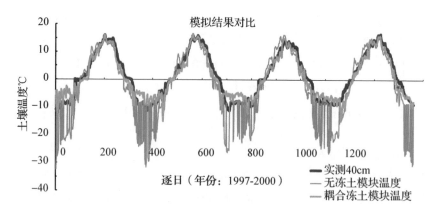

图 9-49　耦合冻土模块模拟结果对比

四、模型调试与标定

从森林连续清查样地中选择接近自然状态的样地，能够更好地体现树木的生长与环境气候的关系，用于模型参数优化。因此，要尽可能的去掉各类干扰的影响，原则是从 1988～2007 年五次清查资料中地类未发生改变，并且未经过大面积砍伐，除了马尾松、柏木、杉木以及云南松人工林较多的森林样地其砍伐样地死亡率超过 1%，其他树种的自然和砍伐死亡率均在 0.5% 以内。最终，选择了 431 个森林样地，用于模型的参数调试。由于 431 个样地不能覆盖所有的森林类型，将樟、楠、桉树、硬阔与软阔合并，因此，进行调试的森林树种共计 11 种。另外，从 1988～2007 年共五期调查记录，地类未发生变化的非目测样地共计有 1250 个，利用森林连续清查样木资料，计算所选择样地的实际的自然死亡率和砍伐死亡率，用于模型模拟（死亡率是指死亡木的碳量占总数的比例）。除调试用的 431 个样地之外，其余 819 个样地的总死亡率是调试样地的 3 倍左右，这部分样地用于模型的验证。死亡率参数如表 9-88。此外，对于灌木林地和竹林地假设其处于平衡状态，碳密度保持不变。并选择样地类型不变的样地，调试时假定其生长为 0，作为模型调试的标准。

表9-88　用于调试和验证样地的树木死亡率参数

code	树种	431 个调试样地		验证样地	
		自然死亡率 （%/yr）	砍伐死亡率 （%/yr）	自然死亡率 （%/yr）	砍伐死亡率 （%/yr）
1	云冷杉	0.21	0.11	0.44	0.72
2	云南松	0.17	0.82	0.45	2.50
3	柏木	0.09	1.15	0.12	1.32
4	杉木	0.09	1.15	0.13	2.56
5	马尾松	0.04	1.68	0.05	2.45
6	落叶松	0.27	0.10	0.97	0.21
7	其他松	0.36	0.35	0.54	0.98
8	桦类	0.31	0.16	0.70	1.18
9	栎类	0.34	0.32	0.43	1.80
12	杨树	0.59	0.58	0.83	1.75
15	其他阔叶	0.45	0.42	0.43	2.57

　　根据431个样地的叶子碳，树干碳密度值对模型进行调试。每种类型的参数表相同，因此利用每个类型，所有样地的均值作为调试的标准。按照2007年与1988年碳库的差值的实测值作为标准，保证模拟结果1988~2007年树木的生长与实测值一致。模型调试结果如图9-50~9-52。将1988~2007年的树干增加量进行回归分析，$R^2 = 0.995$，系数1.051，所有树种实测值均值为 20.56 t·C/hm^2，预测值为 20.73t·C/hm^2。树叶增加量回归分析，

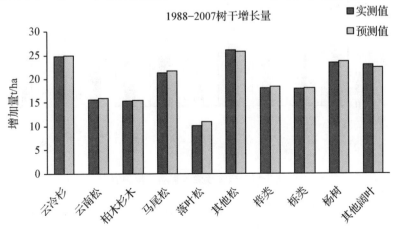

图9-50　树干生长实测与预测值

$R^2 = 0.980$，系数 0.990，所有树种叶子增加量实测值均值为 1.67 t C/hm²，预测值为 1.65t · C/hm²。总生物碳量回归分析，$R^2 = 0.948$，系数 0.958，所有树种总生物碳增量实测值均值为 26.27t · C/hm²，预测值均值为 30.57 t · C/hm²。

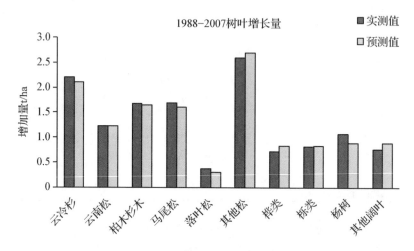

图 9-51　叶子生长实测与预测值

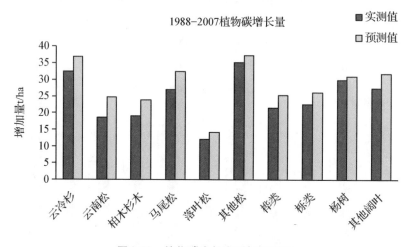

图 9-52　植物碳生长实测与预测值

野外调查的森林土壤碳样地中，用于调试的土壤碳样地共有 23 个，利用 1988 和 2010 年模拟结果作为对比模拟值。1988 年实测值和预测值分别为 102.57 和 102.10t · C/hm²，2010 年实测和预测为 110.50 和 108.54t · C/hm²。

土壤碳增量实测为 7.93，预测为 6.44t·C/hm^2。所有土壤样地 2010 年土壤碳实测与预测值具有较高的相关性，R^2 = 0.86，平均绝对误差 MAPE 为 7.8%。实测与预测值结果如图 9-53。

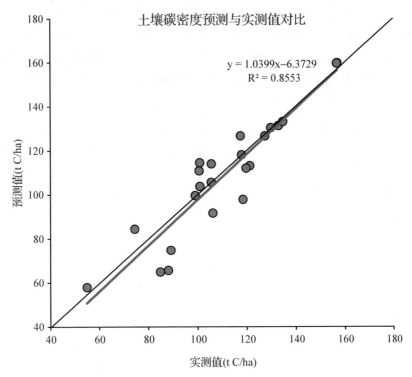

图 9-53　调试样地土壤碳密度实测值与预测值

五、模型验证

从森林资源清查样地种选择出 819 个土地类型未发生变化的样地，这些样地未用于模型的调试。根据表 9-89 中的验证样地树木死亡率，替换调试后生理生态参数中的树木死亡率，进行模型模拟，结果对比见表 9-89（其中，预测值的 1988 年以实测值为初始值，因此比 1988 年略高）。所有 819 个样地，树干碳增量实测为 9.79t·C/hm^2，预测值为 10.71t·C/hm^2。树叶碳增量实测为 0.81t·C/hm^2，预测值为 1.34t·C/hm^2。总生物碳增量实测为 12.42t·C/hm^2，预测值为 15.13t·C/hm^2。利用土壤碳模型计算得到土壤碳增量为 3.46t·C/hm^2，过程模型预测增量值为 5.3t·C/hm^2。由于选择很多样地受到了较大的干扰，因此，利用模型计算的土壤碳密度可能存在较大的偏差。各树种对比结果如图 9-54 至 9-56。将各树种实测值(y)与预测值(x)的增量的均值进行回归分析，树叶 $R^2 = 0.802$，系数 0.802；树干 $R^2 = 0.933$，系数 1.028；总生物碳 $R^2 = 0.906$，系数 1.154；从实测土壤样地中选择其余 56 个样地作为验证，1988 年实测和预测为 90.2 和 89.75t · C/hm²，2010 年实测和预测为 96.27 和 95.39t · C/hm²。土壤碳增量实测为 6.07t · C/hm²，预测为 5.64t · C/hm²。所有土壤样地 2010 年土壤碳实测与预测值具有较高的相关性，$R^2 = 0.79$，平均绝对误差 MAPE 为 14.3%。实测与预测值结果如图 9-57。

表 9-89　样地模拟结果验证(819 个样地)

Table5-2　Model predictions comparing with observations by 819 plots

		初始年	当前年	差值
树叶碳	实测	2.87	3.68	0.81
	预测	3.25	4.59	1.34
树干碳	实测	38.33	48.12	9.79
	预测	39.13	49.84	10.71
总生物碳	实测	48.77	61.19	12.42
	预测	56.2	71.33	15.13
土壤碳(56 个野外样地)	实测	90.20	96.27	6.07
	预测	89.75	95.39	5.64

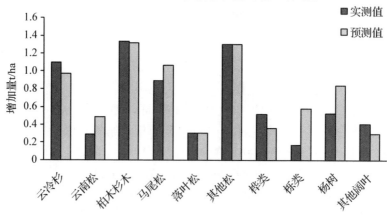

图 9-54　验证样地树叶碳增量实测与预测值

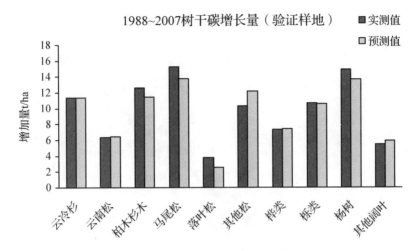

图 9-55 验证样地树干碳增量实测与预测值

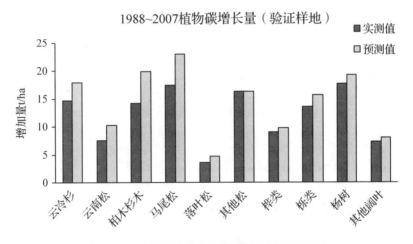

图 9-56 验证样地总植物碳增量实测与预测值

六、模拟结果与分析

(一)四川省碳库及碳汇/源时间动态

1. 森林碳储量现状

按照碳库类型划分,森林碳库包括生物量碳库,凋落物碳库以及土壤碳库。生物量碳库包括树干、枝、根、叶各部分的碳库量。按照土地类型可以分为有林地,其他林地,灌木林地,其中有林地包括林分和竹林地。四川省

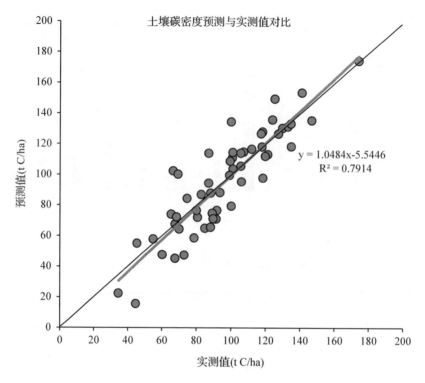

图 9-57　验证样地土壤碳实测与预测值对比

2010 年林地碳库总储量为 34.25 亿吨，其中土壤碳储量 23.72 亿吨，生物碳储量 9.56 亿吨，凋落物碳储量 0.97 亿吨。按照地类分，林分 22.94 亿吨，竹林地 0.50 亿吨，疏林地 0.94 亿吨，灌木林地 9.86 亿吨。生态系统各部分以及不同地类当前的碳储量，如表 9-90：

表 9-90　各部分碳储量（万吨碳）

地类	树叶	树干	树根	生物量碳	凋落物碳	土壤碳	总碳	面积（万公顷）
有林地	6373	58058	11238	80733	6934	146725	234394	1570
林分	6299	57731	11164	80103	6826	142433	229363	1504
竹林地	74	327	74	630	108	4292	5031	66
其他林地	241	1575	300	2368	221	6856	9444	158
灌木林地	1851	7543	1714	12481	2579	83582	98642	788
林业用地	8465	67176	13253	95582	9734	237163	342479	2518

　　按照优势树种进行碳储量的统计，总碳储量最大的是云冷杉，占总储量

的 37.6%，其次是栎类，占总储量的 15.5%，柏木占 11.6%，云南松，马尾松以及其他松类共计占 16.8%。所有的针叶树种占 72.2%，阔叶类占 27.8%。各主要优势树种的碳储量，如表 9-91：

表 9-91　四川省森林优势树种碳储量(万吨碳)

地类	树叶	树干	树根	生物量碳	凋落物碳	土壤碳	总碳	面积(公顷)
云冷杉	3228	25619	4910	36112	3037	51984	91132	4284581
栎类	745	8957	1832	12131	713	24614	37458	2138433
柏木	908	6324	1102	9290	712	18124	28126	3324973
云南松	311	2633	598	3794	354	11707	15855	1342039
马尾松	336	3312	577	4573	423	9031	14027	1207328
桦类	160	3416	776	4341	734	7961	13036	1094889
其他松	479	3466	578	4806	267	5796	10869	1025360
杉木	303	2234	389	3233	262	6383	9878	968570
软阔	115	1843	377	2467	215	7097	9779	1551303
落叶松	69	1141	216	1422	206	3376	5004	279352
桉树	19	278	57	377	30	1823	2231	473272
硬阔	26	485	99	641	55	1248	1945	321698
杨树	31	356	67	447	44	1245	1736	253380
楠木	4	63	13	84	7	550	640	31567
樟木	8	156	32	208	18	328	554	82933

按照市(州)统计四川省林业总碳储量，总碳储量较高的是甘孜州(占总储量的 27.68%)，阿坝州(占总储量的 21.57%)和凉山州(占总储量的 15.38%)，3 个州的总碳储量占全省总储量的 64.63%。各市州碳储量如表 9-92。

表 9-92　各市州碳储量现状

市州	树干碳	树根碳	树叶碳	生物量碳	凋落物碳	土壤碳	总碳
成都市	957	189	126	1398	119	3493	5010
自贡市	183	33	26	275	23	707	1005
攀枝花市	1187	258	145	1672	151	4527	6351
泸州市	1107	211	147	1633	158	4287	6078
德阳市	483	92	64	702	57	1608	2367
绵阳市	3938	770	481	5607	548	12003	18158
广元市	2787	501	315	3908	377	9159	13444

（续）

市州	树干碳	树根碳	树叶碳	生物量碳	凋落物碳	土壤碳	总碳
遂宁市	360	65	47	529	36	1018	1582
内江市	303	54	35	434	32	953	1420
乐山市	2273	439	287	3254	271	6598	10124
南充市	975	171	140	1441	99	2894	4435
眉山市	665	129	68	942	81	2289	3312
宜宾市	1064	204	127	1554	144	4191	5889
广安市	310	57	45	466	35	1171	1671
达州市	2277	413	262	3208	258	6902	10368
雅安市	3833	770	507	5546	457	12414	18418
巴中市	2128	380	285	3035	213	6588	9836
资阳市	360	64	51	534	37	1101	1672
阿坝州	14256	2837	1823	20286	2517	51072	73874
甘孜州	16446	3314	2254	23621	2686	68478	94785
凉山州	11285	2303	1230	15537	1436	35709	52681

2. 森林碳储量的时间动态

根据不同森林类型以及碳库类型，统计四川省森林碳储量从 1988～2010 年的变化情况。各类碳库总体上呈上升趋势。生物量碳库总量从 1988 年的 69381 万吨上升到 2010 年的 95581 万吨，储量净增 26200 万吨。凋落物碳库从 3081 万吨上升到 9734 万吨，储量净增 6653 万吨。土壤有机碳库储量从 211503 万吨上升到 237163 万吨，储量净增 25660 万吨。总碳库储量从 283966 万吨增加到 342479 万吨，储量净增加 58514 万吨。

按照土地类型划分，林分碳储量从 188713 万吨增加到 229363 万吨，净增加 40650 万吨。竹林地碳储量从 2717 万吨增加到 5031 万吨，净增加 2314 万吨。其他林地碳储量从 5233 万吨增加到 9444 万吨，净增加 4211 万吨。灌木林地碳储量从 87303 万吨增加到 98642 万吨，净增加 11339 万吨。1988～2010 年的变化如图 9-58。

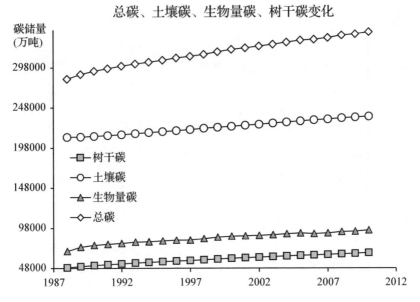

总碳、土壤碳、生物量碳、树干碳变化

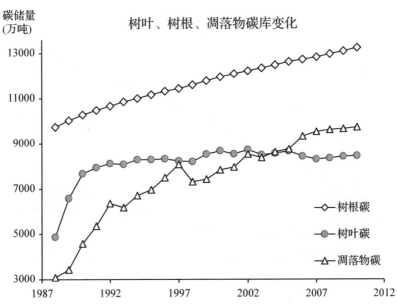

树叶、树根、凋落物碳库变化

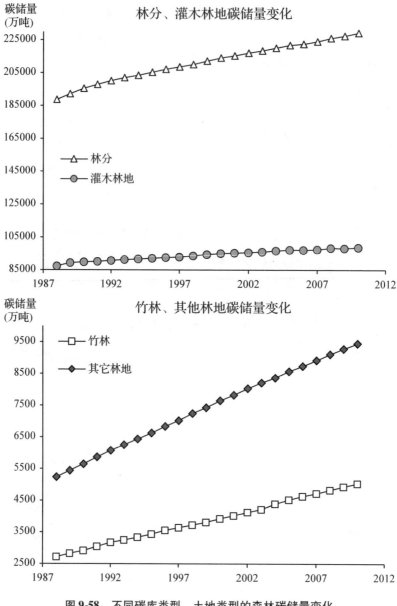

图9-58 不同碳库类型、土地类型的森林碳储量变化

3. 森林碳汇/源的时间动态

自90年代以来，四川省森林的碳库储量总体上呈增加趋势，固碳作用十分显著，是一个巨大的碳汇。1988～2010年间，碳汇量总体上呈下降趋势，说明固碳作用在下降。总碳库年均碳汇量为 2660 万吨。生物量碳年均碳汇量 1191 万吨，土壤碳库年均碳汇量 1166 万吨，凋落物碳库年均 302 万吨。树干、根、叶碳库年均碳汇量分别为 831，160 以及 163 万吨。

按照不同的地类划分来看，林分年均碳汇量 1848 万吨，竹林年均碳汇量 105 万吨，其他林地年均碳汇量 191 万吨，灌木林地年均碳汇量 515 万吨。四川省森林碳汇/源的动态变化如图 9-59。

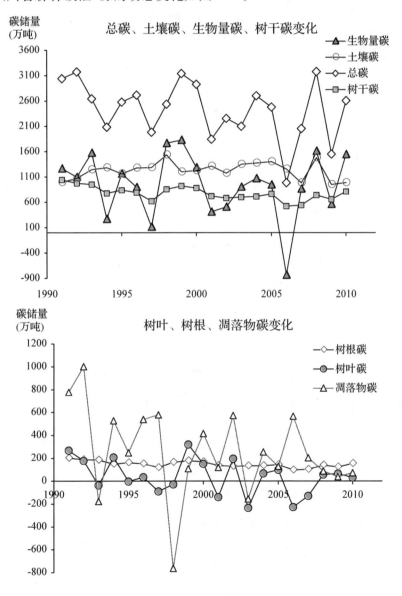

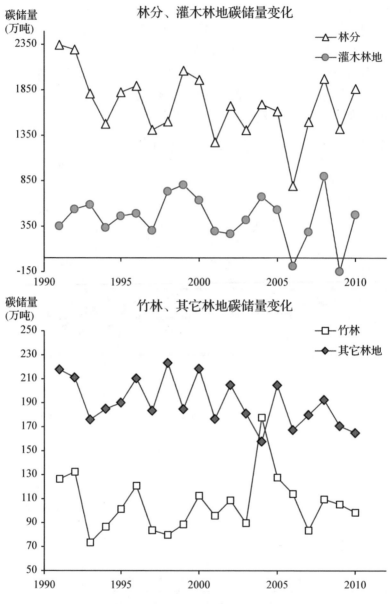

图 9-59　不同碳库类型、土地类型的森林碳汇/源变化

（二）四川省碳库及碳汇/源空间分布

1. 碳储量的空间分布

四川省碳密度分布格局差异明显，以东北（龙门山北）至西南大凉山为

界限分为碳密度差异明显的区域。从空间分布来看，表现出西高东低的状况，碳密度自东向西逐渐增加，呈现出明显的经度地带性。同时，碳密度随着纬度的增加而增大，四川北部地区（相对高纬度地区）的秦巴山脉、九寨沟天然林区、大渡河上游林区碳密度高于四川南部地区（相对低纬度地区）的碳密度，呈现出明显的纬度地带性。四川总碳密度具有明显的经向地带性和纬向地带性。

将四川林业地貌分区图（川西高山高原区、川西南山地、盆周山地、盆地丘陵区）与总碳密度图叠加来看，2010 年，全省林地总碳密度平均为133.38t·C/hm²。川西高山高原区总碳库密度最高为 146.57t·C/hm²，其次为盆周山地地区（132.65t·C/hm²），再次为川西南山地区（120.50t·C/hm²），最低为盆地丘陵区（94.45t·C/hm²）。总碳密度随着时间变化（1988 – 2010 年）而表现出升高的变化趋势（图 9-60），川西高山高原区、盆周山地总碳密度高于全省平均值，总碳密度最高的川西高原区比全省平均值（133.38t·C/hm²）高 9.9%，而川西南山地、盆周山地、盆地丘陵区总碳密度低于全省平均值，总碳密度最低的盆地丘陵区比全省平均值低 29.2%。

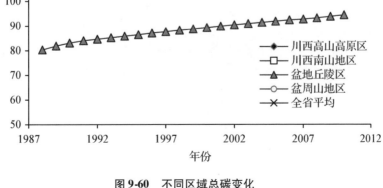

图 9-60 不同区域总碳变化

　　在空间上总碳密度呈现出明显的西高东低的趋势，可以看出以龙门山－大凉山为界，盆地内外有着明显的差异。这也是因为盆地内主要是人类聚居的区域，受到比较严重的人类活动的干扰。该区域以人工林为主，比如马尾松、杉木、桉树等。这些人工林基本属于中幼龄林，因此碳密度较低。总碳储量在各市州的分布来讲，以甘孜藏族自治州，阿坝藏族羌族自治州以及凉山彝族自治州为最高。这三个州的森林总面积也占全省森林面积的 60% 以上，海拔较高。而碳密度最高的是阿坝州（164.25t·C/hm²），其次是雅安市（146.27t·C/hm²）、绵阳市（142.12t·C/hm²）、巴中市（140.32t·C/hm²），甘孜州（140.00t·C/hm²）以及凉山州（130.63t·C/hm²）。其中，雅安、绵阳市森林主要分布在盆地东缘高山峡谷地带，植被茂密，碳密度较高。巴中市地处大巴山系米仓山南麓，虽然总碳库储量处于中游，但是密度较高。最低的是广安市为 74.20t·C/hm²，此外，宜宾市、资阳市以及自贡市的总碳密度为 97.12t·C/hm²，97.04t·C/hm²，85.43t·C/hm²，主要以人工林为主。其他市州的碳密度分布在 101~130t·C/hm² 之间。总碳密度在各个县级的空间分布如图 9-61。

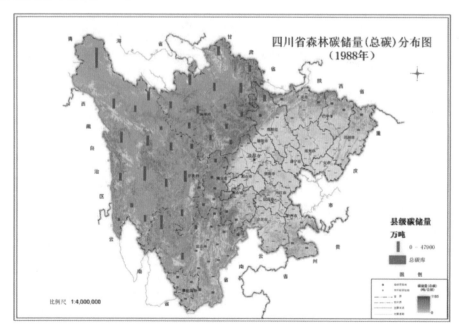

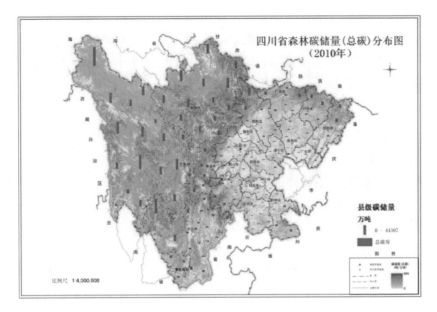

图 9-61　森林总碳储量空间分布图(1988 年和 2010 年)

七、模拟结果不确定性分析

(一)估算方法

目前国际上普遍存在林业碳计量精度低、不确定性高的问题。从最近年多次国家温室气体清单报告来看,最高的计量精度也只有 25% 左右。我国虽然不是 IPCC 规定的必须报告国家温室气体清单的国家,但从我国第一次、第二次国家温室气体清单报告看,其计量精度都在 ±50% 左右。基于 IPCC 最新较高层次碳计量方法,以生态模型模拟、遥感反演和数据同化技术为主要手段,基于野外观测数据、控制实验数据和遥感数据,开发多地类、多过程、多尺度的碳计量体系。其中,模型数据融合(model – data fusion)充分利用各种观测数据信息、综合分析大量生态过程和对参数的非线性模拟,并结合了"反演"和"正演"分析,将从观测数据中反演的相关信息输入到正演模型中预测事件或过程,通过数学方法利用各种观测信息调整模型的参数或状态变量,使模拟结果与观测数据之间达到一种最佳匹配关系,从而更准确地估算出森林生态系统碳收支平衡状况。

过程模型运算过程较为复杂,以 2012 年森林资源连续清查数据为基础,从一清样地中选择样本对模型进行调试和校准,最终得到一系列适合于四川省实际情况的参数，所有调试和验证样地均为实测样地，从实际采样的森林资源连续清查样地中选择建模后剩余的实测样地，对模型进行独立样本验证（模型验证详见第三章）。分别计算树干、树根、树叶、凋落物，土壤，总生物量碳以及总碳的误差。误差δ计算公式为：

$$\delta \frac{\sum |y - \hat{y}|}{\sum y}$$

其中，y为实测值，$\hat{y}$为模拟值，n为样本数。

根据模型模拟结果和样地尺度的实测结果，参照联合国气候变化专业委员会温室气体清单指南误差传递计算要求，采用统计分析方法，系统评估计量体系测算精度。包括和差关系与乘积关系误差传递与评估，具体计算公式如下：

和差关系包括计量过程中相加或相减关系，和差关系使用如下公式计算误差。

$$U_E = \frac{\sqrt{(U_1 \times E_1)^2 + (U_2 \times E_2)^2 + \cdots + (U_n \times E_n)^2}}{|E_1 + E_2 + \cdots + E_n|}$$

式中：U_E = 总数的不确定性百分比；U_i = 与源/汇 i 相关联的不确定性百分比；E_i = 源/汇 i 的排放/清除估值。在实际应用中，根据各个待估算的树种碳库储量作为 E_i 估值。

乘积关系包括计量过程中相乘或相除关系，乘除关系使用下式计算其误差。

$$U_{\text{total}} = \sqrt{U_1^2 + U_2^2 + \cdots + U_n^2}$$

其中：U_{total} = 数量之积的不确定性百分比（95% 置信区间的一半用总数相除并表示为百分比）；U_i = 与每个数量相关联的不确定性百分比，$i = 1$，$\cdots$，n。

2. 误差估算

利用 819 个森林一清样地的预测值与实测值，根据公式 7.1 估算各个树种的误差。每个树种的生物量碳误差根据和差关系，由树干、根、叶利用公式 7.2 计算得到。树干、根、叶以及总误差，根据不同树种的误差以及碳储量，利用和差关系估算。结果表明，生物量总碳库估算误差为 9.69%。不同树种有一定的差异，从 17.78% 到 43.55%。云冷杉最低 17.78%，最高为杉木 43.55%。树干总碳库估算误差为 11.91%，树根总碳库估算误差为

17.97%，树叶总碳库估算误差为 20.01%。土壤碳库验证误差为 14.3%，总量为 142190 万吨。根据公式 7.2 计算得到地上地下总误差为 9.68%。森林树干、根、叶各部分和总误差如表 9-93：

表 9-93 各树种各部分碳库误差

类型	生物量碳		树干		树根		树叶	
	误差（%）	总量（万吨）	误差（%）	总量（万吨）	误差（%）	总量（万吨）	误差（%）	总量（万吨）
云冷杉	17.78	36111.65	22.08	25619.08	34.90	4910.33	32.28	3227.97
云南松	34.46	3793.70	41.66	2632.79	83.20	598.36	63.76	311.42
柏木	27.00	9289.79	33.34	6324.37	56.38	1101.97	52.98	907.88
杉木	43.55	3232.79	54.44	2234.30	78.79	389.31	74.49	303.43
马尾松	28.28	4573.17	34.30	3312.08	55.45	577.11	55.96	336.43
落叶松	33.13	1421.78	40.73	1140.93	32.95	216.09	66.91	68.97
其他松	26.48	4806.08	33.22	3466.24	26.11	577.71	61.00	478.75
桦类	25.85	4340.65	30.40	3415.74	54.09	776.30	64.83	159.72
栎类	25.30	12131.03	31.34	8957.17	32.96	1832.15	70.06	744.74
樟木	32.95	207.81	40.37	156.27	43.46	31.96	60.91	8.43
楠木	32.85	83.60	40.37	62.58	43.46	12.80	60.91	3.66
杨树	29.05	447.48	36.41	356.17	26.74	67.46	52.84	30.53
桉树	32.65	377.35	40.37	277.91	43.46	56.85	60.91	18.90
硬阔	32.98	641.49	40.37	484.67	43.46	99.14	60.91	25.50
软阔	32.77	2467.03	40.37	1843.12	43.46	377.00	60.91	114.89
总误差	9.69	83925.40	11.91	60283.42	17.97	11624.54	20.01	6741.22

第六节 成果应用

一、川西北退化土地造林/再造林

"中国四川西北部退化土地的造林再造林项目"在四川省西北部五县(青川县、茂县、理县、平武县和北川县)部分退化土地上建立多功能人工林 2551.8hm²，其中北川县面积 200.2hm²、理县 747.8hm²、茂县 234.9hm²、平武县 190.6hm²、青川县 878.3hm²。

根据项目造林设计，碳汇项目造林主要树种包括桦木、厚朴、麻栎、岷江柏、杉木、油松、马尾松、落叶松、云杉和杨树等。其中 $330.5hm^2$ 光皮桦、$62.4hm^2$ 红桦、$156.4hm^2$ 厚朴、$294.2hm^2$ 麻栎、$467.0hm^2$ 岷江柏、$109.0hm^2$ 侧柏、$274.0hm^2$ 杉木、$223.3hm^2$ 油松、$66.0hm^2$ 马尾松、$63.0hm^2$ 川杨、$120.4hm^2$ 落叶松、$86.0hm^2$ 云杉。

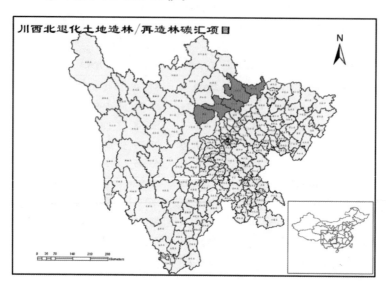

预计在 20 年的计入期内产生 53.3 万吨 CO_2 当量的临时核证减排量，年均 2.6 万吨 CO_2 当量。所有树种均为本土物种，没有外来入侵种或转基因物种。这些土地上的森林植被在 1950～1980 年间被破坏，至今没有得到恢复。同时，在保护国际的支持下，该项目将尝试按照 CCB 标准执行（气候、社区和生物多样性标准），并接受相关标准审核。

二、诺华川西南林业碳汇、社区和生物多样性项目

该项目开展的主要区域为四川西南部凉山彝族自治州雷波县、昭觉县、甘洛县、越西县和美姑县和三个自然保护，项目实施面积 $4321.3hm^2$。其中昭觉县 $435.1hm^2$、越西县 $808.3hm^2$、申果庄自然保护区 $460.7hm^2$、美姑县 $805.6hm^2$、麻咪泽自然保护区 $885.6hm^2$、甘洛县 $875.9hm^2$、马鞍山自然保护区 $50.1hm^2$。

为实现项目碳汇目标，本 CDM 造林再造林项目将在项目区部分退化土地上建立多功能人工林 4321.3hm^2，碳汇主要造林树种有云杉、冷杉、华山松、高山杨、柳杉和桤木等，其中冷杉 1649.0hm^2、云杉 760.7hm^2、华山松 1103.1hm^2、高山杨 321.9hm^2、桤木 144.2hm^2 和柳杉 342.3hm^2。预计在 30 年的计入期内产生 123 万吨 CO_2 当量的长期核证减排量，年均 4.1 万吨 CO_2 当量。这些土地上的森林植被在 20 世纪 50~60 年代被破坏，至今没有得到恢复。同时，本项目将按照 CCB 标准实施(气候、社区和生物多样性标准)，并开展相关标准的认证。

三、FedEx 荥经碳汇项目

为了保护大熊猫的生存环境，联邦快递(FedEx Corporation)携手保护国际基金会(CI)为 2008 年遭受严重地震灾害的四川省大熊猫栖息地植被恢复提供支持，并致力于减少 CO_2 的排放，惠及脆弱的当地经济，为此，联邦快递支持的植被恢复项目最重要的一方面就是测量地块的碳基准线状况，以及预测记入期内造林/再造林活动所实现的 CO_2 的减排量。

项目采用 IPCC《土地、土地利用变化和林业优良做法指南》，参考温洛克国际开发的《陆地碳测量方法指南》，结合项目区荥经－大相岭保护区的实际情况，修订形成《FedEx 项目碳基线测量方法指南》。

项目区为四川省荥经县。荥经县位于四川盆地与青藏高原的过渡地带，属盆周山区。区域优良的森林生态系统，为大量珍稀野生动植物提供栖息场所，丰富的物种资源，荥经县周边涉及的保护区主要有：大相岭保护区、瓦屋山保护区、洋子岭保护区和龙苍沟保护区。项目实施面积为 $159.2hm^2$，其中三合乡 $5.7hm^2$，泥巴山林场 $153.5hm^2$。

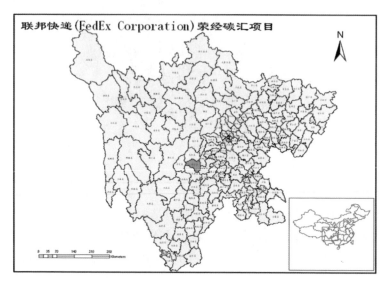

为实现项目碳汇目标，本项目区部分退化土地上建立多功能人工林 $159.2hm^2$，碳汇主要造林树种有云杉、冷杉、华山松、桦木和柳杉等，预计在 30 年的计入期内产生 11.6 万吨 CO_2 当量的长期核证减排量，年均 3882 吨 CO_2 当量。这些土地上的森林植被在 20 世纪 50 ~ 60 年代被破坏，至今没有得到恢复。同时，本项目将按照 CCB 标准实施（气候、社区和生物多样性标准），并开展相关标准的认证。

四、推广应用展望

该体系综合利用多源、多尺度数据，三种计量方法相互印证，可以满足不同区域、不同对象碳计量的需要，直接服务于温室气体清单的编制，在保证计量精度的前提下可有效降低计量成本。体系采用遥感和生态系统过程模型，能够对未来森林生态系统的碳汇及其他生态系统服务功能进行长期定量评估，还可以用于林业碳汇管理、森林可持续发展战略规划、生态补偿政策的制定等领域。

第十章 青海省森林生态系统碳计量研究

第一节 基本概况

青海省位于我国西部，雄踞世界屋脊青藏高原的东北部。因境内有国内最大的内陆咸水湖——青海湖而得名，简称青。青海又是长江、黄河、澜沧江的发源地，被世人称为"江河源头"，又称"三江源"，素有"中华水塔"之美誉。青海省地理位置介于东经89°35′～103°04′，北纬31°39′～39°19′之间，全省东西长1200多km，南北宽800多km，总面积71.75万平方公里，面积列全国各省、市、自治区的第四位。青海省东北临甘肃省，东南接四川省，西南与西藏自治区毗连，西北部同新建维吾尔自治区接壤，是西藏、新疆自治区连接内地的纽带之一。拥有三江源草原草甸湿地国家重点生态功能区、祁连山冰川与水源涵养国家重点生态功能区、青海湖国家级自然保护区、可可西里国家级自然保护区等众多国家级重要生态屏障，具有重要的地位。

青海省现有2个市(地级市)，6个自治州，46个县级行政单位。

一、地形地貌

青海省属青藏高原范围之内，地形复杂，地貌多样。东部地区为青藏高原向黄土高原过渡地带，多山，海拔较低；西部海拔高峻，向东倾斜，呈梯型下降。全省平均海拔3000m以上，其中，最高点昆仑山的布喀达板峰为6860m；最低点民和县下川口村海拔1650m；河湟谷地海拔较低，多在2000m左右。

青海省地貌相接的四周，东北和东部与黄土高原、秦岭山地过渡，北部与甘肃河西走廊相望，西北部通过阿尔金山和新疆塔里木盆地相隔，南与藏北高原相接，东南部通过山地和高原盆地与四川盆地相连。在总面积中，平地占总面积的30.1%，丘陵占18.7%，山地占51.2%。海拔高度在3000m以下的面积占26.3%，3000～5000m的面积占67%，5000m以上占5%。

境内的山脉，北部有祁连山和阿尔金山，中部是昆仑山和阿尼玛卿山，南部为唐古拉山和巴颜喀拉山。山系之间是著名的柴达木盆地、湖群密布的神秘无人区——可可西里盆地和开发历史悠久、人口稠密的"河湟谷地"，形成山盆（谷）相间的地形格局。全省地势总体呈西高东低，南北高中部低的态势。

二、气候

青海省深居高原内陆，地势高耸，相对高差大，气候属典型的高原大陆性气候，干燥、少雨、多风、寒冷、缺氧、日温差大、冬长夏短、四季不分明，气候区分布差异大、垂直变化明显。全省平均气温 0.4～7.4℃，1 月气温最低，7 月气温最高；降水量 15～750mm。青海地处中纬度地带，太阳辐射强度大，光照时间长，年总辐射量可达 690.8～753.6kJ/cm^2，直接辐射量占辐射量的 60% 以上，仅次于西藏，位居全国第二；日照时数在 2350～2900h 之间，日照百分率达 51%～85%，有利于农作物和牧草的生长。

三、水文

青海省境内分布有众多海拔在 5000 米以上的高大山脉，山巅终年积雪，冰川广布，冰雪融水成为众多河流、湖泊、地下水的水源。

1）河流

青海省河流众多，水系发达，有 270 多条较大的河流，水量丰沛，是长江、黄河、澜沧江三大河流的发源地，有"中华水塔"的美称。河流主要分为外流和内流河两大水系。

外流河水系由长江、黄河、澜沧江三大河流组成。长江发源于唐古拉山北麓格拉丹东雪山，省内长 1217km，年平均径流量为 177 亿立方米；黄河发源于巴颜喀拉山北麓各姿各雅雪山，省内长 1959km，年平均径流量为 232 亿立方米；澜沧江发源于果宗木查雪山，省内长 448km，年平均径流量为 107 亿立方米。

内流河水系由柴达木、青海湖、哈拉湖、茶卡沙珠玉、祁连山、可可西里六大水系组成；水资源总量 138.8 亿立方米。

2）湖泊

青海属我国多湖省区，湖泊主要分布在青海湖、可可西里、柴达木盆地、长江上游、黄河上游等地，湖泊面积 147.03 万公顷。面积大于 50 公顷以上的天然湖泊有 563 个，总面积 144.03 万公顷，主要有永久性淡水湖和永久性咸水湖（盐湖）。比较大的湖泊有青海湖、哈拉湖、茶卡盐湖、东西达布逊湖、东西台乃尔湖等，其中青海湖是我国最大的内陆咸水湖，也是我国最大的湖泊。

3）雪山冰川

青海省冰川广布于昆仑山、唐古拉山和祁连山。冰川面积约 $4621km^2$，冰川总贮量约 3987 亿立方米，年融水量 35.84 亿立方米，占冰川总径流量的 5.7%。

4）沼泽湿地

青海沼泽湿地面积 564.54 万公顷，主要是沼泽化草甸和内陆盐沼。沼泽化草甸主要是西藏嵩草沼泽草甸和藏北嵩草沼泽草甸，其次圆囊苔草沼泽草甸和芦苇沼泽化草甸；内陆盐沼主要分布在柴达木盆地，青海湖流域也有分布。

5）地下水

青海省不但水资源蕴藏量多、地表径流大，而且地下水资源也比较丰富，据估算，境内地下水资源量约 269.3 亿立方米。

四、土壤

在地貌、气候和植被作用下，青海土壤类型比较复杂，无论是水平或垂直分布均有较大的差异。既有地带性土壤，也有非地带性土壤，大体上可分为高山、黄土（栗钙土）和荒漠土壤 3 个大的系列并多自成区。

1）高山地区土壤

主要分布在青南地区、祁连山地和柴达木盆地周围山地。系在高寒气候条件下发生的土壤，主要有高山石质寒漠土、高山草甸土、高山草原土、高山灌丛草甸土等。

2）黄土地区土壤

主要分布在东部黄土丘陵区，以栗钙土为主，山脚下还有灰钙土，上部有零星分布的黑钙土。根据颜色等性状，栗钙土还可分为淡栗钙土、栗钙土和暗栗钙土等亚类。黄土母质的质地多为轻粘和粘土，以粘化和弱腐殖质积累过程为主，肥力低，有机质含量多在 5% 以上，通体有碳酸盐反应且水土流失严重。

3）荒漠化区土壤

分布于柴达木盆地和茶卡—共和盆地的边缘地带，成土作用受风的影响很大，土壤风蚀严重，母质多为风蚀、冲积和湖积。类型以灰棕漠土为主，有机质含量在 0.2% 以下，为垦区主要土壤，还有盐土、碱土、风沙土、盐泽沼泽土等。

五、森林资源概况

青海省森林生态系统是指地表实际覆盖有森林的土地（有林地），因此，根据 2012 青海省林地资源调查报告，全省森林生态系统（有林地）面积为 536.59 万公顷，其中乔木林地面积 56.98 万公顷，占森林生态系统面积的 10.6%；灌木林地 479.61 万公顷，占 89.4%。乔木林以天然林为主，面积 46.32 万公顷，占有乔木林面积的 81.3%，人工林面积 10.66 万公顷，占 18.7%。乔木林主要分布在黄河、通天河、澜沧江干支流两岸，以寒温针叶林为主，优势树种有柏树、青海云杉、杨树、白桦、川西云杉等。主要林区有坎布拉国家森林公园，孟达林区，互助北山林区，麦秀林场，祁连山原始森林，玛可河林区等。

青海森林类型以针叶林为主，面积 36.09 万公顷，占有林地面积的 63.3%；阔叶林面积 16.07 万公顷，占 28.2%；针阔叶混交林数量最少，面积 4.82 万公顷，占 8.5%。有林地按优势树种统计，柏树林面积最大，为 20.93 万公顷，占有林地面积的 36.7%；青海云杉林居第二位，面积为 11.59 万公顷，占 20.3%；青杨林面积 6.97 万公顷，占 12.2%，白桦林面积 5.55 万公顷，占 10.0%；川西云杉林面积 4.61 万公顷，占 9.7%。全省灌木林面积 479.61 万公顷，其中国家特别规定的灌木林 463.98 万公顷，占全省灌木林面积的 96.7%；其他灌木林 15.63 万公顷，占 3.3%。从优势树种分布上看，金露梅灌丛面积 107.56 万公顷，占灌木林总面积的 22.4%；山生柳灌丛 124.3 万公顷，占 25.9%，杜鹃灌丛 56.59 万公顷，占 11.8%；其他柳类灌丛 20.82 万公顷，占 4.3%；怪柳灌丛 29.79，占 6.2%；盐抓抓灌丛 20.18 万公顷，占 4.2%；沙棘灌丛 13.87 万公顷，占 2.9%；锦鸡儿灌丛 13.99 万公顷，占 2.9%；柠条灌丛 13.86 万公顷，占 2.9%；猪毛草灌丛 29.87 万公顷，占 6.2%；白刺灌丛 9.30 万公顷，占 1.9%；其他树种灌丛所占面积比例不足 8.2%。

青海省森林分布受温度、水分因素的影响明显。西部地区，暖温气流被山体阻挡难以到达，气候干燥严寒，产生了大面积戈壁、沙漠以及盐湖沼泽，基本没有森林分布。东半部，高原被河流强烈切割，孟加拉湾暖流和东南季风逆江而上，给迎风面的河谷两岸带来一定的水气和温度，为乔木树种生长发育创造了良好环境条件，从北向南大致呈弧形乔木森林带。灌木林分布较广，除了可可西里冻融区、江河源高寒区和柴达木盆地西北部风蚀残丘区外，其余广大地区均有分布。从全省范围来看，森林的分布有着明显的水平地带性，即由东南向西北逐渐减少。东部的森林，南部的高寒灌丛和西北部的荒漠灌木（丛），形成了森林水平分布的总体格局。

全省可分为九大林区：祁连山林区、大通河林区、湟水河林区、黄河上段林区、黄河下段林区、隆务河林区、柴达木林区、玉树林区及玛可河林区。

按照行政区域，全省各州（市）各县均有森林分布。除玛多、达日、甘德、久治、海西三个州属行委等少几个县仅有灌木林之外，其余各县均有乔木林分布。

按大地貌划分则以山地森林为主，山原地带森林极少。黄土丘陵地区几乎没有森林。柴达木盆地除了东部边缘山地断续分布有稀疏的天然林和盆地中的小片胡杨林外，只有荒漠灌木林分布。

按照山系划分，除阿尔金山以外，各大山脉均有森林分布，分属于祁连山、西倾山、巴颜喀拉山、东昆仑山—布尔汗布达山和唐古拉山5条山脉。

祁连山系森林主要分布在祁连山中段、冷龙岭、达坂山东段及拉脊山等地区，森林类型以寒温性针叶林为主，如青海云杉、祁连圆柏等；在达坂山东段及脊山等地区，还广泛分布着暖温性针阔叶林，包括青扦林、油松林、白桦林、红桦林、糙皮桦林、山杨林等。由于本地区开发历史悠久，人口稠密，对森林的开发利用较早，破坏也较为严重，现以次生林为主，原始林分布于祁连山中段。

西倾山的森林主要分布在隆务河流域、黄河下段的南岸和黄河上段东岸等地区。本区南部多为原始林，有青海云杉林、紫果云杉林、祁连圆柏林等。在隆务河的下段及黄河下段的南部，分布有温性阔叶林，如白桦林、红桦林、糙皮桦林、山杨林等。本山系东北的孟达林区，是全省海拔最低、气温较温暖的地区，树种资源丰富，全省仅有的华山松林、巴山冷杉林和辽东栎林分布于此。

巴颜喀拉山的森林分布在大渡河上游主支流的玛可河、多柯河流域以及阿尼玛卿山北坡的中铁、切木曲、羊玉等林区。南部与川西峡谷地带绿针叶林—紫果云杉林、川西云杉林为主，青海云杉、鳞皮云杉、冷杉和红杉也有分布。方枝柏、塔枝柏和祁连圆柏分布在各林区的阳坡。

东昆仑山—布尔汗达山和唐古拉山的森林分布在澜沧江和通天河两侧山地与横断山脉北部山原峡谷，云杉、冷杉林相连接。主要有江西、白扎、娘拉、吉曲、觉拉、东仲等林区。以寒温性针叶林为主，如川西云杉林、大果圆柏林等。柴达木盆地的东缘山地，分布着祁连圆柏天然林，个别地区有青海云杉林。

各山系森林具有明显的垂直分布特征，由下到上分为森林草原草甸带—针阔叶混交林带—寒温性针叶林带—高山灌木（丛）林带—高山草甸带—高山寒漠带。森林植被带的幅度一般呈下宽上窄，乔木林垂直上限高度，是由北向南逐渐升高，祁连山为海拔3300m，唐古拉山系海拔则为4300m。青海资源具有一下特点：

（1）森林资源总量低，分布不均

青海省森林资源面积较少，进展全省国土面积的7.48%，是全国森林覆盖率较低的省份之一。乔木林主要分布在东部和南部，且呈零星散装分布。天然乔木林以山地森林为主，主要分布在祁连山林区、大通河林区、湟水河林区、黄河下段林区、隆务河林区、黄河上段林区、玛可河林区、玉树林区等重点林区；人工林主要以杨树为主，主要分布在城镇周边、农田牧场等作为行道树。森林分布均衡度仅为 − 0.8407，在地域空间上分布极不均衡。

（2）灌木林资源丰富，分布范围广

青海省地处青藏高原，高寒、干旱是本区气候的基本特点。受严酷自然条件的影响，乔木树种较少，且分布范围狭窄。灌木林由于适应能力较强，在全省范围从干旱的荒漠地区到高寒的青南地区均有分布，构成青海省森林资源的主体。

（3）林业产品供给能力不足

青海省森林蓄积4884.58万立方米，其中，商品林（地）面积13.80万公顷，用材林（有林地）面积6715.8hm^2，仅占全省林地总面积的1.2%，蓄积63.50万立方米，占全省总蓄积的1.3%。无论从全省，还是用材林的资源量上来看，总量都不多，可采资源量极少，木材供给能力严重不足，林业产品供给能力不足。

（4）森林病虫害防治压力大

自20世纪80年代末以来，青海省森林受到美国白蛾、红脂大小蠹、苹果绵蚜及油松叶小卷蛾等50多种森林病虫害的威胁，柏树、云杉等青海主要乔木树种受到破坏。受到病虫害威胁，部分地区树木生长缓慢或死亡，森林质量有所降低，使得森林生态系统服务价值相对偏低，固碳释氧、养分固持、土壤保持等生态服务难以发挥，近年来，随着害虫种类的增加，森林病虫害防治压力加剧。

第二节　野外调查

与四川省相比较，青海省历史数据积累有限，尤其是植被、土壤、气候、水文等方面的数据比较缺乏。为了利用生态系统过程模型对青海省森林碳汇(源)进行计量，借助《青海省生态系统服务价值监测与评估》项目，开展了大量的野外调查工作，为模型的标定与验证打基础。具体调查内容包括：

一、野外调查样点的确定

根据2012年青海省生态系统植被和土壤的摸底调查，掌握了青海省各类生态系统主要生态过程参数的变化情况，通过经验公式(10-1)、(10-2)、(10-3)，确定青海省各类生态系统需要调查的理论样地数量，作为青海外业调查的预设样地数量。

$$n = \left(\frac{t \times CV}{A} \right)^2 \tag{10-1}$$

$$CV = \frac{S}{x} \tag{10-2}$$

$$S = \frac{\max - \min}{6} \tag{10-3}$$

公式(10-1)中，n 为样本数，t 为可靠性指标，95%的置信区间取 t 值为 1.96，CV 为变异系数，A 为允许的误差，允许误差设为10%；公式(10-2)中，S 为标准差，$\bar{x}$ 为平均值；公式(10-3)中，$\max$ 为被测指标最大值，$\min$ 为最小值。为了避免采样过程和实验分析过程异常情况，将生态系统的样本量加大，选取一定量的平行双样进行质量控制，样地选取同时考虑了：森林类型及空间分布，森林样点尽量与全国森林资源一类清查样地结合。实际共调查了森林样点数25个森林样地和灌丛样地13个。

实际完成的样点分布的地区和对应的生态系统类型参见下表10-1：

表 10-1 样点地理位置表

生态系统类型	采样编号	采样时间	经纬度		地点
			X	Y	
森林(灌木)	SP101	2013	102.213520	37.016324	互助
	SP102	2013	102.224692	37.021409	互助
	SP103	2013	99.652379	36.767874	共和
	SP106	2013	100.837746	34.775692	曲麻莱
	SP107	2013	97.326157	33.111290	称多
	SP108	2013	96.496020	32.197789	囊谦
	SP109	2013	94.919918	32.900637	杂多
	SP201	2013	102.024268	36.206100	化隆
	SP202	2013	101.269146	37.747750	门源
	SP203	2013	99.367394	38.597874	祁连
	SP204	2013	100.566201	32.685319	班玛
	SP205	2013	100.800134	33.263158	久治
	SP206	2013	100.138192	33.777822	达日
森林(乔木)	FP101	2013	102.536171	36.771686	互助
	FP102	2013	102.668437	36.811470	互助
	FP103	2013	102.485630	36.950673	互助
	FP104	2013	102.302117	37.055208	互助
	FP105	2013	102.442839	36.877917	互助
	FP106	2013	98.662830	37.030943	乌兰
	FP107	2013	97.417768	37.453510	德令哈
	FP108	2013	97.643967	32.549737	玉树
	FP109	2013	96.526863	31.866480	囊谦
	FP110	2013	96.495620	32.280327	囊谦
	FP201	2013	102.685242	35.804167	循化

（续）

生态系统类型	采样编号	采样时间	经纬度		地点
			X	Y	
	FP202	2013	102.302927	35.739597	循化
	FP203	2013	102.690450	36.182833	民和
	FP204	2013	102.530950	36.249050	民和
	FP205	2013	102.033383	35.820000	尖扎
	FP206	2013	101.878167	35.266083	泽库
	FP207	2013	102.345291	37.110234	门源
森林（乔木）	FP208	2013	101.070665	32.777154	班玛
	FP209	2013	100.982408	32.652968	班玛
	FP210	2013	100.792536	32.781201	班玛
	FP211	2013	100.637403	34.659199	玛沁
	FP212	2013	100.223516	34.807920	玛沁
	FP213	2013	99.764686	34.794002	玛沁
	FP1660	2012	100.211407	38.196005	祁连
	FP1743	2012	100.185945	38.125142	祁连

二、野外调查内容与方法

（一）样方布设

1）森林样方布设

第一步，将森林资源一清样地作为乔木层样方。

第二步，建立林下灌木样方：在一清样地西北角向西 2m 处，东北角向东 2m、东南角向南 2m 和西北角向北 2m 处，样地中心点分别设置 1 个 2m×2m 的灌木样方，对于植被类型比较简单的样点，设置 2~3 个典型灌木样方。

第三步，林下草本样方设置：在样地内随机选取 3 个 1m×1m 的草本样方。同时在草本样方内进行林下土壤结皮收集。

2）灌木林样方的布设

根据植被类型构成的复杂程度和分布的均匀性，选取 2~3 个 2m×2m 的样方，或者设置 1 个 5m×5m 的大样方。林下草本样方的布设与林下草相同。

（二）调查内容

非生态因子每个样点记录内容包括行政区域、经纬度、坡度、坡向、坡位、海拔、放牧等情况。生态因子调查项目包括：1）（乔木/灌木/草本）优势种组成；2）（乔木/灌木/草本）根茎叶取样（用于根茎叶全 C 全 N 分析）；3）灌木优势种平均高度、丛数；4）草本优势种平均高度、盖度；5）光合作用测定（LI-Cor 6400）；6）叶面积扫描和叶片取样（用于比叶面积测定）；7）LAI 测定（TRAC 冠层分析仪）；8）凋落物生物量和凋落物取样（用于凋落物含水量的测定）；9）结皮盖度和取样；10）种植牧草的农田调查牧草的地上地下生物量，其他农作物只做土壤调查。

1）茎取样

乔木采用钻树芯的方法，随机选择样地内优势种（最多三个）中代表平均胸径 3 株，使用生长锥在胸径处钻入树干 5cm，收集边材并记录。

灌木在样地内只有一种优势种，按丛大中小（大中小按冠幅判断）各抽取 3~5 丛，收获地上生物量；样地内优势种超过一种，每个优势种按丛大中小（大中小按冠幅判断）抽取 3 丛收获地上生物量。5m×5m 的样方要全收获称重总的地上生物量。使用精度为 0.1g 的电子天平分别称量茎 20g 左右，记录并带回。

2）叶片取样

森林在上述茎取样的树上接着取叶片，每棵树按叶龄和叶子在树冠中的分布（上、中、下及南、北方向），采集健康的树叶。针叶树种叶片采集分龄级，按照针叶树枝上叶片的年龄采集，最末端鲜嫩的叶片龄级为 0 年，往树干方向第一节的枝上叶片龄级为 1 年，以此类推，共采集到叶片龄级为 3 年的叶片。阔叶叶片的采集不分龄级。

灌木：获取整株收获的大中小灌木的所有叶片并称重，取 10g 测量叶面积，20g 装袋带回用于含水量和叶片全 C 全 N 的分析。

草本：根据实际情况分两种方法。一种是将样方内所有的地上叶片全收获，另一种是打五钻取钻内叶片。然后称重并记录（样方内三个优势种以外的其他物种都混合在一起），取 50g 装袋带回，用于叶子含水量和化学成份分析。

3）叶面积测量

阔叶树种：将采集的叶片平展放入扫描仪上进行扫描。每棵树扫描 2~3 版，将叶面积记录在调查表中。最好能达到 10g 样量，用于测量干重和叶片全 C 全 N 的分析。

针叶树种：根据针叶实际情况选择三针法或者五针法。使用游标卡尺测量三针合在一起或者五针合在一起的针叶直径和针长，直径在针叶的基部测量。将测量好的基径和针长填写在调查表中。测量叶片量要达到 10 克左右，用于含水量和叶片全 C 全 N 的分析。

灌木树种：将获取的大中小整株灌木所有的叶子摘取，混合后取样。

将扫描过或者使用游标卡尺测量过的叶片放在精度为 0.1g 的电子天平上进行称量，将称量的结果填写在调查表中和记录在信封带上。

4）根取样

收集土壤取样过程中土壤中的根系，主要收集细根系放入信封袋中，进行称量，带回 20g 左右的样品并记录。

灌木采用挖根法。挖取收获完地上生物量的植株，根据灌木在地下的分布挖取整个灌木的根系。将挖取好的根系分为粗中细三种根系，分别在 0.1g 的电子天平上称量并记录，然后分别称量 20g 左右的粗中细三种根系，并带回用于室内分析。

草地采用根钻法：在样方内的四个角和中心点上分别放上 5 个内径为 10cm 的样圈，以确定地下根样的采集位置。使用枝剪采集 5 个样圈地上植株。采用内径为 10cm 根钻在预先收获后的样圈位置取根，根钻深度为 20cm。每个样圈位点各取一钻。将根钻取出带有土壤的根系放入筛子中，5 个样圈位点的根系混合在一起，筛去土壤，留下根系。湿地需洗根，晾根，称重并取样。

5）土壤结皮取样

用采集刀将土层面切成一个断面，用小铲子在土壤深度为 2cm 的地方水平取样，将取出的样品放在信封袋中并记录。

6）凋落物取样

收集样方内凋落物，凋落物分两大类取样，一类为原状凋落物，一类为分解和半分解凋落物（测 C/N 比），原状凋落物枝茎、叶和果分开取样（不做 CN 分析，用地上茎叶 CN 比代替，只测含水量）。

将收集的原状凋落物和分解和半分解凋落物在电子天平上分别进行称量并取样记录，精度为 0.1g。

7）灌木龄级

数收获灌木丛每一株的年轮，将年轮数记载在调查表中。

8）土壤取样

土壤取样方法根据不同生态系统和实际情况分两类:

土钻9钻法。在固定样地旁取九钻即沿外围线在固定样地四角点(4个点)、样地边界中心点(4点)、及样地中心点(1个点),共计9个取样点。按照0~10cm、10~20cm、20~30cm、30~50cm、50~70cm和70~100cm分六层进行取样。当土壤浅于100cm时,按照实际土壤深度取样。用精度为1g的电子天平称量每一层的土壤重量并记录。每一层混合后的土壤样品采用四分法取样。采用精度为0.1g的电子天平称量每层1kg左右样品放入布袋中,带回用于有机碳含量测定。取20g左右样品放入塑料袋中带回用于测定土壤含水量。

挖剖面法。在样地中心点旁边采用阶梯法挖大小位0.8m宽×1~1.2m深的土壤剖面。确定好剖面层,在剖面层的对面采用阶梯法挖土。用刀从上至下取0~10cm、10~20cm、20~30cm、30~50cm、50~70cm和70~100cm每一层土壤样品,土块大小为20cm×20cm。用精度为1克的电子天平称量每一层的土壤重量,将称量结果记录在调查表中。每一层混合后的土壤样品采用四分法取样。采用精度为0.1g的电子天平称量每层1kg左右样品放入布袋中,带回用于有机碳含量测定。取20g左右样品放入塑料袋中,带回用于测定土壤含水量。

9)光合作用测定

采用LI-6400光合仪进行测定。

森林选择样地内优势种(最多3个),每个树种按其分布区大小选取10~12株,以考虑其空间异质性。每棵树按叶龄和叶子在树冠中的分布(上、中、下及南、北方向),选取有代表性的健康叶片进行测定,大树采用离体的办法。爬树采集带叶片枝条,把枝条迅速插入水瓶中以保持叶子的水势。

10)叶面积指数(LAI)测定

LAI的测定采用TRAC植物冠层分析仪走样线记录。

4. 样品预处理和流转交接

野外采集土壤样品根据干湿程度,及时晾晒,防止发霉变质。风干晾晒时要避免可能带来的其他污染。在外业调查过程中,考虑到时间持续较长和采集样品量较多等原因,及时将样品邮寄到实验分析点进行前处理和分析。

(三)野外调查样品室内分析

1. 土壤样品的测定

土样的测定首先针对不同测试项目对土样进行分类编号,风干/烘干,过筛和研磨等。测定内容包括pH值的测定,土壤颗粒组成,土壤碱解氮(扩散法)、速效磷(Olsen 法 GB12297－90)、速效钾(NH40Ac 浸提火焰光度法 GB7856－87)、有机碳和全氮(碳氮元素分析仪，德国元素公司的 Vario Max)。

2. 植物样品的测定

分拣出解析木和树芯，烘干称重，粉碎，过筛，然后测量含碳氮率(采用燃烧法，碳/氮元素分析仪)。

第三节　数据处理

一、气候数据插值处理

本研究利用中国区域地面气象要素数据集是中国科学院青藏高原研究所开发的一套近地面气象与环境要素再分析数据集。该数据集是以国际上现有的 Princeton 再分析资料、GLDAS 资料、GEWEX-SRB 辐射资料，以及 TRMM 降水资料为背景场，融合了中国气象局常规气象观测数据制作而成。其时间分辨率为 3h，水平空间分辨率 $0.1℃$，包含近地面气温、近地面气压、近地面空气比湿、近地面全风速、地面向下短波辐射、地面向下长波辐射、地面降水率，共 7 个要素(变量)。

在该数据集的基础上，为了更加精细的模拟各类生态系统类型，对该数据集进行空间插值，将 10km 的气候数据插值到 1km 尺度上。利用随机森林回归树的方法。由于在时间尺度上独立，因此，只需要考虑空间的差异。利用随机森林可以更加精确的模拟到空间上更加细微的差异。通过在 10km 尺度上建立的关系，推广到 1km 的尺度上。结果表明，随机森林回归插值具有较高的精度。1990～2012 年，平均温度逐日插值的绝对平均系统误差 MAPE 平均为 22.7%(0～57.9%)，最高温度逐日插值的绝对平均系统误差 MAPE 平均为 22.6%(0～55.9%)，最低温度逐日插值的绝对平均系统误差 MAPE 平均为 22.6%(0～59.3%)，辐射逐日插值的绝对平均系统误差 MAPE 平均为 1.0%(0～7.0%)，比湿逐日插值的绝对平均系统误差 MAPE 平均为 4.1%(0～9.0%)，降雨逐日插值的绝对平均系统误差 MAPE 平均为 28.2%(0～78.9%)，风速逐日插值的绝对平均系统误差 MAPE 平均为 4.6%(0～22.4%)。

1)降雨

降雨 1998～2012 年降雨均值为 389.49mm，从 346.19mm 增加到 403.42mm，青海省及各个生态系统类型的降雨变化如图 10-1，空间分布上呈东高西低，南高北低。如图 10-2。

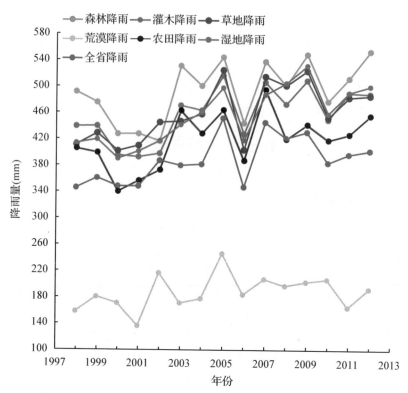

图 10-1　1998～2012 年青海省及各个生态系统类型的降雨变化图

图 10-2　1998～2012 年青海省多年降雨空间分布图

2）温度

温度 1998～2012 年，年均值为 -1.74℃。青海省及各个生态系统类型的温度变化如图 10-3，空间上中西部和北部为低值区，柴达木盆地以及东部和南部地区为高值区。如图 10-4。

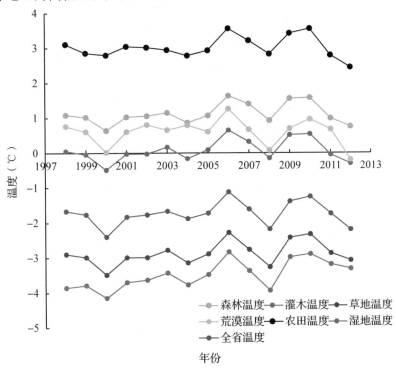

图 10-3　1998～2012 年青海省及各个生态系统类型的温度变化图

图 10-4　1998～2012 年青海省多年温度空间分布图

3）相对湿度

1998~2012年，青海省相对湿度年均值为44.97%，从46.87%增加到47.81%。全省相对湿度变化如图10-5，空间上柴达木盆地及其周边地区较低，青海东部，南部以及可可西里较高。分布如图10-6。

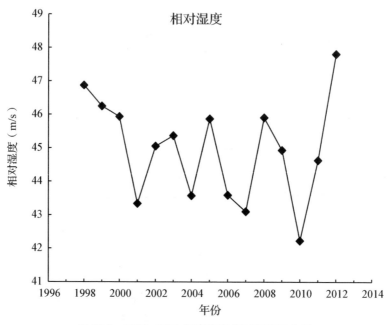

图10-5　1998~2012年青海省相对湿度变化图

图10-6　1998~2012年青海省多年相对湿度空间分布图

4）辐射

1998 – 2012 年青海省太阳辐射年均值为 210.63W/m², 2007 年最低约为 204W/m², 2010 年最高约为 214W/m², 全省及辐射变化如图 10-7, 空间分布上, 西部高原区以及柴达木盆地区为高值区, 东部和南部为低值区。如图 10-8。

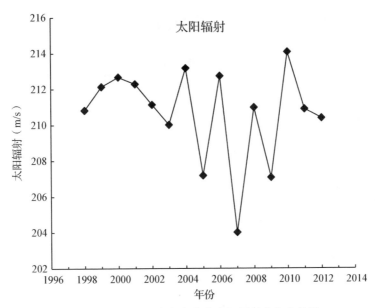

图 10-7　1998~2012 年青海省太阳辐射变化变化图

图 10-8　1998~2012 年青海省多年太阳辐射空间分布图

5）风速

1998～2012 年，青海省风速年均值为 2.69m/s，总体呈先增加后减少的趋势。全省及各个生态系统类型的风速变化如图 10-9，空间分布上，盆地西部，高原区，中部至青海湖为高值区。青海东部，南部，以及盆地东部风速较低。如图 10-10。

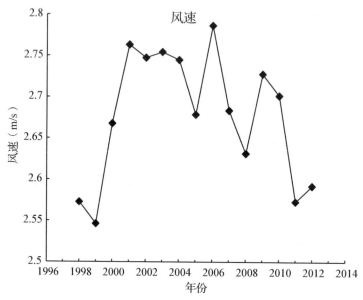

图 10-9　1998～2012 年青海省风速多年变化图

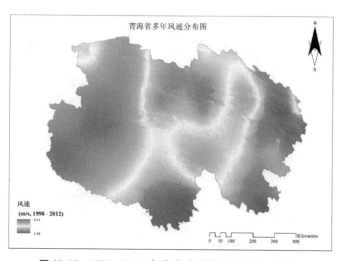

图 10-10　1998～2012 年青海省多年风速空间分布图

二、模型初始化

(一)背景

(1)生物量模型

生物量回归估测模型包括相对生长关系模型和生物量－蓄积量模型。相对生长关系指的是先通过对有限数量的样株进行破坏性测量，建立起全株或部分生物量与地上较易获得的植株形态学指标(例如胸径、树高、冠参数、年龄等)间的异速生长关系，然后结合相同立地条件下的每木调查数据，利用所得异速生长关系在单株或林分水平上对生物量进行估算。生物量－蓄积量模型指通过转换因子将蓄积量转换为生物量。该模型中的转换因子并不一定是常数，方精云教授提出了换算因子连续函数法，建立了中国森林主要优势树种生物量与材积的线性关系。另外黄从德发现在线性、双曲线、幂函数三种形式中幂函数形式模型对样地优势树种蓄积量—生物量的建模效果最好。然而生物量－蓄积量模型中的蓄积量同样也是胸径、树高等生长因子的函数而非直接测得。

关于生物量方程的研究开始于 20 世纪 80 年代，主要是对云杉、柏木、云南松、楠木等，建立了形如 $W = a(D^2H)b$ 的方程，用于林分生物量和生产力研究。随后更多形式及更广泛树种的生物量估算、碳储量、生物量分配格局等模型的研究工作相继展开。但由于样本的代表性、样本量、建模参数、模型形式、模型评价等控制生物量估算精度的关键因素缺乏统一规范，已经在文献中发表的模型对立木生物量的模拟存在很大差异。

(2)植物含碳率

如何精确评估植被碳贮量是计算全球陆地生态系统碳循环的核心内容，它在全球变化的研究和正确评估植被增碳减排效应等方面至关重要。现在大多数的研究工作都是利用生物量数据与碳含量系数的乘积对植物碳贮量进行估计。因此森林群落的生物量及其组成树种的含碳率是研究森林碳储量与碳通量的两个关键因子，也是植物碳贮量估计的误差的两个主要原因，对它们的准确测定或估计是估算区域和全国森林生态系统碳储量和碳通量的基础。与生物量估计不同的是目前对于森林群落、植物含碳率的研究还处于起步阶段，在国内的研究少有报道。在现有的为数不多的区域和国家尺度的森林碳储量估算中，国内外研究者大多采用 0.45 或 0.50 作为所有森林类型的平均含碳率。事实上由于植被类型的多样性和地区间植物生长的差异，同一区域的不同植被以及同一树种在不同器官的碳含量都存在很大的差异，有必要对该区域各主要森林类型的含碳率分别进行测定和分析。

（3）土壤有机碳

科学和准确地估计土壤有机碳储量，减少不确定性具有重要科学和现实意义。在全国或全省范围采用统一而准确的土壤有机碳计量方法不仅是土壤有机碳储量研究的必要手段，也是编制 IPCC 国家温室气体清单的必要步骤，而且对于解决全球碳循环研究中的"失汇"问题具有重要意义。目前国内外土壤有机碳储量的估算方法有生命地带类型法、森林类型法、土组法、气候参数法、碳拟合法、模型法、相关关系估算法、统计估算法、土壤类型法等。其中相关关系估算法是通过分析土壤有机碳蓄积量与采样点的各种环境变量、气候变量和土壤属性之间的相关关系，建立一定的数学统计关系，从而实现在有限数据基础上计算土壤有机碳蓄积量的目的，具有准确、方便和简单等优点。现有文献中与土壤有机碳含量建立相关关系的主要因子降水、温度、土壤厚度、土壤质地、海拔高度和容重等等。然而它们的相关关系并非普遍适用，在不同的地方主要控制因素是不同的，各种相关性表现不一，因此文献中确定的统计关系需要得到检验和验证，才能在本区域上应用。

（二）研究内容

（1）生物量回归模型

森林以样木、样地生物量调查资料为基础，结合青海省森林资源连续清查样地调查因子，通过不同回归模型的比选，分别建立：

①不同优势树种乔木胸径（DBH）、树高（H）和交互因子项（D^2H）与空间位置信息的单株立木树高模型组；

②实测生物量样木胸径、树高和交互因子项（D^2H）与生物量回归模型组；

③灌木林、草地、湿地和荒漠均以野外采样数据及文献中青海相同类型数据为基础，建立地上和地下生物量回归模型。

（2）植物含碳率参数

在实验室内利用燃烧法（碳氮分析仪，Vario Max）分析测定不同植物不同器官的含碳率，建立：

①不同优势乔木树种叶和凋落物含碳率和含氮率库；

②灌木优势种干枝、叶、根等植物不同器官含碳率和含氮率库；

③草本（包括草地、湿地和荒漠生态系统）地上、地下植物样品含碳率和含氮率库。

（3）土壤有机碳密度

采用回归模型估计法，建立基于地上植物生物量碳密度、气候环境因子、空间位置信息的土壤有机碳储量（密度模型计量深度1m）相关回归模型。

3. 初始化模型

（1）乔木

1）生物量研究方法

首先，运用森林资源调查技术标准、成果资料分析与科研论著调研相结合的方法对青海立木生物量建模总体单元进行划分（表10-2）；其次，利用青海历次"连清"样地平均立木胸径信息，《青海省森林碳汇潜力评估及优先发展区域规划研究》报告中的胸径–树高回归模型模型 f(H)，模拟立木的树高信息（表10-3）。再次，根据报告及文献中的生物量模型，建立实测样木交互项因子（D^2H）与立木不同器官生物量回归模型 f(X)。最后，通过模型模拟样地内的立木各组分生物量。

$$f(X) = a * (D^2H)^b$$
$$f(X) = a * D^b$$

①立木总体（建模总体）样本划分

运用森林资源调查技术标准、成果资料分析、科研论著调研相结合的方法，兼顾植树造林、林业规划的实际情况，对青海立木生物量建模总体单元进行划分。研究采用的调查技术标准：《青海"连清"操作细则》（青海省林业厅1998年、2003年、2008年、2012年）有关优势树种（组）划分成果；《青海省森林资源二类调查》（青海省林业厅1990年）；森林资源成果资料：1998年、2003年、2008年、2012年历次青海省森林资源连续清查（以下简称"连清"）样地调查、样木检尺、森林资源统计成果资料信息；基于青海省历次"连清"成果数据，统计不同树种面积、蓄积量构成比例及变化情况，结果表明：近30年来青海不同优势树种（组）蓄积、面积所占比例虽有所变化，但冷、云杉等针叶树种和柏木、杨树等阔叶树种在蓄积量、面积方面仍然占有很大比例。

表10-2 青海"连清"优势树种（组）蓄积、面积比例表

年份	优势树种	生物量蓄积(t)	生物量比例(%)	面积(ha)	面积比例(%)
1998	云杉、冷杉	3238.57	59.35	28.32	0.52
1998	油松	42.90	0.79	0.56	0.01

（续）

年份	优势树种	生物量蓄积（t）	生物量比例（%）	面积（ha）	面积比例（%）
1998	柏木	1344.96	24.65	20.40	0.37
1998	栎类、硬阔	63.51	1.16	2.08	0.04
1998	桦木	237.96	4.36	5.60	0.10
1998	杨树	528.95	9.69	20.88	0.38
2003	云杉、冷杉	3391.72	53.58	33.68	0.53
2003	落叶松	12.00	0.19	0.24	0.00
2003	油松	45.17	0.71	1.20	0.02
2003	柏木	1791.52	28.30	35.76	0.56
2003	栎类、硬阔	107.44	1.70	3.52	0.06
2003	桦木	290.56	4.59	8.48	0.13
2003	杨树	692.03	10.93	26.64	0.42
2008	云杉、冷杉	3665.48	52.18	35.28	0.50

表10-3　青海"连清"优势树种（组）蓄积、面积比例表

年份	优势树种	生物量蓄积（t）	生物量比例（%）	面积（ha）	面积比例（%）
2008	落叶松	14.88	0.21	0.32	0.00
2008	油松	48.67	0.69	1.12	0.02
2008	柏木	1968.36	28.02	38.80	0.55
2008	栎类、硬阔	55.04	0.78	0.96	0.01
2008	桦木	333.77	4.75	9.12	0.13
2008	杨树	938.27	13.36	32.48	0.46
2012	云杉、冷杉	3959.28	51.17	37.04	0.48
2012	落叶松	11.97	0.15	0.48	0.01
2012	油松	58.98	0.76	1.28	0.02
2012	柏木	2211.98	28.59	42.88	0.55
2012	栎类、硬阔	62.98	0.81	0.88	0.01
2012	桦木	386.54	5.00	10.00	0.13
2012	杨树	1045.65	13.51	35.28	0.46

虽然青海省森林类型比较简单，仍不可能也没有必要为所有树种建立立木生物量模型，只对资源数量相对较多、分布范围相对较广的树种，才考虑单独建立模型，其他树种考虑合并建模。按照下列优先原则将不同优势树种归并建模：ⅰ青海历次"连清"不同树种形态中蓄积量、面积排在前列的树种(组)优先；ⅱ生境有很大差异的树种优先；ⅲ与青海省一元、二元材积表中涉及的立木建模总体优先；ⅳ近年来青海省大力发展的用材树种优先；根据上述原则进行优势树种归并，并确定立木生物量建模总体。

表 10-4　青海立木生物量建模总体表

序号	建模总体	包含树种
1	云杉、冷杉	云杉、冷杉
2	落叶松	落叶松
3	油松	油松
4	柏木	柏木、侧柏等
5	硬阔	高山栎、斜栎、石栎、丝栗、青冈、木荷等
6	桦木	红桦、白桦、糙皮桦等
7	杨树	山杨、白杨等
8	华山松	华山松
9	软阔	椴树、檫木、槭树等

②样地优势树种平均样木树高模拟

利用青海"连清"样地中优势树种(组)样地胸径测定其树高，本研究中涉及的树高及各组分生物量模型如表 10-5 及表 10-6 所示。

表 10-5　青海立木树高模型表

建模总体	模型
云杉、冷杉	$H = 46.260 * ((1 - \exp(-0.017 * D))^{\wedge}0.922)$
落叶松	$H = 17.710/(1 + \exp(1.816 - 0.188 * D))$
油松	$H = 17.710/(1 + \exp(1.816 - 0.188 * D))$
柏木	$H = 23.649 * ((1 - \exp(-0.020 * D))^{\wedge}0.714)$
栎类、硬阔	$H = 24.7636/(1 - 0.472312 * \exp(-0.085921 * D)^{\wedge}(1/-0.163019))$
桦木	$H = 24.227 * ((1 - \exp(-0.043 * D))^{\wedge}0.796)$

（续）

建模总体	模型
杨树	$H = 23.992 * ((1 - \exp(-0.044 * D))^{\wedge}0.782)$
华山松	$H = 17.710/(1 + \exp(1.816 - 0.188 * D))$
软阔、杂木	$H = 23.992 * ((1 - \exp(-0.044 * D))^{\wedge}0.782)$

表 10-6　青海立木生物量建模模型表

建模总体	自变量	树干 a	树干 b	树枝 a	树枝 b	树叶 a	树叶 b	果实 a	果实 b	树根 a	树根 b
云杉、冷杉	D2H	0.0478	0.8665	0.0122	0.8905	0.265	0.4701			3.3756	0.2725
落叶松	D2H	0.0478	0.8665	0.047428	0.618	0.0399	0.5661			0.0019	1.0951
油松	D2H	0.2059	0.9359	0.00169	1.1242	0.004855	0.8812	0.00602	0.8812	0.008603	0.9204

表 10-7　青海立木生物量建模模型表

建模总体	自变量	树干 a	树干 b	树枝 a	树枝 b	树叶 a	树叶 b	果实 a	果实 b	树根 a	树根 b
柏木	D2H	0.2738	0.6912	0.0061	0.9455	0.0042	0.8986			8.7356	0.2274
栎类、硬阔	D2H	0.02364	0.9679	0.00787	1.0013	0.03484	0.605	0.0385	0.7156	0.5466	0.8144
桦木	D2H	0.2232	0.9631	0.00272	1.0903	0.02002	0.6104	0.00293	0.9682	0.3779	0.7692
杨树	D	0.006	1.098	0.001	1.157	0.012	0.685			0.083	0.636
华山松	D2H	0.04294	2.4567	0.026	2.438	0.0121	2.0955	0.0184	2.0589	0.002223	3.076
软阔、杂木	D2H	0.05527	0.8576	0.02425	0.7908	0.0545	0.4574			0.1145	0.6328

③样地特点

青海省四期的"连清"样地的信息（如表 10-8 所示），各年样地数量逐渐增加，立木数据各年均有所增长。1998 年、2003 年、2008 年及 2012 年的资源清查分别调查样地 973、1369、1476 和 1598 个，调查样木 46279、52229、55045 和 56299 株。样地内立木的平均胸径为 15.68cm、15.71cm、16.03cm 和 16.54cm；平均树高分别为 11.31m、11.18m、11.33m 和 11.55m。

表 10-8　青海样地个数及立木信息表

年份	优势树种	平均胸径(cm)	平均树高(m)	样地个数	立木株数
1998	云杉、冷杉	18.04 ± 8.71	12.68 ± 4.04	354	21206
1998	油松	12.61 ± 2.14	10.79 ± 1.43	7	471
1998	柏木	17.09 ± 7.28	9.37 ± 2.23	255	9334
1998	栎类、硬阔	14.57 ± 6.95	11.72 ± 3.79	26	814
1998	桦木	11.91 ± 4.7	11.11 ± 2.44	70	4182
1998	杨树	12.31 ± 6.16	11.37 ± 2.57	261	10272
2003	云杉、冷杉	18.13 ± 8.5	12.75 ± 4.12	421	21786
2003	落叶松	15.40 ± 6.92	11.93 ± 3.96	3	99
2003	油松	13.98 ± 4.57	11.55 ± 2.99	15	536
2003	柏木	15.99 ± 7.1	8.99 ± 2.29	447	12584
2003	砾类、硬阔	13.44 ± 5.42	10.81 ± 2.86	44	1059
2003	桦木	12.91 ± 5.49	11.63 ± 2.63	106	4542
2003	杨树	13.55 ± 6.4	12.01 ± 2.77	333	11623
2008	云杉、冷杉	18.14 ± 8.53	12.72 ± 4.15	441	22860
2008	落叶松	14.6 ± 6.98	11.78 ± 3.25	4	208
2008	油松	14.12 ± 4.52	11.56 ± 2.90	14	580
2008	柏木	16.40 ± 7.09	9.15 ± 2.25	485	13591
2008	栎类、硬阔	13.78 ± 6.65	10.39 ± 3.82	12	338
2008	桦木	13.24 ± 5.93	11.78 ± 2.76	114	4852
2008	杨树	14.22 ± 6.66	12.30 ± 2.80	406	12616
2013	云杉、冷杉	18.38 ± 8.54	12.83 ± 4.15	463	23491
2013	落叶松	13.40 ± 5.89	11.42 ± 2.75	6	197
2013	油松	14.24 ± 4.44	11.63 ± 2.74	16	669
2013	柏木	16.74 ± 7.17	9.28 ± 2.26	536	15108
2013	栎类、硬阔	15.76 ± 5.90	11.82 ± 2.49	11	331
2013	桦木	13.37 ± 6.42	11.80 ± 2.81	125	5469
2013	杨树	15.41 ± 6.84	12.89 ± 2.85	441	11034

④立木特点

直径分布是林分内林木大小的分配状态，将直接影响到树木的树高、干形、材积、材种、树冠等因子。从森林经营管理角度来看，林分直径分布不仅能直接检验经营的效果，作为判断抚育间伐时期的依据，也能反映林分的生态利用价值。本研究对历年森林资源清查的每木检尺数据进行了整理，直径分布结果如图10-11所示。从图中可以看出，各年调查结果较为一致，青海森林直径分布呈现出明显的倒J分布特征。林分中小树占森林中的大多数，中等大小的树木占的比例较少，大树占的比例很低。

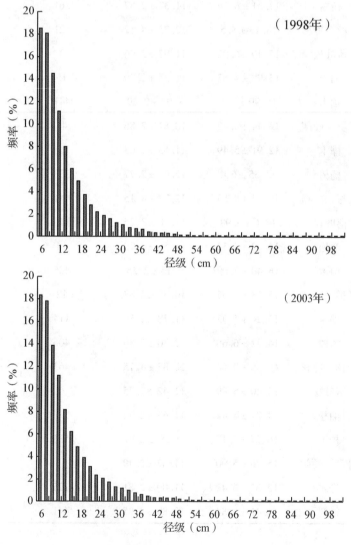

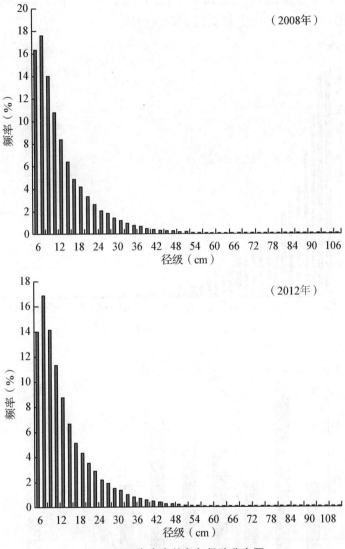

图 10-11　青海森林各年径阶分布图

为研究不同树种的直径分布特点及其动态变化，将 1998 年各树种的直径分布与 2012 年调查的结果做了对比，结果如图 10-12 和 10-13 所示。从图中可以看出，云杉、冷杉、柏木、桦木、杨树的径级分布均呈现出了倒 J 型，说明这些树种从 1998～2012 年保持了稳定的发展势头，决定了未来该树种在森林中的优势地位。而落叶松的径级分布从 1998～2012 年发生了较大的变化，6cm 径级的频率从 10% 左右增加到 20%，比例翻一番，也为未来落叶松在森林中的健康生长提供了后续保障。

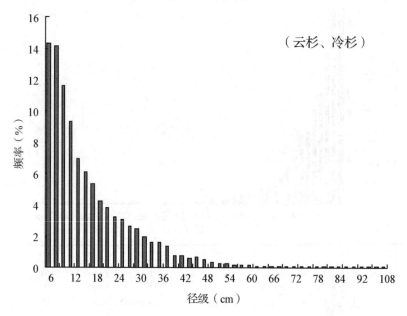

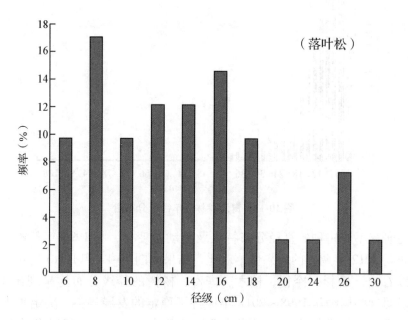

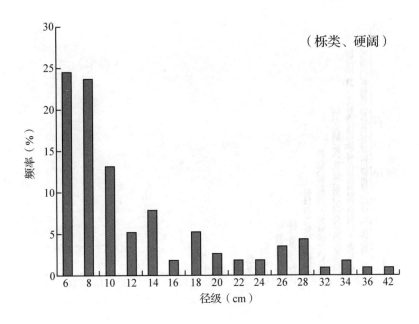

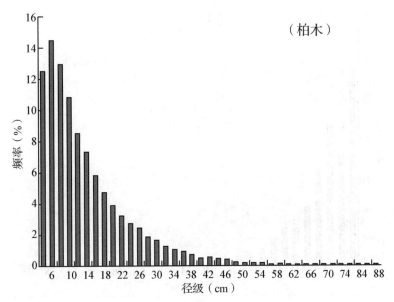

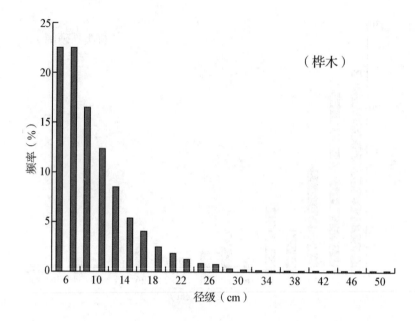

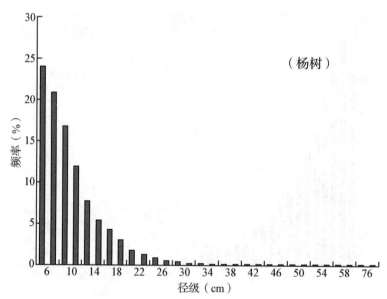

图 10-12　1998 年青海森林胸径分布频率图

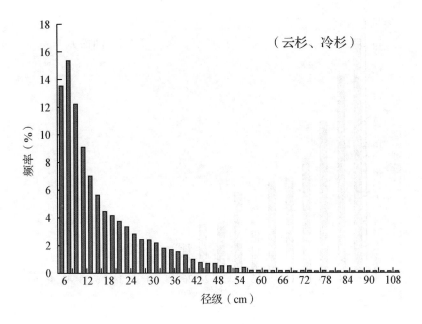

（云杉、冷杉）

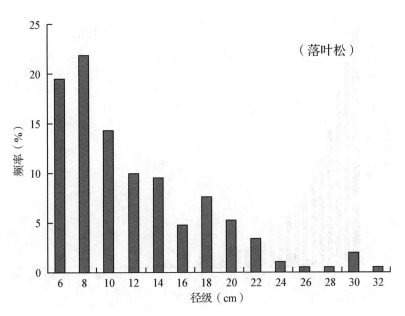

（落叶松）

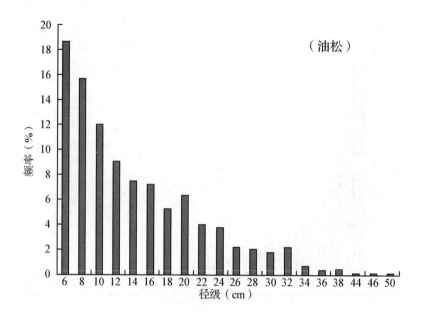

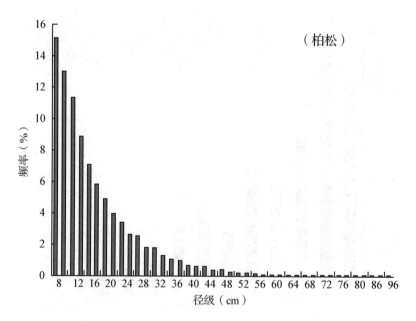

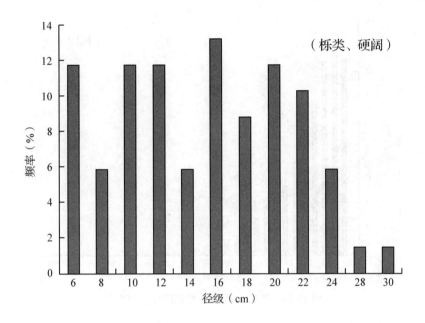

（栎类、硬阔）

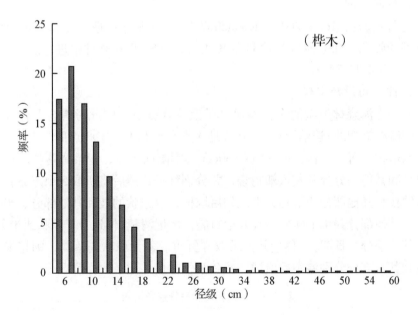

（桦木）

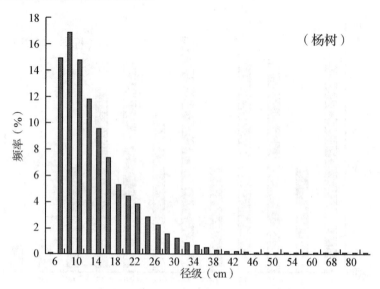

图 10-13　2012 年青海森林胸径分布频率图

⑤数据整理

实验数据在 Access2007、Excel2007 软件中进行整理、计算；生物量回归模型的筛选、建立及统计检验在 R 语言、SPSS19.0 软件中进行。

（2）乔木凋落物层

1）样点布设及采样

有关青海森林类型的有关科研文献及论述很少，因此考虑合并建模。选择不同森林类型的"连清"样地，在样地 4 个角点和 1 个中心点周围 1m 范围内收集凋落物，每个点首先用 30cm×30cm 的钢圈向下压，记录凋落物厚度，挑拣出枝和其他部分分开装入塑封袋，并分别称重，然后将所取 5 个点原状、半分解的枝和其他部分凋落物分别混匀后取样，取原状的枝和其他部分、半分解的枝和其他部分共 4 个样分别装入塑封袋，标记清楚(样地号、原状或半分解、枝或其他部分、日期)，称量并记录取样鲜重。若无原状凋落物，则将半分解的枝和其他部分分别混匀后取样，共 2 个，称量并记录取样鲜重。

表 10-9　林分凋落物采样点布设表

类型	林分类型	主要区域
针叶林	青海云杉、祁连圆柏、青杆、油松、川西云杉	乌兰县、互助县、玉树县、尖扎县、门源县、班玛县、玛沁县
阔叶林	糙皮桦、山杨、青杨	循化县、民和县、互助县、班玛县

2）数据整理

野外调查和室内分析获得各调查样方的基础数据，整理后得到凋落物现存生物量密度（吨/公顷）与经纬度、海拔、样地平均胸径、样地平均树高、样地蓄积量、密度、郁闭度、灌木地上生物量、凋落物厚度。

3）回归模型筛选与建立

根据不同森林类型凋落物相关测定指标，采用不同的模型形式建立凋落物量与相关因子之间的拟合回归模型。

4）乔木树种植物含碳率测定

①测定结果

根据《青海省森林碳汇潜力评估及优先发展区域规划研究》报告中不同乔木树种含碳率测定结果中可知，不同乔木树种含碳率不同，松类含碳系数最高为51.84%，其次为柏木类，含碳系数为50.88%，杨树、软阔、杂木的含碳系数最低为45.02%。

表 10-10　青海省优势树种含碳系数表

序号	优势树种	含碳系数
1	云杉、冷杉	0.4994
2	落叶松	0.5184
3	油松	0.5184
4	柏木	0.5088

表 10-11　青海省优势树种含碳系数表

序号	优势树种	含碳系数
5	砾类、硬阔	0.4798
6	桦木	0.5055
7	杨树	0.4502
8	华山松	0.5184
9	软阔、杂木	0.4502

②凋落物含碳量

本研究对青海省森林凋落物取样，测定其含碳量，部分树种含碳系数测定结果如表10-12所示。其中,以祁连圆柏含碳量最大,均值达0.479t/hm²,最大值达0.867t/hm²。川西云杉含碳量最低,均值为0.018t/hm²,最大值仅为0.02t/hm²。

表10-12 青海省森林凋落物含碳系数表

调查树种	均值(吨/公顷)	最小值(吨/公顷)	最大值(吨/公顷)
糙皮桦	0.193	0.055	0.486
川西云杉	0.018	0.015	0.021
祁连圆柏	0.479	0.039	0.867
青海云杉	0.117	0.020	0.337
青杆	0.161	0.077	0.318
青杨	0.098	0.087	0.108
山杨	0.256	0.021	0.993
油松	0.233	0.154	0.389
云杉	0.086	0.004	0.248

5)乔木土壤有机碳

①数据处理

根据野外样方土壤剖面各层土重和土壤含碳率计算得到森林资源连续清查样地中1米深样地土壤碳密度,建立土壤有机碳密度与样地地上碳密度、相关气象因子、空间信息的回归模型。

②研究结果

为了得到青海省土壤有机碳的空间分布,建立采样测得的土壤有机碳含量与气候、地形等因子的相关关系,以求更好的模拟土壤有机碳的空间分布特点,结果如表10-13所示。从表中可以发现,土壤有机碳与地上生物量表现出了显著的相关性(r=0.415),而且,地上生物量越大,土壤有机碳含量越高,表现出了明显的正相关关系。另外,与降水因子表现为明显的负相关关系,与全年降水量的相关性为-0.355,与7月降水量相关性为-0.339。

表10-13 青海省森林土壤有机碳含量与环境因子的相关关系表

变量	相关性	显著度
土壤有机碳 & 地上生物量	0.415	0.039
土壤有机碳 & 经度	0.248	0.231

（续）

变量	相关性	显著度
土壤有机碳 & 纬度	0.225	0.280
土壤有机碳 & 海拔	−0.213	0.308
土壤有机碳 & NDVI	0.225	0.279
土壤有机碳 & NPP	0.030	0.888
土壤有机碳 & 叶面积指数	−0.068	0.748
土壤有机碳 & 坡度	−0.160	0.445
土壤有机碳 & 坡向	−0.193	0.355
土壤有机碳 & 全年降水	−0.355	0.081
土壤有机碳 & 1 月降水量	−0.228	0.273
土壤有机碳 & 7 月降水量	−0.339	0.098
土壤有机碳 & 年均温	0.261	0.208
土壤有机碳 & 1 月均温	0.189	0.365
土壤有机碳 & 7 月均温	0.277	0.179
土壤有机碳 & 相对湿度	−0.117	0.579
土壤有机碳 & 1 月相对湿度	0.159	0.449
土壤有机碳 & 7 月相对湿度	−0.275	0.183

选取多因子采用"逐步回归"的方法得到最优回归模型式：土壤碳密度 $= -77.76 + 0.8488 * VEG + 32.696 * \sin(A) + 208.844 * NDVI - 0.267 * PREC + 0.0379 * elev (R2 = 0.65)$，"逐步回归"相关参数见下表。其中，VEG 是地上生物量，A 为坡向，NDVI – 归一化植被指数，PREC 为降雨量（mm），elev 为海拔（m）。

表 10-14　多因子与土壤有机碳密度拟合回归模型总结表

Model	R^2	公式
soilM1	0.2386	$37.55 * \ln(VEG) - 0.77 * PREC7 + 77.5$
soilM2	0.2852	$0.95 * VEG - 0.21 * PREC + 168.1$
soilM3	0.2873	$1.105 * VEG - 1425.45 * lon + 7.17 * lon^2 - 2.18 * SLOPE + 70933.7$

（续）

Model	R²	公式
soilM4	0.3774	1.1919 * VEG + 66.3376
soilM5	0.4138	0.82 * VEG − 3.08 * SLOPE + 152
soilM6	0.4547	0.80 * VEG − 3.40 * SLOPE + 208.86 * NDVI + 2.36
soilM7	0.4552	0.8491 * VEG + 33.8958 * sinA + 80.4166
soilM8	0.489	63.57 * sinA − 4.49 * RHU + 369.86

表10-15 多因子与土壤有机碳密度拟合回归模型总结表

Model	R²	公式
soilM9	0.5026	1.3 * VEG − 1151.7 * lon + 5.75 * I(lon^2) + 469.2 * lat − 6.66 * lat² − 1.69 * SLOPE + 49532.1
soilM10	0.5107	1.12 * VEG − 2.45 * SLOPE + 129.1
soilM11	0.5132	1.26735 * VEG − 0.18241 * PREC + 144.03604
soilM12	0.5497	1.23 * VEG + 186.6 * NDVI − 0.19 * PREC + 9.90
soilM13	0.5589	1.24 * VEG − 0.19 * PREC + 152.4
soilM14	0.5769	0.95822 * VEG + 30.03679 * sinA − 0.16941 * PREC + 150.97433
soilM15	0.5998	1.025 * VEG + 29.05 * sinA − 1.81e−4 * PREC² + 111.5
soilM16	0.6148	1.4 * VEG − 2.547e−04 * PREC² + 239.4 * NDVI − 0.59 * Tavg² − 56.82
soilM17	0.6178	0.96 * VEG + 34.4 * sinA − 2.328e−04 * PREC² + 0.026 * elev + 44.5
soilM18	0.6195	0.88 * VEG + 0.034 * elev + 30.32 * sinA + 182.6 * NDVI − 0.26 * PREC − 47.98
soilM19	0.6516	−77.76 + 0.8488 * VEG + 32.696 * sin(A) + 208.844 * NDVI − 0.267 * PREC + 0.0379 * elev

VEG：地上生物量，SLOPE：坡度，PREC：降雨量

（2）灌木林

1）生物量测定

灌木林生物量调查样地布设考虑不同灌木林类型生物量差异及"连清"统计成果资料的适用性，紧密结合"连清"样地调查资料，采取森林资源资料分析、文献调研和野外调查相结合的方法布设调查灌木林样地（表10-16）。

表 10-16　灌木林样地分布情况表

所在县域	优势灌木种	土壤类型	土层厚度（厘米）	样地数量（个）
化隆	金露梅	山地草甸土	60	3
门源	金露梅	高山草甸土	100	1
共和	金露梅	山地草甸土	100	1
杂多	西藏沙棘	高山草甸土	10	1
互助	红花杜鹃	山地草甸土	100	1
互助	青海杜鹃	山地草甸土	100	1
互助	山生柳	山地草甸土	70	1
互助	裂香杜鹃	山地草甸土	70	1
互助	金露梅	山地草甸土	50	1
互助	金露梅	山地草甸土	50	1
互助	绣线菊	山地草甸土	50	1
曲麻莱	金露梅	山地草甸土	100	1
祁连	藏沙棘	草甸土	30	1
班玛	千里香杜鹃	草甸土	40	1
久治	山生柳	草甸土	50	1

表 10-17　灌木林样地分布情况表

所在县域	优势灌木种	土壤类型	土层厚度（厘米）	样地数量（个）
达日	山生柳	草甸土	70	2
达日	锦鸡儿	草甸土	70	2
共和	盐爪爪	山地草甸土	30	1
共和	细枝盐爪爪	山地草甸土	30	1
乌兰	细枝盐爪爪	风沙土	100	1
乌兰	细枝盐爪爪	风沙土	100	1
德令哈	盐爪爪	石质土	30	1
德令哈	盐爪爪	草甸土	70	3
德令哈	盐爪爪	草甸土	70	3

①样方设置及采样

青海省灌木类型多样，灌木种类繁多，根据灌木林优势种不同特点进行调查和取样：对于分枝明显的大型灌木类型，按照株(丛)数查数、标准株法累加，计算该类型单位面积生物量建立生物量模型；对于密集型分枝不明显的小型灌木类型，采用样方"收获法"调查生物量，建立该类型单位面积生物量建立生物量模型。

ⅰ群落调查：在每个5m×5m的样方内，对灌木层进行详细调查。对全部灌木进行每木调查，逐株(丛)记录其种名、高度、基围、冠幅，如果植株高度足够，还需量测胸围，并记录其群落生长期(如花前营养期、花蕾期、开花期、果期、果后营养期、枯死期)。对于不能当场鉴定的植物需要当场采集标本。

ⅱ生物量野外测定：此类型群落的灌木层地上生物量由标准株法获得。在样方外临近样方的位置，对优势种物种按照不同等级的基茎选取3~5株标准株(丛)测量其基围、高度和冠幅，并在收割后分部位(根、茎、叶，如能区分还应划分当年小枝)，收割时需全根挖出，尽量收集完整；如根系过深(超过2m)，采2m深并估算剩余根系生物量后进行校正。根系挖出后，清除所有非根系物质(在有水的地方冲洗干净后晾干)，对各部分称重并取样(样品多于100g取样100g)，装入布袋(15cm×20cm)中保存，带回实验室烘干称重，以构建测量因子与生物量之间的关系，并利用群落调查的测量因子推算样地的地上生物量。并记录各标准株的根深和根长。

ⅲ灌木层植物样品：每个样地收集所有灌木种的样品，如果灌木物种在5个以内，所有种分种，如灌木种在5个以上，选取优势度前5的物种分种取样，其他种可混合。植物样品包括：根、茎＋枝＋花果、叶、当年小枝。如果所有项目齐全，物种丰富，灌木层植物采集样品数量为：24个样品＝(5＋1)×4＝(5个优势种＋1个其他种)×4(根、茎、叶、当年小枝)，每个样品重约100g。对于类型A和C，收集物为标准株(丛)；对于类型B，收集物为3个收获样方分种混合后取样；所有样品在杀青处理后，带回实验室分析。

②生物量测定

灌木林样品生物量测定方法与乔木林样品测定方法相同。

③土壤样品

灌木林土壤碳密度计算方法与乔木林样品计算方法相同。

④回归模型筛选与建立

灌木地上生物量碳密度与环境因子、遥感数据及灌木林的调查内容因子建立多元线性逐步回归，取得灌木地上生物量碳密度拟合回归方程。

2）研究结果

①不同灌木类型生物量

通过样品测定成果，推算不同灌木类型单位面积生物量，表 10-18 表明：不同灌木类型生物量平均值为 3.04t/hm²，不同灌木类型之间差异较大，平均值变化范围 0.72～5.06t/hm²，其中锦鸡儿、山生柳单位面积生物量较高，分别为 5.06t/hm²、4.63t/hm²，植被各部分碳密度见下表 10-18。

表 10-18 灌木植被各部分生物量表（吨/公顷）

灌木优势种	样品数量	叶碳密度	茎碳密度	根碳密度	生物量碳密度
金露梅	8	1.02	2.44	3.61	2.36
沙棘	2	1.03	2.48	8.01	3.84
杜鹃	4	0.63	5.19	4.11	3.31
山生柳	3	0.69	7.92	5.29	4.63
绣线菊	3	0.61	2.89	0.59	1.36
锦鸡儿	3	1.02	9.41	4.74	5.06
盐爪爪	8	0.17	0.29	1.69	0.72

②灌木林生物量回归模型

采用"逐步回归"的方法建立灌木生物量碳密度与环境因子（与森林土壤有机碳密度中的环境因子相同）得到最优回归模型式：生物量碳密度 = 10.62 * NDVI + 0.0059 * DEM − 18.94（R^2 = 0.71）（表 10-19）其中，NDVI 为 2013 年归一化植被指数最大值，DEM 为海拔。

表 10-19 灌木生物量碳密度初始化方程表

模型	R^2	方程
1	0.48	13.66 * NDVI − 0.63
2	0.71	10.62 * NDVI + 0.0059 * DEM − 18.94

3）植物含碳率和凋落物层

①研究方法

灌木植被和凋落物含碳率测定方法与乔木林样品测定方法相同。

表 10-20　植物各器官碳密度占生物量碳密度的比例表

灌木种	叶碳密度/ 生物量碳密度	茎碳密度/ 生物量碳密度	根碳密度/ 生物量碳密度	凋落物碳密度/ 生物量碳密度
金镂梅	0.20	0.29	0.53	
沙棘	0.10	0.18	0.72	
杜鹃	0.06	0.52	0.42	0.15
山生柳	0.05	0.57	0.38	
绣线菊	0.15	0.71	0.14	
锦鸡儿	0.07	0.62	0.31	
盐爪爪	0.12	0.41	0.47	

②研究结果

青海灌木类型多样，种类繁多，所以不可能分种建立植被含碳率和凋落物的回归模型，故通过各个优势树种的叶、茎、根与地上生物量的比例获得灌木叶、茎和根的碳密度三部分初始化信息。所有灌木类型的凋落物碳与生物量碳的比例获得凋落物碳密度的初始化方程（表 10-20）。

4）土壤有机碳

①研究方法

灌木林土壤有机碳研究方法与乔木林有机碳研究方法相同。

②研究结果

采用"逐步回归"的方法建立灌木土壤碳密度与环境因子（与森林土壤有机碳密度中的环境因子相同）得到最优回归模型：土壤碳密度 = 159.38 * LAI678 + 4.93 * SLOPE + 51.95（$R^2 = 0.87$）（表 10-21）。其中，LAI678 为生长季的叶面积指数，SLOPE 为坡度。

表 10-21　灌木土壤碳密度初始化方程表

模型	R^2	方程
1	0.74	154.17 * LAI678 − 11.35
2	0.87	159.38 * LAI678 + 4.93 * SLOPE + 51.95

三、模型验证

(一)森林

根据青海省一类清查资料，计算青海省 843 个一类清查样地的多期(1998，2003，2008，2013 年)生物量碳储量，包括乔木各部分根、干、枝、叶碳库。并利用森林土壤碳密度模型计算了对应森林一清样地的地下土壤碳库，作为调试模型的基础数据。在此基础上，进行了模型的调试和验证。使模型的生长能够和实测生长相一致。模拟中将所有树种分为 7 类，对比实测树木生长和模拟生长。验证结果表明，对森林模拟与实际森林生长一致性较高。树叶碳库多年平均 2.40t C/ha，预测值为 2.66t C/ha，R^2 为 0.89(0.824 ~ 0.957)，树干生物量实测值为 30.09t C/ha，预测值为 33.01t C/ha。R^2 为 0.92 (0.838 ~ 0.998)，不同树种具有一定的差异。验证结果表明，在树叶碳库较高(>8t C/ha)森林生态系统中模拟结果偏低，在较低(<8t C/ha)树叶碳库样地中模拟结果比较合理。树干碳的模拟结果整体上一致性较高，与实际结果差异较小。但是树干碳对整体碳库的影响最大，因此，也表明森林生态系统模拟结果比较合理。如图 10-14，10-15。

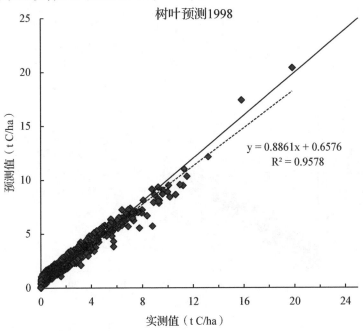

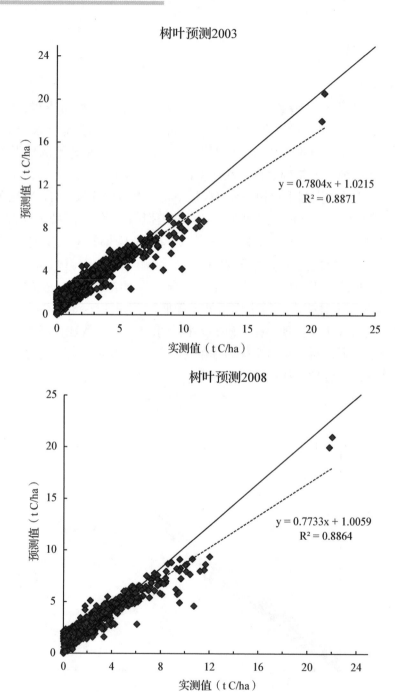

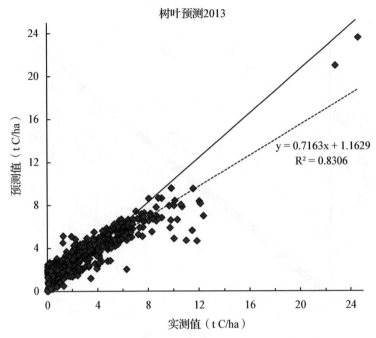

图 10-14　森林树叶碳实测与预测值图（1998，2003，2008，2013 年）

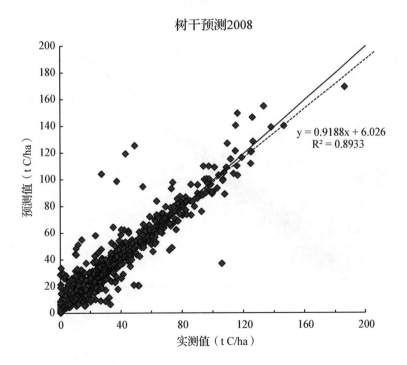

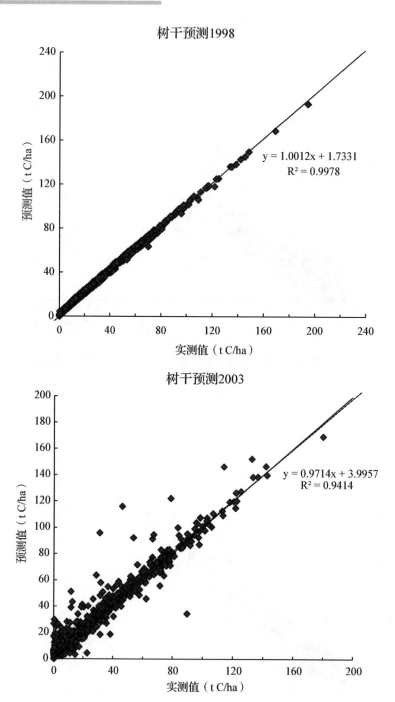

树干预测1998

$y = 1.0012x + 1.7331$
$R^2 = 0.9978$

预测值（t C/ha）

实测值（t C/ha）

树干预测2003

$y = 0.9714x + 3.9957$
$R^2 = 0.9414$

预测值（t C/ha）

实测值（t C/ha）

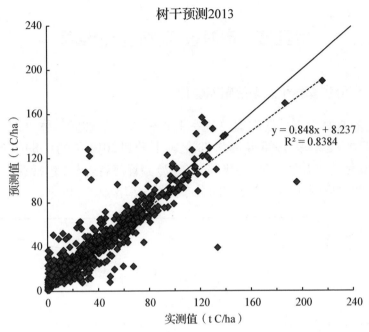

图 10-15　森林树干碳实测与预测值图（**1998，2003，2008，2013 年**）

（二）灌木

　　利用海北通量数据，对灌木类型进行验证。海北站 2003～2005 年均 NEE 通量为 56.4g C/m²，预测通量为 69.3g C/m²。预测值偏高 22.9%。在时间序列上 2003 年生长季的 NEE 低于实测值，其他年份预测值与实测值有一定偏移，最高值偏低，生长季刚开始时偏高。导致整体略高。对于灌木的模拟整体效果较好。如图 10-16。

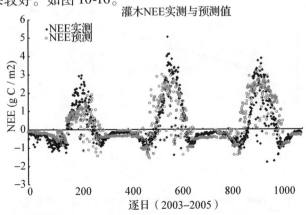

图 10-16　灌木碳通量实测与预测值验证图

第四节　青海省森林碳计量结果

一、青海省森林生态系统碳库变化

青海省森林生态系统碳库总量在 1998～2012 年期间总体呈现明显上升趋势。其中乔木林从 1998 年的 0.78 亿吨上升到 2012 年的 0.89 亿吨，灌木林从 8.36 亿吨上升到 8.79 亿吨(图 10-17)。青海省森林(包括乔木和灌木)总碳碳密度 1998 年和 2012 年空间分布如图 10-18 及图 10-19。

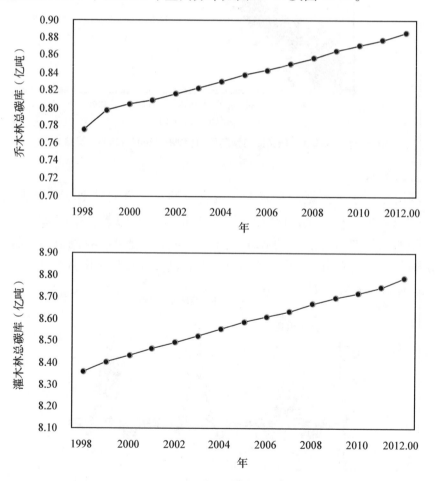

图 10-17　1998～2012 青海省乔木林和灌木林总碳库总量变化趋势

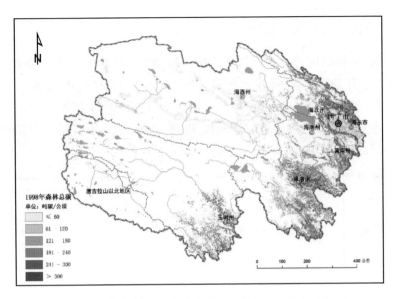

图 10-18 青海省 1998 年森林生态系统总碳库空间分布图

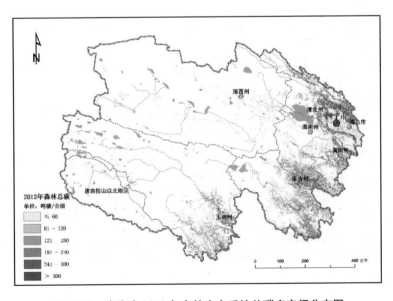

图 10-19 青海省 2012 年森林生态系统总碳库空间分布图

二、青海省植物碳库总量变化

青海省植物碳库总量（根、茎、叶、凋落物）在 1998～2012 年期间总体呈现明显上升趋势。其中乔木林从 1998 年的 0.17 亿吨上升到 2012 年的 0.28 亿吨，灌木林从 0.61 亿吨上升到 0.96 亿吨（图 10-20）。青海省森林（包括乔木和灌木）生物量总碳碳密度 1998 年和 2012 年空间分布如图 10-21 和图 10-22。

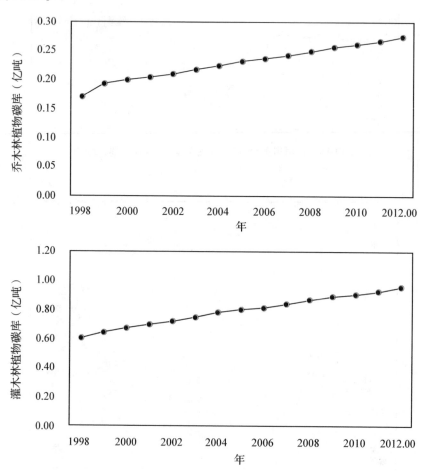

图 10-20 青海省 1998～2012 年乔木林和灌木林植物碳库变化趋势

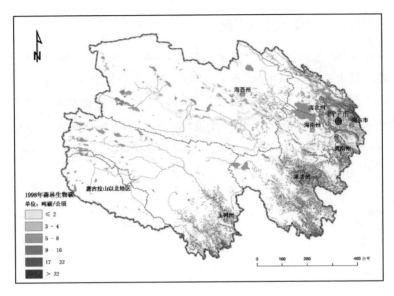

图 10-21　青海省森林生物量碳 1998 年空间分布图

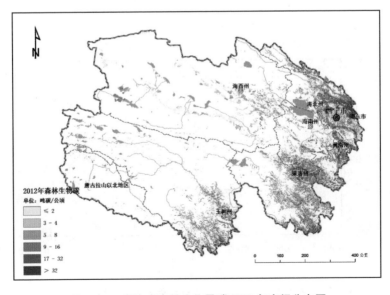

图 10-22　青海省森林生物量碳 2012 年空间分布图

三、青海省土壤碳库总量变化

青海省森林生态系统土壤碳库总量在 1998～2012 年期间总体呈现明显上升趋势。其中乔木林从 1998 年的 0.605 亿吨上升到 2012 年的 0.611 亿吨，灌木林从 7.76 亿吨上升到 8.83 亿吨（图 10-23）。青海省森林生态系统土壤碳库 1998 年和 2012 年碳密度空间分布图分别见图 10-24 和图 10-25。

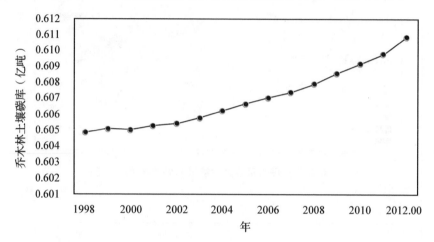

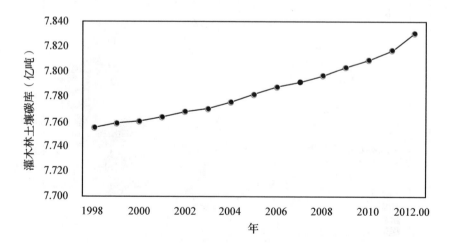

图 10-23 青海省乔木和灌木林土壤碳库 1998～2012 年变化趋势

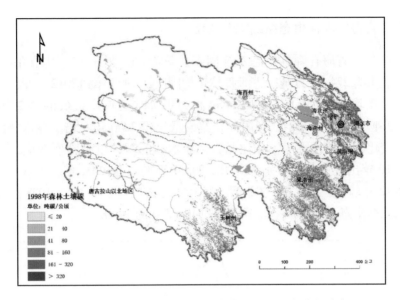

图 10-24　青海省森林生态系统土壤碳密度 1998 年空间分布图

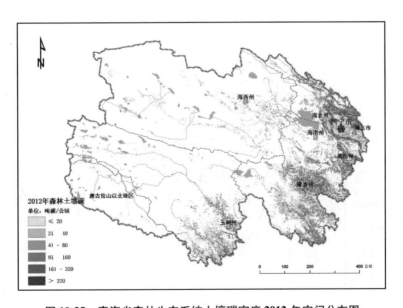

图 10-25　青海省森林生态系统土壤碳密度 2012 年空间分布图

四、青海省森林生态系统碳汇变化

2012 年，青海省森林生态系统固碳总量为 350.96 万吨，其中乔木 76.08 万吨，灌木为 274.88 万吨。青海森林年均固碳从 1998 年到 2012 年呈波动变化的趋势，年均 251.7 万吨。2003 年最高为 390.81 万吨。最低的是 2006 年为 37.09 万吨。最高值出现在 2003 年，是最低年份 2006 年 9 倍。乔木林的固碳年际间变化动态波动不大。相比而言，灌木林的固碳量则剧烈变化，在 2006 年和 2010 年出现低谷，分别为 1.12，29.01 万吨。在 1999 年、2003 年、2008 年和 2012 年较高，最高是 2003 年，为 316.15 万吨(图 10-26)。1998 年和 2012 年青海森林生态系统碳汇空间分布见图 10-27 和图 10-28。

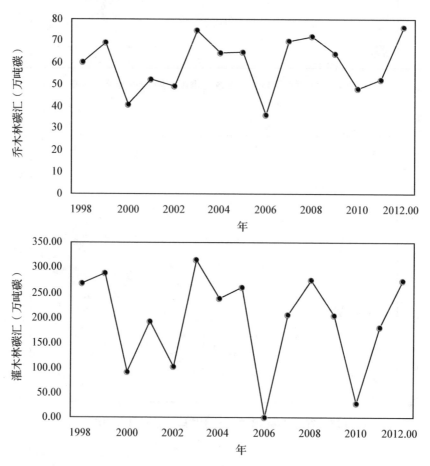

图 10-26　青海省乔木和灌木生态系统碳汇 1998 – 2012 时间变化趋势

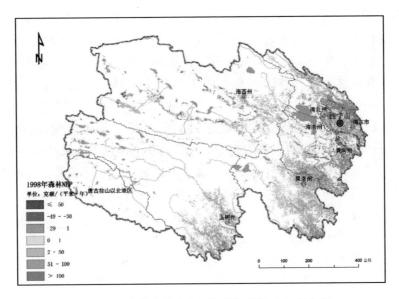

图 10-27　青海森林生态系统碳汇 1998 年空间分布

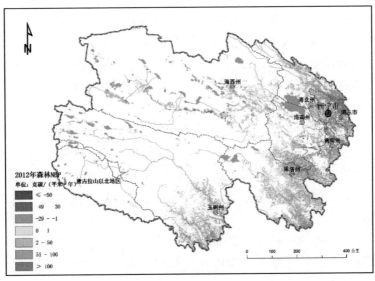

图 10-28　青海森林生态系统碳汇 2012 年空间分布图

五、计量结果分析与应用

研究结果表明，青海省森林碳库（灌木生态系统和乔木生态系统）总量从 1998～2012 年呈现逐年上升的趋势，其碳库总量多年平均为 9.42 亿吨。青海省森林生态系统具有较大的碳汇潜力，年均固碳量从 1998～2012 年呈波动上升趋势，年均 251.7 万吨。在青海森林固碳总量来看，灌木林年均固碳远大于乔木林，占森林固碳总量的 74% 以上。从空间分布看，青海省森林固碳主要分布在青海省东部地区。青海省森林植被碳汇能力不断增强，储碳能力将随森林面积的增加逐渐增加，结合青海省实施的天然林资源保护工程、退耕还林(草)工程进行森林植被保护、退化森林生态系统的恢复重建，能够显著增加青海森林植被的碳汇功能，其固碳能力将不断提高，特别是以幼龄林和中龄林为主的林地，如果加以更好地抚育和管理，森林植被的固碳潜力仍然有较大的增长空间。

森林是陆地生态系统中重要碳库之一，其在降低温室气体浓度、减缓全球变暖中具有不可替代的作用。在过去的几十年里，青藏高原处于"升温"状态，这导致青藏高原雪线上升、冰川面积减少、生物多样性降低。青海省气候严寒、植物生长缓慢，但同时其自身消耗也相对减少，经过长期的积累，森林生态系统积累了大量碳储量，对全球气候变化敏感，是气候变化的驱动器和增益器。青海生态系统系统在应对气候变化、减缓温室效应上发挥着重要作用。但同时也要认识到气候变化对生态系统碳库带来的风险，气温升高增加植物和微生物的呼吸，加速土壤有机碳的分解(Shen et al.，2015)。结果可能导致森林碳汇能力下降，局部地区也可能从碳汇转变为碳源。下一步将利用生态过程模型研究气候变化对青海省林业碳汇潜力的影响，通过定量模拟识别对气候变化敏感的碳汇区域，将为针对性地制定青海省森林生态系统碳汇管理和发展对策，生态系统适应气候变化对策等提供强有力的科技支撑。为今后开展全省森林植被碳汇功能评价和森林碳生态系统多重效益补偿机制的建立，同时也为全球变暖背景下制定减排增汇的相关区域环境决策提供参考。

青海省委、省政府把发展高原林业，治理高原生态、改善环境作为生态建设的主体，积极稳妥地开展集体林权制度改革，按照党的十八大要求建设生态文明的要求，将全省的传统林业向高原现代林业转型发展，全面协调推进生态建设的新格局。从生态建设角度来看，青海省这些生态环境保护战略与开展林业生态系统碳汇计量是不谋而合。结合森林碳汇计量和生态建设项目，增加林地面积，同时增加碳汇，可为林业生态建设找到新的融资渠道，促进生态脆弱区的生态文明建设和和谐发展。作为三江源头的青海省，地处青藏高原，是长江、黄河和澜沧江（湄公河）的源头区。全省森林资源主要以生态林为主，这些公益林发挥着涵养水源、保持水土、等重要生态系统服务作用，对我国内陆流域地区的生态稳定和经济发展及人民生活水平发挥了不可替代的作用。因此，通过开展全省林业碳汇计量为青海省引入先进技术和理念，为森林可持续经营管理以及再造林项目提供科学技术支撑。同时将为青海省正在实施的生态效益补偿机制提供科学依据，为青海的林业发展规划、生态立省战略、三江源保护工程的顺利实施以及保护成效评估提供强有力的科学依据。

参考文献

刘兴良，刘世荣，宿以明，等．巴郎山川滇高山栎灌丛地上生物量及其对海拔梯度的响应[J]．林业科学，2006，42（2）：1-7.

唐骄萍，李贤伟，赖元长，等．洪雅县退耕还林碳储量时空格局[J]．林业科学，2011，47（10）：1-6.

江泽慧，范少辉，冯慧想，等．华北沙地小黑杨人工林生物量及其分配规律[J]．林业科学，2007，43（11）：15-20.

徐小军，周国模，杜华强，等．基于 LANDSAT TM 数据估算雷竹林地上生物量[J]．林业科学，2011，47（9）：1-6.

张青，赵俊卉，亢新刚，等．基于长期历史数据的直径结构预测模型[J]．林业科学，2010，46（9）：182-185.

李海奎，法蕾．基于分级的全国主要树种树高-胸径曲线模型[J]．林业科学，2011，47（10）：83-90.

杨玉盛，陈光水，王义详，等．格氏栲人工林和杉木人工林碳库及分配[J]．林业科学，2006，42（10）：43-47.

杨玉盛，陈光水，王义详，等．格氏栲人工林和杉木人工林碳吸存与碳平衡[J]．林业科学，2007，43（3）：113-117.

马泽清，刘琪璟，徐雯佳，等．江西千烟洲人工林生态系统的碳蓄积特征[J]．林业科学，2007，43（11）：1-7.

刘洋，张健，冯茂松．巨桉人工林凋落物数量、养分归还量及分解动态[J]．林业科学，2006，42（7）：1-9.

田大伦，王新凯，方晰，等．喀斯特地区不同植被恢复模式幼林生态系统碳储量及其空间分布[J]．林业科学，2011，47（9）：7-14.

汪金松，范秀华，范娟，等．林木竞争对臭冷杉生物量分配的影响[J]．林业科学，2012，48（4）：14-20.

莫菲，王彦辉，熊伟，等．六盘山华北落叶松人工纯林枯落物储量的空间变异分析[J]．林业科学，2009，45（9）：1-5.

周国模，姜培坤．毛竹林的碳密度和碳贮量及其空间分布[J]．林业科学，2004，40

(6)：20－24.

齐泽民，王开运．密度对川西亚高山针叶林缺苞箭竹种群生物量、碳及养分贮量的影响[J]．林业科学，2008，44(1)：7－12.

张国斌，刘世荣，张远东，等．岷江上游亚高山暗针叶林的生物量碳密度[J]．林业科学，2008，44(1)：1－6.

李根，周光益，吴仲民，等．南岭小坑木荷群落地上生物量[J]．林业科学，2012，48(3)：143－147.

康冰，刘世荣，蔡道熊，等．南亚热带杉木生态系统生物量和碳素积累及其空间分布特征[J]．林业科学，2009，45(8)：147－152.

马明东，江洪，刘跃建．楠木人工林生态系统生物量、碳含量、碳储量及其分布[J]．林业科学，2008，44(3)：34－39.

文仕知，田大伦，杨丽丽，等．桤木人工林的碳密度、碳库及碳吸存特征[J]．林业科学，2010，46(6)：15－21.

陈亮中，肖文发，唐万鹏，等．三峡库区几种退耕还林模式下土壤有机碳研究[J]．林业科学，2007，43(4)：111－114.

曾立雄，王鹏程，肖文发，等．三峡库区主要植被生物量与生产力分配特征[J]．林业科学，2008，44(8)：16－22.

汤孟平，徐文兵，陈永刚，等．天目山近自然毛竹林空间结构与生物量的关系[J]．林业科学，2011，47(8)：1－6.

杨春花，周小平，王小明．卧龙自然保护区华西箭竹地上生物量回归模型[J]．林业科学，2008，44(3)：113－123.

史培军，宫鹏，李小兵，等．土地利用/覆盖变化研究的方法与实践[M]．北京：科学出版社，2000.

赵英时．遥感应用分析原理与方法[M]．北京：科学出版社，2003.

刘纪远．中国资源环境遥感宏观调查与动态研究[M]．北京：中国统计科学技术出版社，1996.

贾海峰，刘雪华．环境遥感原理与应用[M]．北京：清华大学出版社，2006.

徐新良，刘纪远，庄大方，等．中国林地资源时空动态特征及驱动力分析[J]．北京林业大学学报，2004，26(1)：41－46.

杨存建，张洋，程曦冉，等．基于遥感和GIS的20世纪90年代后半期四川林地动态变化[J]．生态学报，2006，26(12)：4113－4119.

李秀彬．全球环境变化研究的核心领域：土地利用/土地覆被变化的国际研究动向[J]．地理学报，1996，51(6)：553－558.

高志强，刘纪远，庄大方．基于遥感和GIS的中国土地利用/土地覆盖的现状研究[J]．遥感学报，1999，3(2)：134－138.

王秀兰，包玉海．土地利用动态变化研究方法探讨[J]．地理科学进展，1999，18(1)：81－87.

张本昀，喻铮铮，刘良云，等．北京山区植被覆盖动态变化遥感监测研究[J]．地域研究与开发，2007，14(2)：179－183.

曲凯，李新运．济南市土地利用遥感动态监测研究[J]．水土保持研究，2007，14(2)：179－183.

刘建飞，杨勤科，梁伟，等．近30年来陕北黄土高原土地利用动态变化分析[J]．水土保持研究．2009，16(2)：112－116

陈利顶，傅伯杰，王军．黄土丘陵区典型小流域土地利用变化研究：以陕西延安地区大流域为例[J]．地理科学，2001，21(1)：46－51.

赵萍，傅云飞，郑刘根，等．基于分类回归树分析的遥感影像土地利用/覆被分类研究[J]．遥感学报，2005，9(6)：708－716.

张锦水，潘耀忠，韩立建，等．光谱与纹理信息复合的土地利用/覆盖变化动态监测研究[J]．遥感学报，2007，11(4)：500－510.

罗格平，周成虎，陈曦．干旱区绿洲土地利用与覆被变化过程[J]．地理学报，2003，58(1)：63－72.

朱会义，李秀彬，何书金，等．环渤海地区土地利用的时空分析[J]．地理学报，2001，56(3)：253－259.

田媛，许月卿，吴艳芳．环京津冀北贫困带土地利用/覆被变化研究[J]．水土保持研究，2012，19(1)：82－86.

王耀宗，常庆瑞，屈佳，等．陕北黄土高原土地利用/覆盖变化及生态效应评价[J]．水土保持通报，2010，30 (04)：134－137.

倪绍祥．土地利用/覆被变化研究的几个问题[J]．自然资源学报，2005，20(6)：932－937.

张连金，曾伟生，唐守正．带截距的非线性方程与分段建模方法对立木生物量估计的比较[J]．林业科学研究，2011，24(4)：453－457.

雷相东，张会儒，牟惠生．东北过伐林区蒙古栎林分相容性生物量模型研究[J]．第四纪研究，2010，30(3)：559－565.

曾伟生，唐守正．非线性模型对数回归的偏差校正及与加权回归的对比分析[J]．林业科学研究，2011，24(2)：137－143.

曾伟生，夏忠胜，朱松，等．贵州省人工马尾松立木材积和地上生物量方程研建[J]．林业科学，2011，47(3)：96－101.

明安刚，唐继新，于浩龙，等．桂西南米老排人工林单株生物量回归模型[J]．林业资源管理，2011，10(6)：83－87，93.

曾伟生，唐守正．国外立木生物量模型研究现状和展望[J]．世界林业研

刘琪璟．嵌套式回归建立树木生物量模型[J]．植物生态学报，2009，33(2)：331－337.

刘雯雯，项文化，田大伦，等．区域尺度杉木生物量通用相对生长方程整合分析[J]．中南林业科技大学学报，2010，30(4)：7－14.

惠淑荣，于洪飞．日本落叶松林分生长量Richards生长方程的建立与应用[J]．生物数学学报，2003，18(2)：204－206.

王维枫，雷渊才，王雪峰，等．森林生物量模型综述[J]．西北林学院学报，2008，23(2)：58－63.

刘恩斌，李永夫，周国模，等．生物量精确估算模型与参数辨别方法及应用[J]．生态学报，2010，30(10)：2549－2561.

陈起忠，李承彪，王少昌. 四川省主要森林建群种生长规律的初步研究[J]. 林业科学，1984，20(3)：242－251.

李佳，邵全琴，黄麟，等. 我国马尾松、杉木、湿地松生长方程研究进展[J]. 西北林学院学报，2010，25(4)：151－156.

唐守正，张会儒，胥辉. 相容性生物量模型的建立及其估计方法研究[J]. 林业科学，2000，36(z1)：19－27.

杨金明，范文义. 小兴安岭主要树种生物量的理论模型[J]. 东北林业大学学报，2011，39(3)：46－48，60.

曾伟生，唐守正. 一个新的通用性相对生长生物量模型[J]. 林业科学，2012，48(1)：48－52.

张会儒，唐守正，王奉瑜. 与材积兼容的生物量模型的建立及其估计方法研究[J]. 林业科学研究，1999，12(1)：53－59.

刘其霞，常杰，江波，等. 浙江省常绿阔叶生态公益林生物量[J]. 生态学报，2005，25(9)：2139－2144.

尹艳豹，曾伟生，唐守正. 中国东北落叶松立木生物量模型的研建[J]. 东北林业大学学报，2010，38(9)：23－26.

曾伟生，肖前辉，胡觉，等. 中国南方马尾松立木生物量模型研建[J]. 中南林业科技大学学报，2010，30(5)：50－56.

胡会峰，刘国华. 森林管理在全球 CO_2 减排中的作用[J]. 应用生态学报，2006，17(4)：709－714.

张小全. 土地利用变化和林业清单方法学进展[J]. 气候变化研究进展，2006，2(6)：265－268.

徐冰，郭兆迪，朴世龙，等. 2000～2050 年中国森林生物量碳库：基于生物量密度与林龄关系的预测[J]. 中国科学，40(7)：587－594.

方精云，朴世龙，赵淑清. CO_2 失汇与北半球中高纬度陆地生态系统的碳汇[J]. 植物生态学报，2001，25(5)：594－602.

李秀娟，周涛，何学兆. NPP 增长驱动下的中国森林生态系统碳汇[J]. 自然资源学报，2009，24(3)：491－497.

方精云. 北半球中高纬度的森林碳库可能远小于目前的估算[J]. 植物生态学报，2000，24(5)：635－638.

杨金明，范文义，李明泽，等. 长白山林区森林生物量变化定量驱动分析[J]. 应用生态学报，2011，22(1)：47－52.

蔡雪琪，孙宇，刘晓东. 川西米亚罗林区林场水平森林生物量研究[J]. 林业资源管理，2011(2)：60－64.

李娜，黄从德. 川西亚高山针叶林生物量遥感估算模型研究[J]. 林业资源管理，2008(3)：100－104.

田秀玲，夏婧，夏焕柏，等. 贵州省森林生物量及其空间格局[J]. 应用生态学报，2011，22(2)：287－294.

刘晓梅，布仁仓，邓华卫，等. 基于地统计学丰林自然保护区森林生物量估测及空间格局分析[J]. 2011, 31(16): 4783 - 4790.

沈希, 张茂震, 祁详斌. 基于回归与随机模拟的区域森林碳分布估计方法比较[J]. 林业科学, 2011, 47(6): 1 - 8.

戴铭, 周涛, 杨玲玲, 等. 基于森林详查与遥感数据降尺度技术估算中国林龄的空间分布[J]. 地理研究, 2011, 30(1): 172 - 184.

张茂震, 王广兴, 刘安兴. 基于森林资源连续清查资料估算的浙江省森林生物量及生产力[J]. 林业科学, 2009, 45(9): 13 - 16.

续珊珊, 姚顺波. 基于生物量转换因子法的我国森林碳储量区域差异分析[J]. 北京林业大学学报(社会科学版), 2009, 8(3): 109 - 114.

王新闯, 齐光, 于大炮, 等. 吉林省森林生态系统的碳储量、碳密度及其分布[J]. 应用生态学报, 2011, 22(8): 2013 - 2020.

刘辉雅, 王铮, 马晓哲. 排放与森林碳汇作用下云南省碳净排放量估计[J]. 生态学报, 2011, 31(15): 4405 - 4414.

瞿石艳, 王铮, 马晓哲, 等. 区域碳排放量的计算——以广东省为例[J]. 应用生态学报, 2011, 22(6): 1543 - 1551.

冯瑞芳, 杨万勤, 张健. 人工林经营与全球变化减缓[J]. 生态学报, 2006, 26(11): 3870 - 3877.

曹吉鑫, 田赟, 王小平, 等. 森林碳汇的估算方法及其发展趋势[J]. 生态环境学报, 2009, 18(5): 2001 - 2005.

黄从德, 张健, 杨万勤, 等. 四川人工林生态系统碳储量特征[J]. 应用生态学报, 2008, 19(8): 1644 - 1650.

周玉荣, 于振良, 赵士洞. 我国主要森林生态系统碳贮量和碳平衡[J]. 2000, 24(5): 518 - 522.

Baker J T, Laugel F, Boote K J, et al. Effects of daytime carbon dioxide concentration on dark respiration in rice [J]. Plant, Cell and Environment, 1992, 15: 231 - 239.

Ball J T, Woodrow I E & Berry J A, 1987. A model predicting stomatal conductance and its contribution to the control of photosynthesis under different environmental conditions. In Progress in Photosynthesis Research (ed J. Biggins), pp. 221 - 224. *Martinus Nijhoff Publishers*, Dordrecht, Netherlands

Bella I E, 1971. A new competition model for individual trees. *For. Sci.* 17, 364 - 372.

Biome - BGCTheoretical Basis, Theoretical Framework of Biome - BGC. 2010. http://www. ntsg. umt. edu/sites/ntsg. umt. edu/files/project/biome - bgc/Golinkoff _ BiomeBGCv4. 2 _ TheoreticalBasis_ 1_ 18_ 10. pdf

Braathe P, 1980. Height increment of young single trees in relation to height and distance of neighboring trees. *Mitt. Forstl. VersAnst.* 130, 43 - 48.

Brokaw N V L, 1982. Biotropica. 14: 158 - 160.

Bugmann H. A Review of forest gap models. *Climatic Change*, 2001, 51 (4): 259 - 305.

Campbell G S, 1985. Extinction coefficients for radiation in plant canopies calculated using an ellipsoidal inclination angle distribution. *Agric. For. Meteorol.*, 36: 317 - 321.

Canham, C. D. , A. C. Finzi, S. W. Pacala, and D. H. Burbank. 1994. Causes and consequences of resource heterogeneity in forests: Interspecific variation in light transmission by canopy trees. Can. J. For. Res. , 24: 337 – 349.

Cao, M. & F. I. Wood ward. Net primary and ecosystem production and carbon stocks of terrestrial ecosystems and their response to climate change. *Global Change Biology*, 1998, 4: 185 – 198.

Chapin F, Matson P & Mooney H, 2002. Principles of terrestrial ecosystem ecology. *Springer*

Chertov O G, Komarov A S. SOMM: A model of soil organic matter dynamics. Ecological Modelling. 1997, 94: 177 – 189.

Ciais P, Carmer W, Jarvis P, et al. 2000. Summary for policymakers // Watson R T, Noble I R, Bolin B, et al. Land Use, Land – Use Change, and Forestry. Special Report of the Intergovernmental Panel on Climate Change. *Cambridge*: Cambridge University Press

Coleman K and Jenkinson DS (1999) RothC – 26. 3 – A Model for the turnover of carbon in soil : Model description and windows users guide : November 1999 issue. Lawes Agricultural Trust harpenden. ISBN 0 951 4456 8 5

Crookston N L, Dixon G E. The forest vegetation simulator: A review of its structure, content, and applications. 2005, 49, 60 – 80.

Damour G, Simonneau T, Cochard H, Urban L. 2010. An overview of models of stomatal conductance at the leaf level. Plant Cell and Environment 33, 1419 – 1438.

Dixon G E. Crown ratio modeling using stand density index and the Weibull distribution. Internal Report. USDA Forest Service, Forest Management Service Center, Fort Collins, Co. , 1985.

Farquhar G D, and Caemmerer S, 1982. Modeling of photosynthetic response to environmental conditions. In: O. L. Lange, P. S. Nobel. C. B. Osmond and H. Ziegler (Editors). Encyclopedia of Plant Physiology. Vol. 12D. *Springer, Berlin*, pp. 549 – 588.

Farquhar, G D, Caemmerer S, et al. 1980. A biochemical model of photosynthetic CO_2 assimilation in leaves of C3 species. *Planta*. 149(1): 78 – 90.

Farrar J F, Jones D L. The control of carbon acquisition by roots. NewPhyologist, 2000, 147: 43 – 53.

Farrar, J. F. , 1992. The whole plant: carbon partitioning during development. In: Carbon partitioning within and between organisms, In: C. J. , Pollock and A. J. , Gordon Eds. Bios Scientific Publishers Limited, Oxford, U. K. , 163 – 179.

Foley, J A, I C Prentice, NRamankutty, S Levis, D Pollard, S Sitch, and A Haxeltine. 1996. An integrated biosphere model of land surface processes, terrestrial carbon balance, and vegetation dynamics. *Global Biogeochemical Cycles* 10(4), 603 – 628.

Gerrard D I, 1969. Competition quotient: a new measure for the competition affecting individual forest trees. Michigan State University. *Agric. Res. Station Res. Bull.* 20, 1 – 32.

Gifford RM. 2003. Plant respiration in productivity models: conceptualization, representation and issues for global terrestrial carbon – cycle research. Functional Plant Biology 30: 171 – 186.

Gracia C, Sabaté S, et al. 2003. GOTILWA + An integrated model of forest growth. http: // www. creaf. uab. es/gotilwa + /Minfo. htm

Gracia, C A, Tello E, Sabaté S and Bellot J 1999 Gotilwa: An integrated model of water dynamics and forest growth. In Ecology of Mediterranean Evergreen Oak Forest. Ecological Studies Vol. 137. (Eds.)F Rodà, J Retana, C Gracia and J Bellot. pp. 163 – 179. Heidelberg. Springer – Verlag

Hann D W, Hester A S, and CL Olsen. 1997. ORGANON User's Manual, Edition 6. 0. Department of Forest Resources, Oregon State University, Corvallis

Heath L S, Birdsey R A. 1993. Carbon trends of productive temperate forests of the conterminous United States. *Water, Air, and Soil Pollution.* 70: 279 – 293.

Heath L S, Birdsey, R A, Row C, et al. 1996. Carbon pools and fluxes in U. S. forest products. In: Apps, M. J. ; Price, D. T. , eds. Forest ecosystems, forest management and the global carbon cycle. NATOASI Series I: Global Environmental Change, Vol. 40, Springer – Verlag, Berlin: 271 – 278.

Hegyi F, 1974. A simulation model for managing jackpine stands. In: Fries, J. (Ed.), Proceedings of IUFRO meeting S4. 01. 04 on Growth models for tree and stand simulation, *Royal College of Forestry, Stockolm*

Houghton, R. A. Balancing the global carbon budget. *Annu. Rev. Earth Planet.* 2007, Sci. 35, 313 – 347.

Isikawa S. Light sensitivity against the germination I "Photoperiodism" of seeds. *Botanical Magazine,* 1954, 67: 51 – 56.

Jackson J E, Palmer J W. 1979. A simple model of light transmission and interception by discontinuous canopies. Ann. Bot. , 44: 381 – 383.

Jarvis PG. 1976. Interpretation of variations in leaf water potential and stomatal conductance found in canopies in field. Philosophical Transactions of the Royal Society of London Series B – Biological Sciences 273, 593 – 610.

Ji, J. 1995. A climate – vegetation interaction model – simulating the physical and biological processes at the surface. *Journal of Biogeography.* 22, 445 – 451.

Johnson IR, Thornley JHM. 1983. Vegetative crop growth model incorporating leaf expansion and senecence and applied to grass. *Plant, Cell and Environment.* 6, 721 – 729.

Jolly W M. 2004. Developing a near real – time system for monitoring foliar phenology of the terrestrial biosphere. Montana USA: University of Montana. Ph. D. dissertation

Jones H G, 1992. Plants and Microclimate, 2ndEdition. Cambridge University Press. pp. 30 – 38.

Karjalainen T, Nabuurs G J, Pussinen A, Liski J, Erhard M, Sonntag M, Mohren F, 2002. An approach towards an estimate of the impact of forest management and climate change on the European forest sector carbon budget. For. Ecol. Manage. 162, 87 – 103.

Kindermann, G. E. , McCallum, I. , Fritz, S. &Obersteiner, M. A global forest growing stock, biomass and carbon map based on FAO statistics. *Silva Fennica,* 2008, 42(3): 387 – 396

Kucharik, C J, J A Foley, C Delire, V A Fisher, M T Coe, J Lenters, C Young – Molling, N Ramankutty, J M Norman, and S T Gower. 2000. Testing the performance of a dynamic global ecosystem model: Water balance, carbon balance and vegetation structure. *Global Biogeochemical Cycles* 14(3), 795 – 825.

Kull, S. J.; Kurz, W. A.; Rampley, G. J.; Banfield, G. E.; Schivatcheva, R. K.; Apps, M. J. 2006. Operational – Scale Carbon Budget Model of the Canadian Forest Sector (CBM – CFS3) Version 1. 0: User's Guide. Natural Resources Canada, Canadian Forest Service, Northern Forestry Centre, Edmonton, Alberta

Law B E, Ryan M G, Anthony P M. 1999. Seasonal and annualresp iration of a Ponderosa p ine ecosystem. *Global Change Biology*, 5: 169 – 182.

Leinonen, I. , 1997. Frost hardiness and annual development of forest trees under changing climate. PhD thesis. Reserach Notes, University of Joensuu, Faculty of Forestry. 42 p

Leuning R, 1995. A critical appraisal of a combined stomatal – photosynthesis model for C3 plants. Plant, Cell and Environment 18, 339 – 355.

Linkosalo T, Häkkinen R, Hänninen H. 2006. Models of the spring phenology of boreal and temperate trees: Is there Something missing. *Tree Physiology*, 26: 1165 – 1172.

Liski J, Nissinen A, et al. 2003. Climatic effects on litter decomposition from arctic tundra to tropical rainforest. *Global Change Biology*. 9: 575 – 584.

Liski J. , Palosuo T, M. Peltoniemi, and R. Sievanen. 2005. Carbon and decomposition model Yasso for forest soils. Ecological Modelling 189: 168 – 182.

Lohammer T, Larsson S, Linder S & Falk S O. 1980. FAST_ Simulation models of gaseous exchange in Scots pine. Ecological Bulletin 32, 505 – 523.

Loomis RS. 1970. Summary Section 1. Dynamics of development of photosynthetic systems. In: Setlik I. ed. Prediction and measurement of photosynthetic productivity. Wageningen, The Netherlands: Pudoc, 137 – 141.

Luo Y Q, Currie W S, Dukes J S, et al. Progressive nitrogen limitation of ecosystem responses to rising atmospheric carbon dioxide. Bioscience, 2004, 54 (8): 731 – 739.

Luo, Tianxiang et al. , 2002. A model for seasonality and distribution of leaf area index of forests and its application to China. J. of Vegetation Science 13: 817 – 830.

Masera O R, Garza – Caligaris J F, Kanninen M, Karjalainen T, Liski J, Nabuurs G J, Pussinen A, de Jong B J, 2003. Modeling carbon sequestration in afforestation, agroforestry and forest management projects: the CO2FIX V. 2 approach. Ecological Modelling, 2003, 164: 177 – 199.

McCree KJ. 1970. An equation for the respiration of white clover plants grown under controlled conditions. In: Setlik I. ed. Prediction and measurement of photosynthetic productivity. Wageningen, The Netherlands: Pudoc, 221 – 229.

McGuire AD, Joyce LA, Kicklighter DW, Melillo JM, Esser G, Vorosmarty, CJ. 1993. Productivity response of climax temperate forests to elevated temperature and carbon dioxide: a North American comparison between two global models. *Climate Change*. 24: 287 – 310.

McGuire AD, Melillo, JM, Joyce LA, Kicklighter DW, Grace AL, Moore III B, Vorosmarty CJ. 1992. Interactions between carbon and nitrogen dynamics in estimating net primary productivity for potential vegetation in North America. *Global Biogeochemical Cycles*. 6: 101 – 124.

McMurtrie R E, 1985. Forest productivity in relation to carbon partitioning and nutrient cycling: a mathematical model. In: M. G. R. Cannell and J. E. Jackson (Editors), *Trees as Crop*

Plants. Institute of Terrestrial Ecology, Huntingdon, UK, pp. 194 – 207.

McMurtrie R E, Benson M L et al. 1990. Water/Nutrient Interations Affecting the Productivity of stands of *Pinus radiata*. *Forest Ecology and Management*, 30: 415 – 423.

McMurtrie R E, Landsberg J J. 1992. Using a simulation model to evaluate the effects of water and nutrients on the growth and carbon partitioning of *Pinus radiata*. Forest Ecology and Management, 52: 243 – 260.

McMurtrie R E, Leuning R et al. 1992. A model of canopy photosynthesis and water use incorporating a mechanistic formulation of leaf CO_2 exchange. Forest Ecology and Management, 52: 261 – 278.

McMurtrie R E, Rook D A et al. 1990. Modelling the Yield of *Pinus radiata* on a site Limited by Water and Nitrogen. *Forest Ecology and Management*, 30: 381 – 413.

Mohren, G M J, 1987. Simulation of Forest Growth, Applied to Douglas Fir Stands in the Netherlands. PhD Thesis, Agricultural University Wageningen, 184 pp

Monteith J L. 1995. A reinterpretation of stomatal responses to humidity. Plant, Cell & Environment 18, 357 – 364.

Nagel J. 2003. TreeGrOSS: Tree Growth Open Source Software – a tree growth model component. Program documentation. Niedersächsischen Forstlichen Versuchsanstalt, Abteilung Waldwachstum, Göttingen Germany.

Nagel, J, and G SBiging. 1995. Estimation of the Parameters of the Weibull Function for Generating Diameter Distributions. Allgemeine Forst Und Jagdzeitung 166: 185 – 189.

Pacala, S. W. , C. D. Canham, and J. A. J. Silander. 1993. Forest models defined by field measurements: I. The design of a northeastern forest simulator. Can. J. For. Res. , 23: 1980 – 1988.

Pelkonen P, Hari P (1980) The dependence of the spring time recovery of CO2 uptake in Scots pine on temperature and internal factors. Flora, 169, 389 – 404.

Philip J R. Plant water relations: some physical aspects. Annual Review of PlantPhysiolog, 1996, 17: 245 – 268.

Piao SL, Fang JY, Ciais P, Peylin P, Huang Y. , Sitch S, Wang T. The carbon balance of terrestrial ecosystems in China. *Nature*, 2009, 458: 1009 – 1013.

Potter C S, Randerson J T, Field C B, Matson P A, Vitousek P M, Mooney H A, Klooster S A. Terrestrial ecosystem production: a process model based on global satellite and surface data. *Global Biogeochemical Cycles*, 1993, 7(4): 811 – 841.

Prince S D, Goward S J. 1995. Global primary production: a remote sensing approach. *Journal of Biogeography*. 22: 316 – 336.

Raich J W, Rastetter E B, Melillo J M et al. 1991. Potential net primary productivity in south America: Application of a global model. *Ecological Application*. 4: 399 – 429.

Rodrigo J, Herrero M. Effects of p re – blossom temperatures on flower development and fruit set in apricot. *Scientia Horticulturae*, 2002, 92 (2): 125 – 135.

Rouvinen'S, Kuuluvainen T, 1997. Structure and asymmetry of tree crowns in relation to local competition in a natural mature Scot pine forest. *Can. J. For. Res.* 27, 890 – 902.

Runkle, J. R. , 1981, Ecology, 62: 1041 – 1051.

Running S W and J CCoughlan, 1988. "A general model of forest ecosytem processes for regional applications I. Hydrologic Balance, Canopy Gas Exchange and Primary Production Processes. " *Ecological Modelling* 42: 125 – 154.

Running S W, Khanna, P K, Benson, M L, Myers B J, McMurtrie R E, and Lang A R G, 1992c. Dynamics of Pinus radiate foliage in relation to water and nitrogen stress: II Needle loss and temporal changes in total foliage mass. For. Ecol. Manage. , 52: 159 – 178.

S. C. Gupta and W. E. Larson, 1979. Estimating soil water retention characteristics from particle size distribution, organic matter percent and bulk density. J. Water Resources Research, 15 (6): 1633 – 1635.

Schaber J, Badeck F W. Physiology – based phenology models for forest tree species in Germany. *International Journal of Biometeorology*, 2003, 47: 193 – 201.

Schelhaas M J, Van Esch P W, Groen T A, De Jong B H J, Kanninen M, Liski J, Masera O, Mohren G M J, Nabuurs G J, Palosuo T, Pedroni L, Vallejo A, Vilen T. 2004. CO2FIX V3. 1 – A modeling framework for quantifying carbon sequestration in forest ecosystems. ALTERRA Report 1068. Wageningen, The Netherlands

Schröder J and Gadow K V. , 1999. Testing a new competition index for Maritime pine in northwestern Spain. *Can. J. For. Res.* 29, 280 – 283.

Seginer I. 2003. A dynamic model for nitrogen – stressed lettuce. Annals of Botany 91: 623 – 635.

Shi X. Z. , D. S. Yu, X. Z Pan, W. X. Sun, Z. T. Gong, E. D. Warner and G. W. Petersen, 2002. A Framework for the 1: 1, 000, 000 Soil Database of China. In proceedings of the 17th World Congress of Soil Science, in Bangkok. Paper number 1757(1 – 5).

Shugart H H, 1984. A theory of forest dynamics. Springer – Verlag, New York

Sigurdsson B D. Elevated CO_2 and nutrient status modified leaf phenology and growth rhythm of young *Populus trichocarpa* trees in a 3 – year field study. *Trees*, 2001, 15: 403 – 413.

Sitch S, Smith B Prentice I C et al. 2003. Evaluation of ecosystem dynamics, plant geography and terrestrial carbon cycling in the LPJ dynamic global vegetation model. *Global Change Biology.* 9: 161 – 185.

Smith T M, Urban D L, 1988. *Vegetatio*, 74(2 – 3): 143 – 150.

Sollins P, Harris W F, Edwards N T. Simulating the physiology of atemperate deciduous forest [C]//Patten B C, ed. Systems Analysis and imulation in Ecology, *New York: Academic Press*, 1976, 4: 173 – 218.

Thornley J H M. 2011. Plant growth and respiration re – visited: maintenance respiration defined – it is an emergent property of, not a separate process within, the system – and why the respiration: photosynthesis ratio is conservative. Annals of Botany 108: 1365 – 1380.

Thornley JHM, Cannell MGR. 2000. Modelling the components of plantrespiration: representation and realism. *Annals of Botany* 85: 55 – 67.

Thornton P E, B E Law, et al. 2002. Modeling and measuring the effects of disturbance history and climate on carbon and water budgets in evergreenneedleleaf forests. Agricultural and Forest Meteorology 113：185 - 222.

Thornton, P. E. 1998. Regional Ecosystem Simulation：Combining Surface - and Satellite - Based Observations to Study Linkages between Terrestrial Energy and Mass Budgets. College of Forestry. Missoula, MT, The University of Montana. Doctor of Philosophy：288.

Urban D L, et al. Spatial application of gap models. For. Ecol. Manage. , 1991, 42：95 - 110.

Vorosmarty CJ, Moore III B, Grace AL et al. 1989. Continental scale model of water balance and fluvial transport：an application to south America. Global Biogeochemical Cycles. 3：241 - 265.

Waggers, P E, Stephens G R. , Transition probabilities for a forest. Nature, 1970, 225：1160 - 1161.

Wang Y P, Jarvis P G. 1990. Description and validation of an array model MAES-TRO. *Agricultural & Forest Meteorology.* 51：257 - 280.

Wang Y P, Jarvis P G. Influence of crown structural properties on PAR absorption, photosynthesis, and transpiration inSitka spruce：application of a model (MAESTRO) . *Tree Physiology.* 1990, 7：297 - 316.

Wang Y P, Jarvis P G. , 1988. Mean leaf angles for the ellipsoidal inclination angle distribution. Agric. For. Meteorol. , 43：319 - 321.

Wang Y P, REY A, and Jarvis P G. Carbon balance of young birch trees grown in ambient and elevated atmospheric CO_2 concentrations. *Global Change Biology.* 1998, 4：797 - 807.

Wang Y p. 1988. Crown Structure, radiation absorption, photosynthesis and transpiration. PhD thesis. University of Edinburgh

Wensel L C, Daugherty P J, et al. 1985. CACTOS USER'S GUIDE：The California Conifer Timer Output Simulator. Department of Forestry and Resource Management, University of California, Berkeley

White D A, Beadle C, Sands P J, Worledge D. & Honeysett J. L. 1999. Quantifying the effect of cumulative water stress on stomatal conductance of Eucalyptus globulus and Eucalyptus nitens：a phenomenological approach. Australian Journal of Plant Physiology 26, 17 - 27.

White, M. A. , p. E. Thornton, et al. A Continental Phenology Model for Monitoring Vegetation Responses to Interannual Climatic Variability. *Global Biogeochemical Cycles.* 1997, 11(2)：217 - 234.

Wielgolaski F E. The influence of air temperature of air temperature on plant growth and development during the period ofmaximal stem elongation. *Oikos*, 1966, 17：121 - 141.

Williams M, Bond B J, RYAN M G. 2001. Evaluating different soil and plant hydraulic constraints on tree function using a model and sap flow data from ponderosa pine. *Plant, Cell and Environment.* 24, 679 - 690.

Williams M, Law B E, Anthoni P M & Unsworth M, 2001. Using a simulation model and ecosystem flux data to examine carbon - water interactions in ponderosa pine. *Tree Physiology.* 21, 287 - 298.

Wullschleger S D. 1993. Biochemical limitations to carbon assimilation in C3 plants - A retrospective analysis of the A/Ci curves from 109 species. *Journal of Experimental Botany*, 44：907 - 920.

Wutzler T. 2007. Projecting the carbon sink of managed forests based on standard forestry data.

Ph. D. Dissertation. Faculty of Chemistry and Geosciences Institute of Geography, Department of Geoinformatics and Remote Sensing. Friedrich – Schiller – University, JENA, Germany

Wykoff W R, Crookston N L, Stage A R, 1982. User's Guide to the Stand Prognosis Model. Gen. Tech. ReINT – 133. U. S. Department of Agriculture, Forest Service, Intermountain Forest and Range Experiment Station, Ogden, UT, 112 pp.

Xiao X M, Hollinger D, Aber J et al. 2004. Satellite – based modeling of gross primary production in an evergreen needleleaf forest. Remote Sensing Environment. 89: 519 – 534.

Yu GR, Nakayama K, Matsuoka N, Kon H. 1998. A combination model for estimating stomatal conductance of maize (Zea mays L.) leaves over a long term. Agricultural and Forest Meteorology 92, 9 – 28.

Yu Q, Zhang YQ, Liu YF, Shi P. 2004. Simulation of the stomatal conductance of winter wheat in response to light, temperature and CO_2 Changes. Annals of Botany 93, 435 – 441.